21世纪全国高职高专机电系列技能型规划教材

公差与测量技术

主　编　余　键　南秀蓉　马素玲
副主编　宋存元　梁胜龙
参　编　潘淑微　宋　晶

北京大学出版社
PEKING UNIVERSITY PRESS

内容简介

本书采用“项目驱动”的模式编写，分为8个项目，主要内容包括外圆和长度测量，内孔和中心高测量，形位误差检测，表面粗糙度测量，角度、锥度测量，螺纹误差测量，齿轮误差测量，零件综合测量。

本书采用最新国家标准内容，每个项目均以测量技能训练为主线，按照项目描述、相关知识、项目实施的顺序，完全参照企业真实测量环境、机械零件或模具零件、图纸、检测设备等来设置测量任务。力求做到内容精选，知识面适当拓宽，使教材的使用更加方便、灵活，内容更加规范化，以保持本书的特色。

本书可作为高等职业院校机械类和机电结合类各专业的教学用书，也可作为电大以及从事机械设计与制造、标准化、计量测试等工作的工程技术人员的参考用书。

图书在版编目(CIP)数据

公差与测量技术/余键，南秀蓉，马素玲主编. —北京：北京大学出版社，2011.9
(21世纪全国高职高专机电系列技能型规划教材)
ISBN 978-7-301-19436-2

Ⅰ.①公… Ⅱ.①余…②南…③马… Ⅲ.①公差—配合—高等职业教育—教材②技术测量—高等职业教育—教材 Ⅳ.①TG801

中国版本图书馆CIP数据核字(2011)第172232号

书　　　名：公差与测量技术
著作责任者：余　键　南秀蓉　马素玲　主编
策 划 编 辑：赖　青　张永见
责 任 编 辑：张永见
标 准 书 号：ISBN 978-7-301-19436-2/TH・0259
出　版　者：北京大学出版社
地　　　址：北京市海淀区成府路205号　100871
网　　　址：http://www.pup.cn　http://www.pup6.cn
电　　　话：邮购部：62752015　发行部：62750672　编辑部：62750667　出版部：62754962
电 子 邮 箱：pup_6@163.com
印　刷　者：北京富生印刷厂
发　行　者：北京大学出版社
经　销　者：新华书店
787mm×1092mm　16开本　12.75印张　293千字
2011年9月第1版　2011年9月第1次印刷
定　　　价：25.00元

前　言

“公差与测量技术”是高职高专院校机械类和机电类各专业的重要专业基础课，是联系基础课及其他技术基础与专业基础的纽带和桥梁。本书通过任务驱动的项目化学习，使学生获得模具零件和机械典型零件的几何量公差制度知识，掌握通用量具的测量技能，培养零件测量和产品检测的专业技能。

本书采用“项目驱动”的模式编写，在内容上作了更新与融合。在编写本书的过程中，编者从满足教学基本要求、贯彻少而精的原则出发，将本书分为8个项目，每个项目的内容均以测量技能训练为主线，按照提出测量任务、介绍公差知识、测量方案确定到得出测量结果及评价的顺序，完全参照企业真实测量环境、机械零件或模具零件、图纸、检测设备等来设置测量项目。力求做到内容精选、知识面适当拓宽，使本书的使用更加方便、灵活，内容更加规范化，以保持本书的特色。

本书建议总课时为50课时，具体安排如下。

项目名称	建议课时
项目1　外圆和长度测量	10
项目2　内孔和中心高测量	6
项目3　形位误差检测	10
项目4　表面粗糙度测量	3
项目5　角度、锥度测量	3
项目6　螺纹误差测量	4
项目7　齿轮误差测量	10
项目8　零件综合测量	4
合计	50

本书由温州职业技术学院余键、南秀蓉、辽宁信息职业技术学院马素玲任主编，济宁职业技术学院宗存元、苏州工业职业技术学院梁胜龙任副主编。具体编写分工如下：南秀蓉编写项目5、项目8，温州职业技术学院潘淑微编写项目2，余键编写项目6，马素玲编写项目7，宗存元编写项目1，梁胜龙编写项目4，武汉工业职业技术学院宋晶编写项目3。在此，对他们的辛勤付出表示衷心感谢。

限于编者的水平，书中难免存在不足和疏漏之处，恳请广大读者批评指正。

编　者

2011年

目　录

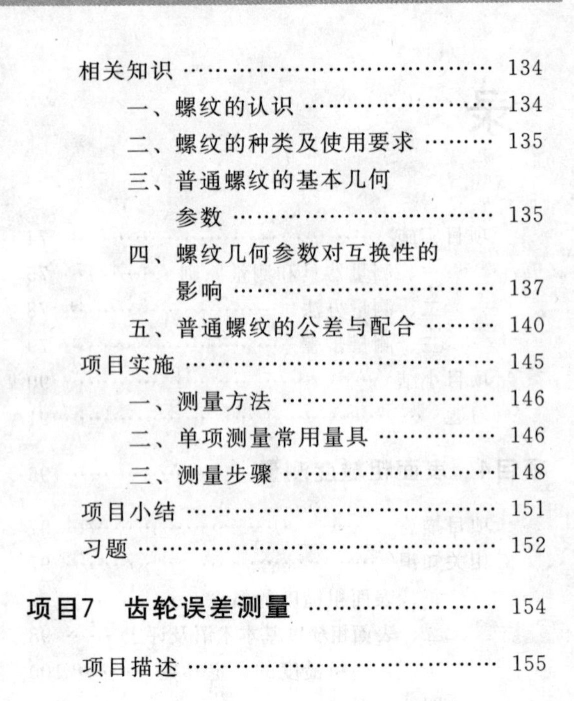

项目1

外圆和长度测量

学习情境设计

序　号	情境(课时)	主要内容
1	任务(0.4)	(1) 提出外圆和长度测量任务(根据图1.1) (2) 分析零件尺寸精度要求 (3) 熟悉测量报告文本格式
2	信息(2.5)	(1) 尺寸公差制度知识、实际生产条件下孔轴尺寸的测量 (2) 游标、千分尺的规格 (3) 游标卡尺的结构、读数原理、使用方法 (4) 外径千分尺的结构、读数原理、使用方法
3	计划(0.5)	(1) 根据被测要素，确定检测部位和测量次数 (2) 确定测量方案
4	实施(3.5)	(1) 洁净被测零件和计量器具的测量面 (2) 选择计量器具的规格，调整与校正计量器具 (3) 用游标卡尺或深度游标卡尺测量公差大于0.02mm的外圆和长度，用千分尺测量公差小于0.02mm的外圆尺寸 (4) 记录数据，进行数据处理
5	检查(0.7)	(1) 任务的完成情况 (2) 复查，交叉互检
6	评估(0.4)	(1) 分析整个工作过程，对出现的问题进行修改并优化 (2) 判断被测要素的合格性 (3) 出具检测报告，将资料存档

项目描述

图 1.1 所示零件为一螺纹连接套，图中有 $\Phi 16.5_{-0.027}^{\ 0}$、$\Phi 25_{-0.0211}^{\ 0}$、$\Phi 19_{-0.0211}^{\ 0}$ 等标注，本项目将从以下几个方面进行学习。

(1) 分析图纸，搞清楚精度要求。

(2) 查阅相关国家计量标准，理解 $\Phi 16.5_{-0.027}^{\ 0}$、$\Phi 25_{-0.0211}^{\ 0}$、$\Phi 19_{-0.0211}^{\ 0}$、35、18 等标注的含义。

(3) 选择计量器具，确定测量方案。

(4) 使用通用计量器具测量零件外圆和长度尺寸误差。

(5) 如何对计量器具进行保养与维护。

(6) 填写检测报告与进行数据处理。

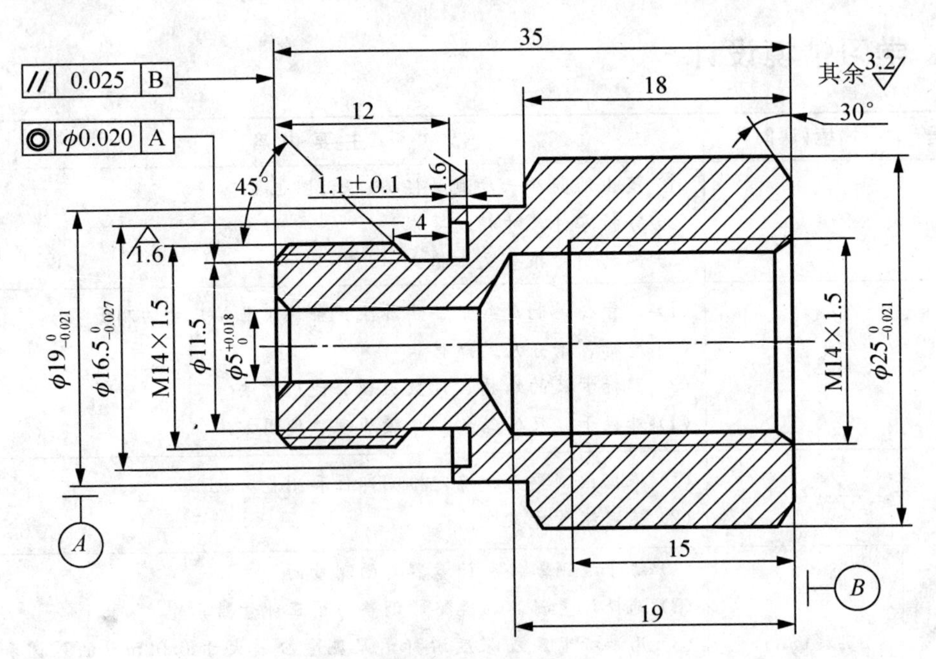

图 1.1　螺纹连接套

相关知识

一、尺寸基本术语

1. 孔与轴

孔通常是指工件的圆柱形内表面，也包括非圆柱形内表面(由两个平行平面或切面形成的包容面)，如图 1.2 中的 b、ΦD、L、b_1、L_1。轴是指工件的圆柱形外表面，也包括非圆柱形外表面(由两个平行平面或切面形成的被包容面)，如图 1.2 中的 Φd、l、l_1。

孔的含义是广义的。即包容面(尺寸之间无材料)在加工过程中，尺寸越加工越大；而轴则是被包容面(尺寸之间有材料)尺寸越加工越小。

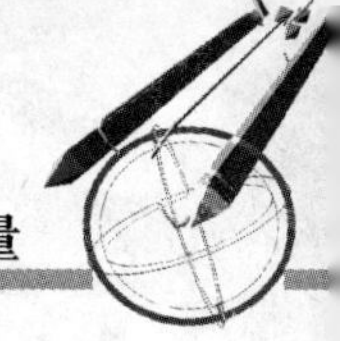

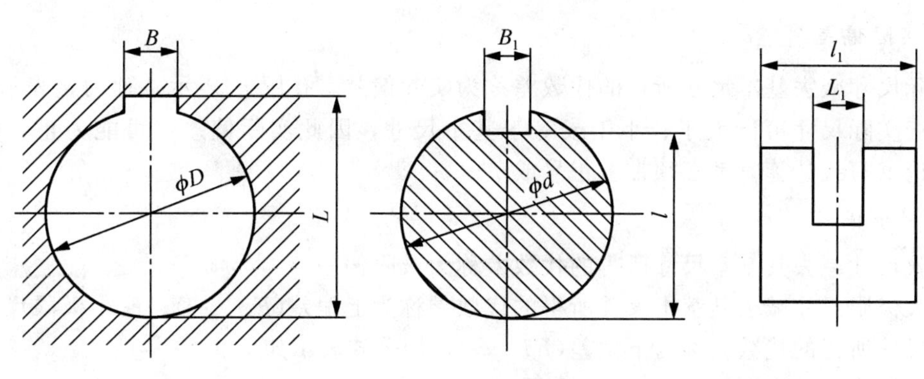

图 1.2　孔与轴

2. 基本尺寸

基本尺寸是指设计给定的尺寸。设计时，根据使用要求通过强度和刚度的计算或基于机械结构等方面的考虑来给定尺寸。基本尺寸一般按照标准尺寸系列选取。常用 D 表示孔的基本尺寸，用 d 表示轴的基本尺寸。

3. 实际尺寸

实际尺寸是指通过测量所得的尺寸。由于加工误差的存在，按同一图样要求所加工的各个零件，其实际尺寸往往各不相同。即使是同一工件的不同位置、不同方向的实际尺寸也不一定相同，如图 1.3 所示。因此，实际尺寸是零件上某一位置的测量值，并非零件尺寸的真值。常用 D_a 表示孔的实际尺寸，用 d_a 表示轴的实际尺寸。

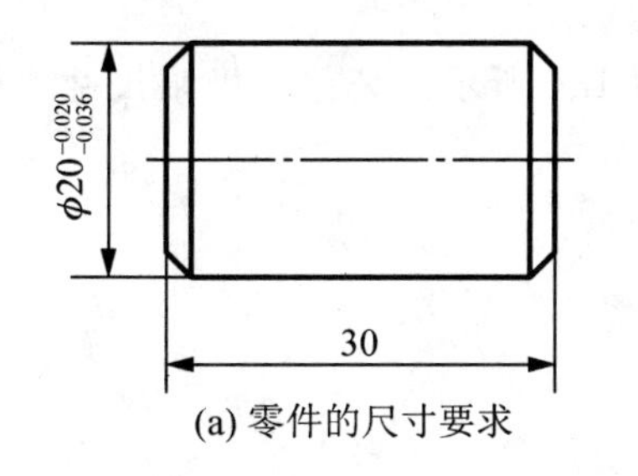

(a) 零件的尺寸要求

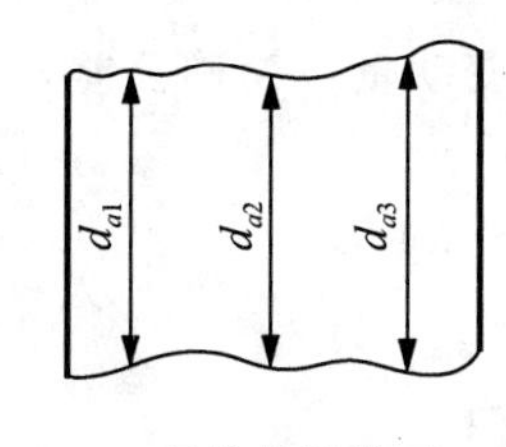

(b) 零件的轴截面

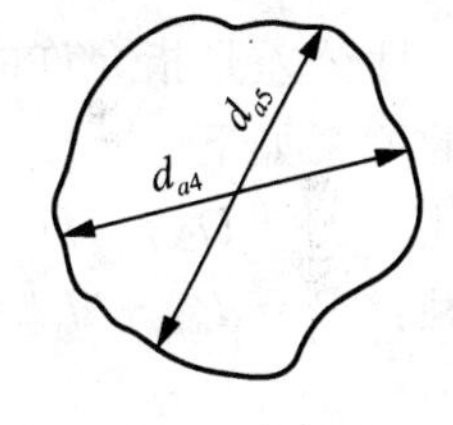

(c) 零件的正截面

图 1.3　几何形状误差

4. 极限尺寸

极限尺寸是指允许尺寸变化的两个界限值。孔或轴允许的最大尺寸称为最大极限尺寸，孔或轴允许的最小尺寸称为最小极限尺寸。孔的最大和最小极限尺寸分别用 D_{max} 和 D_{min} 表示，轴的最大和最小极限尺寸分别用 d_{max} 和 d_{min} 表示。

极限尺寸是根据设计要求而确定的，其目的是为了限制加工零件的尺寸变动范围。对于完工的零件，如果其任一位置的实际尺寸都在此范围内，即实际尺寸小于或等于最大极限尺寸，大于或等于最小极限尺寸，则该零件方为合格，否则为不合格。

二、偏差术语

1. 尺寸偏差

某一尺寸减去其基本尺寸所得的代数差称为尺寸偏差(简称偏差)。孔用 E 表示，轴用 e 表示。偏差可能为正或负，也可能为零。

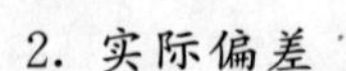

2. 实际偏差

实际尺寸减去基本尺寸所得的代数差称为实际偏差。孔用 E_a 表示，轴用 e_a 表示。

由于实际尺寸可能大于、小于或等于基本尺寸，因此实际偏差也可能为正、负或零值，不论书写或计算时都必须带上正号或负号。

3. 极限偏差

极限尺寸减去其基本尺寸所得的代数差称为极限偏差。

最大极限尺寸减去其基本尺寸所得的代数差称为上偏差(ES、es)；最小极限尺寸减去其基本尺寸所得的代数差称为下偏差(EI、ei)，用公式表示如下。

孔：$ES=D_{max}-D$，$EI=D_{min}-D$

轴：$es=d_{max}-d$，$ei=d_{min}-d$

上、下偏差皆可能为正、负或零值。因为最大极限尺寸总是大于最小极限尺寸，所以，上偏差总是大于下偏差。由于在零件图上采用基本尺寸加上、下偏差的标注，能直观地表示出公差和极限尺寸的大小，表达更为简便，因此在实际生产中极限偏差应用较广泛。

特别提示

标注和计算偏差时极限偏差前面必须加注“+”或“—”号(零除外)。

三、公差术语

1. 尺寸公差

尺寸公差是指允许的尺寸变动量，简称公差，如图 1.4 所示。公差、极限尺寸、极限偏差的关系如下。

孔：$T_h=D_{max}-D_{min}=ES-EI$

轴：$T_s=d_{max}-d_{min}=es-ei$

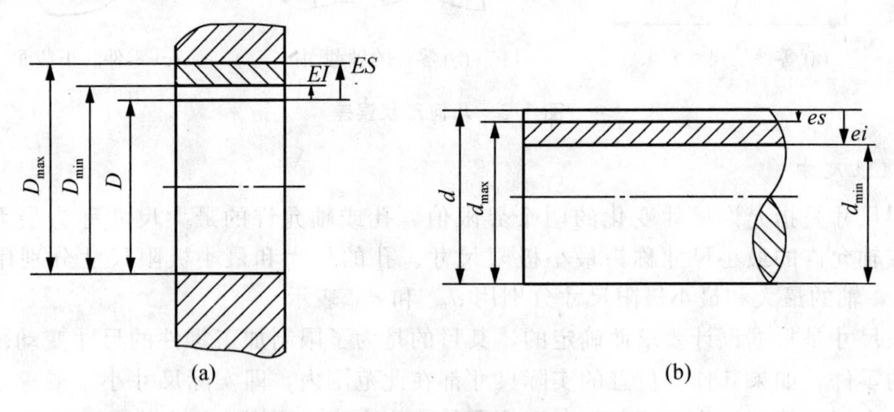

图 1.4 基本尺寸、极限尺寸与极限偏差

特别提示

公差与偏差是两个不同的概念。公差表示制造精度的要求，反映加工的难易程度；而偏差表示与基本尺寸的偏离程度，它表示公差带的位置，影响配合的松紧程度。

2. 尺寸公差带

公差带表示零件的尺寸相对其基本尺寸所允许变动的范围。用图所表示的公差带称为公差带图，如图 1.5 所示。

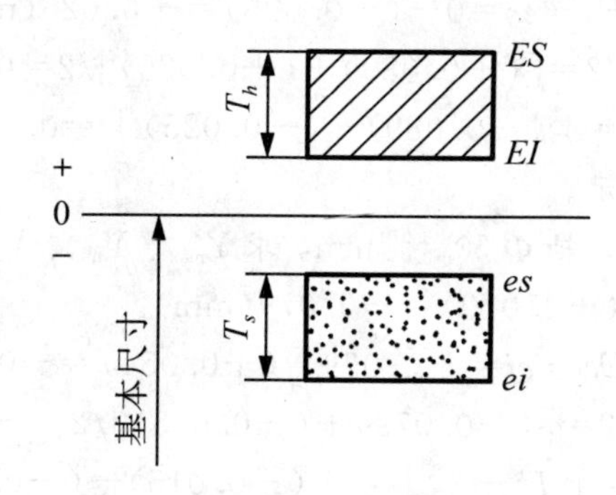

图 1.5　尺寸公差带图

由于基本尺寸与公差值的大小相差悬殊，不便于用同一比例在图上表示，此时可以不必画出孔和轴的全形，而采用简单的公差带图表示，用尺寸公差带的高度和相互位置表示公差大小和配合性质，它由零线和公差带组成。

1) 零线

在公差带图中，零线是确定极限偏差的一条基准线，极限偏差位于零线上方，表示偏差位于零线上方，表示偏差为正，位于零线下方，表示偏差为负，当与零线重合时，表示偏差为零。

2) 公差带

上、下偏差之间的宽度表示公差带的大小，即公差值。公差带沿零线方向的长度可适当选取。在公差带图中，尺寸单位为毫米(mm)，偏差及公差的单位也可以采用微米(μm)，单位省略不写。

例 1.1：已知基本尺寸 $D=d=50$mm，孔的极限尺寸 $D_{max}=50.025$mm，$D_{min}=50$mm；轴的极限尺寸 $d_{max}=49.950$mm，$d_{min}=49.934$mm。现测得孔、轴的实际尺寸分别为 $D_a=50.010$mm，$d_a=49.946$mm。求孔、轴的极限偏差、实际偏差及公差。

解：孔的极限偏差：

$$ES=D_{max}-D=50.025-50=+0.025(\text{mm})$$

$$EI=D_{min}-D=50-50=0(\text{mm})$$

轴的极限偏差：

$$es=d_{max}-d=49.950-50=-0.050(\text{mm})$$

$$es=d_{min}-d=49.934-50=-0.066(\text{mm})$$

孔的实际偏差：

$$E_a=D_a-D=50.010-50=+0.010(\text{mm})$$

轴的实际偏差：

$$e_a=d_a-d=49.946-50=-0.054(\text{mm})$$

孔的公差：

$$T_h=D_{max}-D_{min}=ES-EI=0.025(\text{mm})$$

轴的公差：

$T_s = d_{max} - d_{min} = es - ei = 0.016(mm)$

例 1.2：孔 $\Phi 50^{+0.039}_{0}$ mm，轴 $\Phi 50^{-0.025}_{-0.050}$ mm，求 X_{max}、X_{min}、X_{av}、T_f，并画出公差带图。

解：$X_{max} = D_{max} - d_{min} = ES - ei = +0.039 - (-0.050) = +0.089(mm)$

$X_{min} = D_{min} - d_{max} = EI - es = 0 - (-0.025) = +0.025(mm)$

$X_{av} = (X_{max} + X_{max})/2 = [(+0.089) + (+0.025)]/2 = 0.057(mm)$

$T_f = |X_{max} - X_{max}| = |(+0.089) - (+0.025)| = 0.064(mm)$

公差带图如图 1.6(a)所示。

例 1.3：孔 $\Phi 50^{+0.039}_{0}$ mm，轴 $\Phi 50^{+0.079}_{+0.054}$ mm，求 Y_{max}、Y_{min}、Y_{av}、T_f，并画出公差带图。

解：$Y_{max} = EI - es = 0 - (+0.079) = -0.079(mm)$

$Y_{min} = D_{max} - d_{min} = ES - ei = +0.039 - (+0.054) = -0.015(mm)$

$Y_{av} = (Y_{max} + Y_{max})/2 = [(-0.079) + (-0.015)]/2 = -0.047$

$T_f = |Y_{max} - Y_{min}| = |T_h + T_s| = |(-0.015) - (-0.079)| = 0.064(mm)$

公差带图如图 1.6(b)所示。

例 1.4：孔 $\Phi 50^{+0.039}_{0}$ mm，轴 $\Phi 50^{+0.034}_{+0.009}$ mm，求 X_{max}、Y_{max}、$(X_{av})Y_{av}$ 及 T_f，并画出公差带图。

解：$X_{max} = ES - ei = +0.039 - (+0.009) = +0.030(mm)$

$Y_{max} = EI - es = 0 - (+0.034) = -0.034(mm)$

$Y_{av} = (X_{max} + Y_{max})/2 = [(+0.030) + (-0.034)]/2 = -0.002(mm)$

$T_f = |X_{max} - Y_{max}| = |+0.030 - (-0.034)| = 0.064(mm)$

公差带图如图 1.6(c)所示。

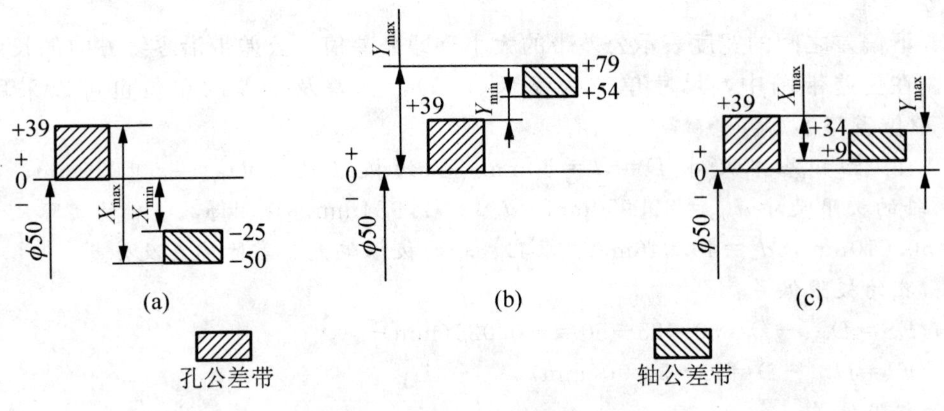

图 1.6 尺寸公差带图

四、孔、轴的公差与配合国家标准

极限与配合国家标准对形成各种孔、轴配合的公差带进行了标准化，它的基本构成是“标准公差系列”和“基本偏差系列”，前者确定了公差带的大小，后者确定了公差带的位置。它们可以构成不同种类的公差带和配合，以满足实际生产中的不同需要。

1. 标准公差系列

标准公差系列是根据国家标准制定出的一系列标准公差数值，国家标准 GB/T 1800.3—1998 中规定了它的值，用 IT 表示。

1）标准公差因子（公差单位）

标准公差因子是用以确定标准公差的基本单位。在实际生产中，对基本尺寸相同的零件，可按照公差大小来评定其制造精度的高低，对基本尺寸不同的零件，评定其制造精度时就不能仅按照公差大小。实际上，在相同的加工条件下，基本尺寸不同的零件被加工后所产生的加工误差也不同。为了合理地规定公差数值，需要建立公差单位。

2）公差等级

确定尺寸精确程度的等级称为公差等级。国家标准设置了20个公差等级，各级标准公差的代号分别为IT01、IT0、IT1、IT2、…、IT18。IT01精度最高，其余依次降低，标准公差值依次增大。在基本尺寸小于或等于500mm的常用尺寸范围内，各级标准公差计算公式见表1-1。

表1-1 标准公差的计算公式 (GB/T 1800.3—1998)

公差等级	IT01			IT0			IT1		IT2		IT3		IT4	
公差值	$0.3+0.08D$			$0.5+0.012D$			$0.8+0.020D$		$IT1\left(\frac{IT5}{IT1}\right)^{\frac{1}{4}}$		$IT1\left(\frac{IT5}{IT1}\right)^{\frac{1}{2}}$		$IT1\left(\frac{IT5}{IT1}\right)^{\frac{3}{4}}$	
公差等级	IT5	IT6	IT7	IT8	IT9	IT10	IT11	IT12	IT13	IT14	IT15	IT16	IT17	IT18
公差值	7i	10i	16i	25i	40i	64i	100i	160i	250i	400i	640i	1000i	1600i	2500i

3）尺寸分段

为了减少标准公差的数目、统一公差值，国家标准对基本尺寸进行了分段，同一尺寸段内所有的基本尺寸，在相同的公差等级下，规定标准公差相同。标准公差数值见表1-2。

表1-2 标准公差数值 (GB/T 1800.3—1998)

基本尺寸/mm		公差等级																			
		IT01	IT0	IT1	IT2	IT3	IT4	IT5	IT6	IT7	IT8	IT9	IT10	IT11	IT12	IT13	IT14	IT15	IT16	IT17	IT18
大于	至	μm													mm						
—	3	0.3	0.5	0.8	1.2	2	3	4	6	10	14	25	40	60	0.10	0.14	0.25	0.40	0.60	1.0	1.4
3	6	0.4	0.6	1	1.5	2.5	4	5	8	12	18	30	48	75	0.12	0.18	0.30	0.48	0.75	1.2	1.8
6	10	0.4	0.6	1	1.5	2.5	4	6	9	15	22	36	58	90	0.15	0.22	0.36	0.58	0.90	1.5	2.2
10	18	0.5	0.8	1.2	2	3	5	8	11	18	27	43	70	110	0.18	0.27	0.43	0.70	1.10	1.8	2.7
18	30	0.6	1	1.5	2.5	4	6	9	13	21	33	52	84	130	0.21	0.33	0.52	0.84	1.30	2.1	3.3
30	50	0.6	1	1.5	2.5	4	7	11	16	25	39	62	100	160	0.25	0.39	0.62	1.00	1.60	2.5	3.9
50	80	0.8	1.2	2	3	5	8	13	19	30	46	74	120	190	0.30	0.46	0.74	1.20	1.90	3.0	4.6
80	120	1	1.5	2.5	4	6	10	15	22	35	54	87	140	220	0.35	0.54	0.87	1.40	2.20	3.5	5.4
120	180	1.2	2	3.5	5	8	12	18	25	40	63	100	160	250	0.40	0.63	1.00	1.60	2.50	4.0	6.3
180	250	2	3	4.5	7	10	14	20	29	46	72	115	185	290	0.46	0.72	1.15	1.85	2.90	4.6	7.2
250	315	2.5	4	6	8	12	16	23	32	52	81	130	210	320	0.52	0.81	1.30	2.10	3.20	5.2	8.1
315	400	3	5	7	9	13	18	25	36	57	89	140	230	360	0.57	0.89	1.40	2.30	3.60	5.7	8.9
400	500	4	6	8	10	15	20	27	40	63	97	155	250	400	0.63	0.97	1.55	2.50	4.00	6.3	9.7

注：基本尺寸小于1mm时，无IT14～IT18。

2. 基本偏差系列

基本偏差是指零件公差带靠近零线位置的上偏差或下偏差。

1）基本偏差代号

基本偏差的代号用拉丁字母表示，小写字母代表轴，大写字母代表孔。以轴为例，其排列顺序从 a 依次到 z，在拉丁字母中，除去 i、l、o、q、w 5 个字母，增加了 7 个代号 cd、ef、fg、js、za、zb、zc，组成 28 个基本偏差代号。其排列顺序如图 1.7 所示。孔的 28 个基本偏差代号与轴完全相同，用大写字母表示。

图 1.7 所示为基本尺寸相同的 28 种轴、孔基本偏差相对零线的位置。图中基本偏差是“开口”的公差带，这是因为基本偏差只表示公差带的位置，而不表示公差带的大小，其另一端开口的位置将由公差等级来决定。

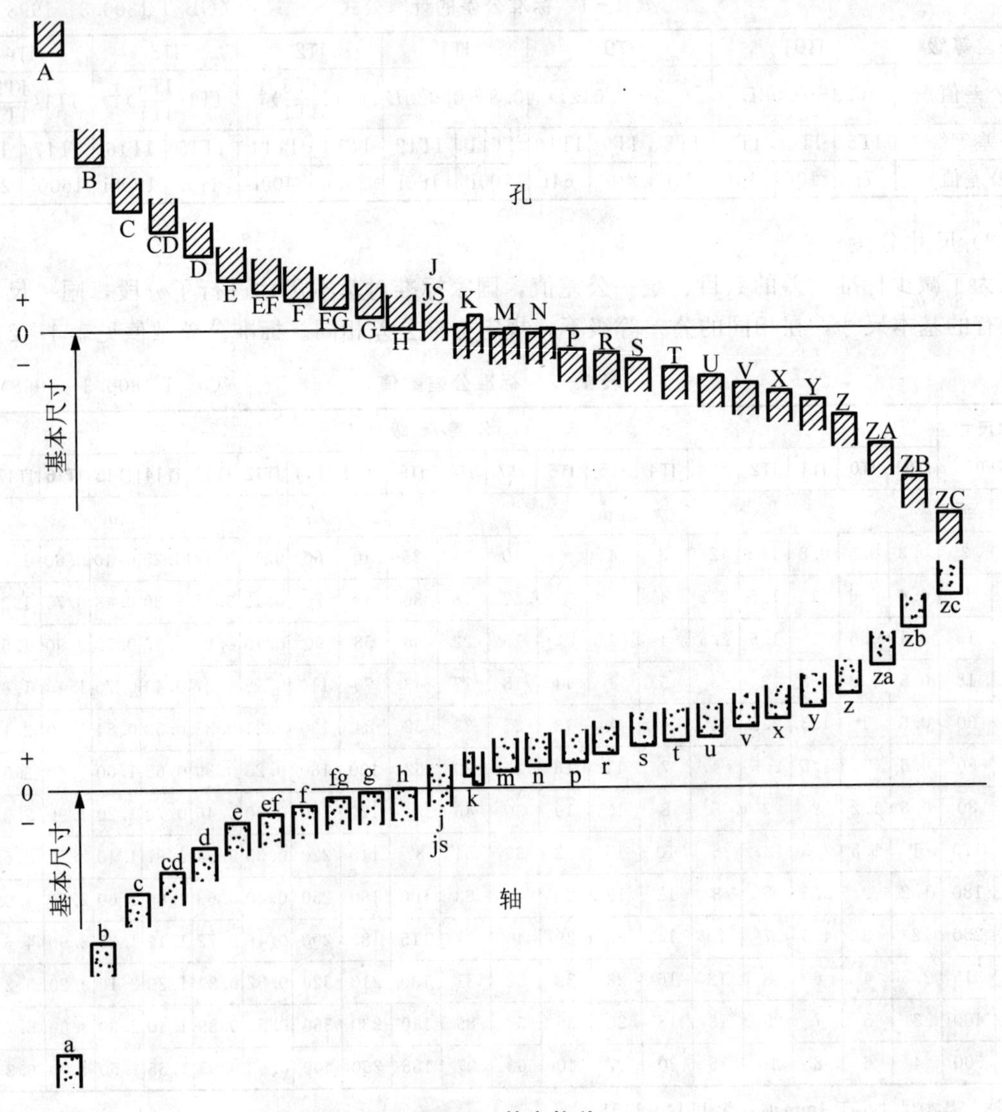

图 1.7　基本偏差

2）基本偏差数值

基本偏差数值是由经验公式计算得到的，实际使用时可查表1-3和表1-4。

从表1-3、表1-4中可以看到，代号为H的孔的基本偏差为下偏差，它总是等于零，称为基准孔；代号为h的轴的基本偏差为上偏差，它总是等于零，称为基准轴。

表1-3　轴的基本偏差值　　(GB/T 1800.3—1998)

基本尺寸/mm	基本偏差																
	上偏差 *es*												下偏差 *ei*				
	a	b	c	cd	d	e	ef	f	fg	g	h	js	j			k	
	所有公差等级												5～6	7	8	4～7	≤3 >7
≤3	−270	−140	−60	−34	−20	−14	−10	−6	−4	−2	0	偏差等于 $\pm\frac{IT}{2}$	−2	−4	−6	0	0
>3～6	−270	−140	−70	−46	−30	−20	−14	−10	−6	−4	0		−2	−4	—	+1	0
>6～10	−280	−150	−80	−56	−40	−25	−18	−13	−8	−5	0		−2	−5	—	+1	0
>10～14 >14～18	−290	−150	−95	—	−50	−32	—	−16	—	−6	0		−3	−6	—	+1	0
>18～24 >24～30	−300	−160	−110	—	−65	−40	—	−20	—	−7	0		−4	−8	—	+2	0
>30～40 >40～50	−310 −320	−170 −180	−120 −130	—	−80	−50	—	−25	—	−9	0		−5	−10	—	+2	0
>50～65 >65～80	−340 −360	−190 −200	−140 −150	—	−100	−60	—	−30	—	−10	0		−7	−12	—	+2	0
>80～100 >100～120	−380 −410	−220 −240	−170 −180	—	−120	−72	—	−36	—	−12	0		−9	−15	—	+3	0
>120～140 >140～160 >160～180	−460 −520 −580	−260 −280 −310	−200 −210 −230	—	−145	−85	—	−43	—	−14	0		−11	−18	—	+3	0
>180～200 >200～225 >225～250	−660 −740 −820	−340 −380 −420	−240 −260 −280	—	−170	−100	—	−50	—	−15	0		−13	−21	—	+4	0
>250～280 >280～315	−920 −1050	−480 −540	−300 −330	—	−190	−110	—	−56	—	−17	0		−16	−26	—	+4	0
>315～355 >355～400	−1200 −1350	−600 −680	−360 −400	—	−210	−125	—	−62	—	−18	0		−18	−28	—	+4	0
>400～450 >450～500	−1500 −1650	−760 −840	−440 −480	—	−230	−135	—	−68	—	−20	0		−20	−32	—	+5	0

续表

基本尺寸/mm	基本偏差													
	下偏差 *ei*													
	m	n	p	r	s	t	u	v	x	y	z	za	zb	zc
	所有公差等级													
≤3	+2	+4	+6	+10	+14	—	+18	—	+20	—	+26	+32	+40	+60
＞3～6	+4	+8	+12	+15	+19	—	+23	—	+28	—	+35	+42	+50	+80
＞6～10	+6	+10	+15	+19	+23	—	+28	—	+34	—	+42	+52	+67	+97
＞10～14	+7	+12	+18	+23	+28	—	+33	—	+40	—	+50	+64	+90	+130
＞14～18								+39	+45	—	+60	+77	+108	+150
＞18～24	+8	+15	+22	+28	+35	—	+41	+47	+54	+63	+73	+98	+136	+188
＞24～30						+41	+48	+55	+64	+75	+88	+118	+160	+218
＞30～40	+9	+17	+26	+34	+43	+48	+60	+68	+80	+94	+112	+148	+220	+274
＞40～50						+54	+70	+81	+97	+114	+136	+180	+242	+325
＞50～65	+11	+20	+32	+41	+53	+66	+87	+102	+122	+144	+172	+226	+300	+405
＞65～80				+43	+59	+75	+102	+120	+146	+174	+210	+274	+360	+480
＞80～100	+13	+23	+37	+51	+71	+91	+124	+146	+178	+214	+258	+335	+445	+585
＞100～120				+54	+79	+104	+144	+172	+210	+256	+310	+400	+525	+690
＞120～140	+15	+27	+43	+63	+92	+122	+170	+202	+248	+300	+365	+470	+620	+800
＞140～160				+65	+100	+134	+190	+228	+280	+340	+415	+535	+700	+900
＞160～180				+68	+108	+146	+210	+252	+310	+380	+465	+600	+780	+1000
＞180～200	+17	+31	+50	+77	+122	+166	+236	+284	+350	+425	+520	+670	+880	+1150
＞200～225				+80	+130	+180	+258	+310	+385	+470	+575	+740	+960	+1250
＞225～250				+84	+140	+196	+284	+340	+425	+520	+640	+820	+1050	+1350
＞250～280	+20	+34	+56	+94	+158	+218	+315	+385	+475	+580	+710	+920	+1200	+1550
＞280～315				+98	+170	+240	+350	+425	+525	+650	+790	+1000	+1300	+1700
＞315～355	+21	+37	+62	+108	+190	+268	+390	+475	+590	+730	+900	+1150	+1500	+1900
＞355～400				+114	+208	+294	+435	+530	+660	+820	+1000	+1300	+1650	+2100
＞400～450	+23	+40	+68	+126	+232	+330	+490	+595	+740	+920	+1100	+1450	+1850	+2400
＞450～500				+132	+252	+360	+540	+660	+820	+1000	+1250	+1600	+2100	+2600

注：①基本尺寸小于1mm时，各级的a和b均不采用；

②js的数值：对IT7～IT11，若IT的数值(μm)为奇数，则取js=±(IT−1)/2。

表 1-4 孔的基本偏差值 (GB/T 1800.3—1998)

基本尺寸/mm	基本偏差																		
	下偏差 *EI*											上偏差 *ES*							
	A	B	C	CD	D	E	EF	F	FG	G	H	JS	J			K		M	
	所有的公差等级												6	7	8	≤8	>8	≤8	>8
≤3	+270	+140	+60	+34	+20	+14	+10	+6	+4	+2	0	偏差等于 $\pm\frac{IT}{2}$	+2	+4	+6	0	0	−2	−2
>3~6	+270	+140	+70	+36	+30	+20	+14	+10	+6	+4	0		+5	+6	+10	−1+Δ	—	−4+Δ	−4
>6~10	+280	+150	+80	+56	+40	+25	+18	+13	+8	+5	0		+5	+8	+12	−1+Δ	—	−6+Δ	−6
>10~14 >14~18	+290	+150	+95	—	+50	+32	—	+16	—	+6	0		+6	+10	+15	−1+Δ	—	−7+Δ	−7
>18~24 >24~30	+300	+160	+110	—	+65	+40	—	+20	—	+70	0		+8	+12	+20	−2+Δ	—	−8+Δ	−8
>30~40 >40~50	+310 +320	+170 +180	+120 +130	—	+80	+50	—	+25	—	+9	0		+10	+14	+24	−2+Δ	—	−9+Δ	−9
>50~65 >65~80	+340 +360	+190 +200	+140 +150	—	+100	+60	—	+30	—	+10	0		+13	+18	+28	−2+Δ	—	−11+Δ	−11
>80~100 >100~120	+380 +410	+220 +240	+170 +180	—	+120	+72	—	+36	—	+12	0		+16	+22	+34	−3+Δ	—	−13+Δ	−13
>120~140 >140~160 >160~180	+440 +520 +580	+260 +280 +310	+200 +210 +230	—	+145	+85	—	+43	—	+14	0		+18	+26	+41	−3+Δ	—	−15+Δ	−15
>180~200 >200~225 >225~250	+660 +740 +820	+340 +380 +420	+240 +260 +280	—	+170	+100	—	+50	—	+15	0		+22	+30	+47	−4+Δ	—	−17+Δ	−17
>250~280 >280~315	+920 +1050	+480 +540	+300 +330	—	+190	+110	—	+56	—	+17	0		+25	+36	+55	−4+Δ	—	−20+Δ	−20
>315~355 >355~400	+1200 +1350	+600 +680	+360 +400	—	+120	+150	—	+62	—	+18	0		+29	+39	+60	−4+Δ	—	−21+Δ	−21
>400~450 >450~500	+1500 +1650	+760 +840	+440 +480	—	+230	+135	—	+68	—	+20	0		+33	+43	+66	−5+Δ	—	−23+Δ	−23

续表

基本尺寸/mm	基本偏差															Δ/μm					
	上偏差 *ES*																				
	N		P~ZC	P	R	S	T	U	V	X	Y	Z	ZA	ZB	ZC						
	≤8	>8	≤7	>7												3	4	5	6	7	8
≤3	−4	−4		−6	−10	−14	—	−18	—	−20	—	−26	−32	−40	−60	0					
>3~6	−8+Δ	0	在大于7级的相应数值上增加一个Δ值	−12	−15	−19	—	−23	—	−28	—	−35	−42	−50	−80	1	1.5	1	3	4	6
>6~10	−10+Δ	0		−15	−19	−23	—	−28	—	−34	—	−42	−52	−67	−97	1	1.5	2	3	6	7
>10~14	−12+Δ	0		−18	−23	−28	—	−33	—	−40	—	−50	−64	−90	−130	1	2	3	3	7	9
>14~18									−39	−45	—	−60	−77	−108	−150						
>18~24	−15+Δ	0		−22	−28	−35	—	−41	−47	−54	−65	−73	−98	−136	−188	1.5	2	3	4	8	12
>24~30							−41	−48	−55	−64	−75	−88	−118	−160	−218						
>30~40	−17+Δ	0		−26	−34	−43	−48	−60	−68	−80	−94	−112	−148	−200	−274	1.5	3	4	5	9	14
>40~50							−54	−70	−81	−95	−114	−136	−180	−242	−325						
>50~65	−20+Δ	0		−32	−41	−53	−66	−87	−102	−122	−144	−172	−226	−300	−400	2	3	5	6	11	16
>65~80					−43	−59	−75	−102	−120	−146	−174	−210	−274	−360	−480						
>80~100	−23+Δ	0		−37	−51	−71	−92	−124	−146	−178	−214	−258	−335	−445	−585	2	4	5	7	13	19
>100~120					−54	−79	−104	−144	−172	−210	−254	−310	−400	−525	−690						
>120~140	−27+Δ	0		−43	−63	−92	−122	−170	−202	−248	−300	−365	−470	−620	−800	3	4	6	7	15	23
>140~160					−65	−100	−134	−190	−228	−280	−340	−415	−535	−700	−900						
>160~180					−68	−108	−146	−210	−252	−310	−380	−465	−600	−780	−1000						
>180~200	−31+Δ	0		−50	−77	−122	−166	−236	−284	−350	−425	−520	−670	−880	−1150	3	4	6	9	17	26
>200~225					−80	−130	−180	−258	−310	−385	−470	−575	−740	−960	−1250						
>225~250					−84	−140	−196	−284	−340	−425	−520	−640	−820	−1050	−1350						
>250~280	−34+Δ	0		−56	−94	−158	−218	−315	−385	−475	−580	−710	−920	−1200	−1500	4	4	7	9	20	29
>280~315					−98	−170	−240	−350	−425	−525	−650	−790	−1000	−1300	−1700						
>315~355	−37+Δ	0		−62	−108	−190	−268	−390	−475	−590	−730	−900	−1150	−1500	−1900	4	5	7	11	21	32
>355~400					−114	−208	−294	−435	−530	−660	−820	−1000	−1300	−1650	−2100						
>400~450	−40+Δ	0		−68	−126	−232	−330	−490	−595	−740	−920	−1100	−1450	−1850	−2400	5	5	7	13	23	34
>450~500					−132	−252	−360	−540	−660	−820	−1000	−1250	−1600	−2100	−2600						

注：① 基本尺寸小于 1 mm 时，各级的 A 和 B 及大于 8 级的 N 均不采用；
② JS 的数值：对于 IT7~IT11，若 IT 的数值(μm)为奇数，则取 JS=±(IT−1)/2；
③ 特殊情况：当基本尺寸大于 250mm 而小于 315mm 时，M6 的 *ES* 等于−9(不等于−11)。

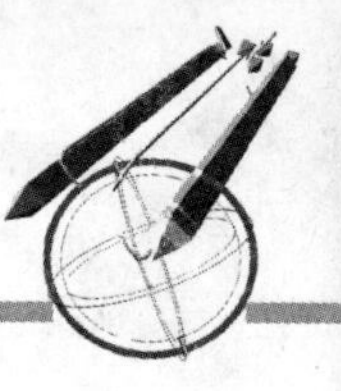

五、公差与配合在图样上的标注

孔、轴公差在零件图上主要标注基本尺寸和极限偏差数值，零件图上尺寸公差的标注方法有 3 种，如图 1.8 所示。

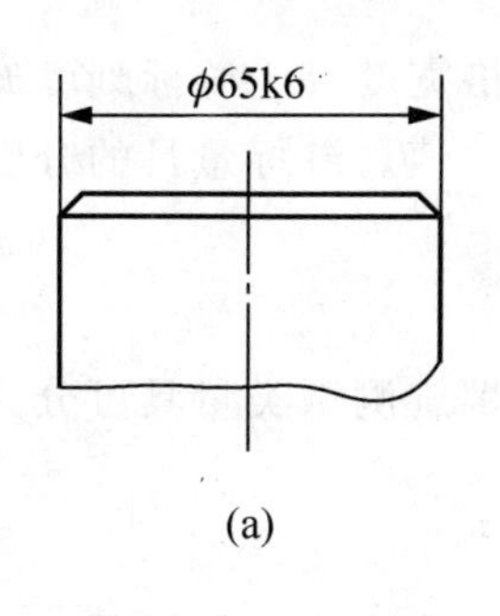

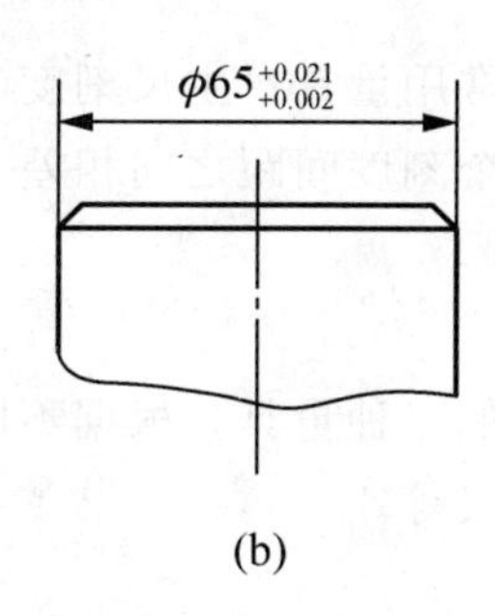

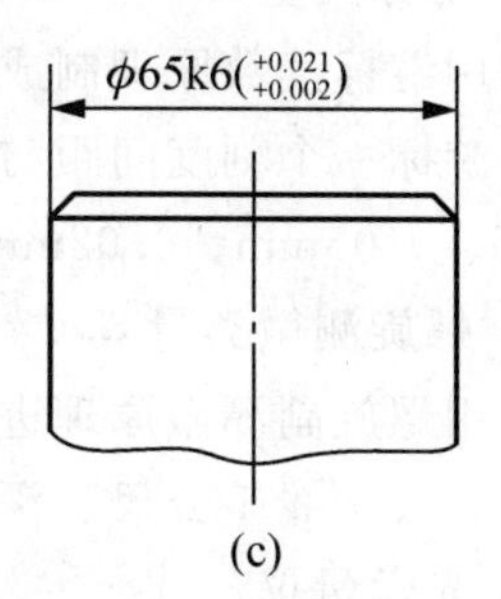

图 1.8　尺寸公差在图样上的标注

六、线性尺寸的一般公差

一般公差是指在车间一般加工条件下可以保证的公差，是机床设备在正常维护和操作情况下能达到的经济加工精度。图纸中往往不标注上、下偏差的尺寸。

国家标准 GB/T 1804—2000 规定了线性尺寸的一般公差等级和极限偏差。一般公差等级分为 4 级，分别是精密级 f、中等级 m、粗糙级 c、最粗级 v。极限偏差全部采用对称偏差值，对适用尺寸也采用了较大的分段，具体数值见表 1－5。

表 1－5　线性尺寸未注极限偏差的数值　(摘自 GB/T 1804—2000)

公差等级	尺寸分段							
	0.5～3	>3～6	>6～30	>30～120	>120～400	>400～1 000	>1 000～2 000	>2 000～4 000
f(精密级)	±0.05	±0.05	±0.1	±0.15	±0.2	±0.3	±0.5	—
m(中等级)	±0.1	±0.1	±0.2	±0.3	±0.5	±0.8	±1.2	±2
c(粗糙级)	±0.2	±0.3	±0.5	±0.8	±1.2	±2	±3	±4
v(最粗级)	—	±0.5	±1	±1.5	±2.5	±4	±6	±8

采用 GB/T 1804—2000 规定的一般公差，在图样、技术文件或标准中用该标准号和公差等级符号表示。例如，当选用中等级 m 时，可在技术要求中注明：未注公差尺寸按 GB/T 1804—2000——m。

项目实施

前面已经学过尺寸公差的相关知识，那么如何检测工件的外圆和长度尺寸误差呢？可以根据实训报告表的要求，分析选择用什么规格的计量器具，确定测量部位、测量次数、数据处理办法及判断工件合格与否。

一、常用量具和测量方法

1. 长度测量中常用的量具

1）游标类量具

利用游标读数原理制成的一种常用量具。主尺刻度($n-1$)格宽度等于游标刻度 n 格的宽度，游标一个刻度间距与主尺一个刻度间距之间相差一个读数值。游标量具的分度值有0.1mm、0.05mm、0.02mm 共 3 种。

2）螺旋测微类量具

利用螺旋副测微原理进行测量的一种量具。根据不同用途螺旋测微类量具可分为外径千分尺、公法线千分尺、深度千分尺等。

3）光学量仪

利用光学原理制成的光学量仪，在长度测量中应用比较广泛的有光学投影仪、测长仪等。卧式测长仪是长度计量中应用广泛的光学计量仪器之一。因其设计符合阿贝原理，又称为阿贝测长仪。卧式测长仪不仅能测量外尺寸，还能进行各种内尺寸的测量，如内孔、内螺纹中径等。由于该仪器测量精度高，因而在精密测量中应用广泛。

2. 测量方法

测量方法是指进行测量时所采用的测量原理、测量器具和测量条件的总和。测量方法可以从不同的角度分类。

1）按是否直接测量出所需的量值分为直接测量和间接测量

直接测量：被测量值直接从测量器具上获得的测量方法。直接测量又分为绝对测量和相对测量。绝对测量是指测量时从测量器具上直接读取被测量值的测量方法。例如，用游标卡尺测量轴径尺寸。相对测量是指从测量器具上[illegible]被测量值相对于标准量的偏差值，从而间接得出被测量值的测量方法。例如，用[illegible]仪和量块测量塞规的尺寸。

间接测量：通过测量与被测参数有函数关系的[illegible]得到被测参数值的测量方法。

2）按被测参数的多少分为综合测量和单项测量

综合测量：同时测量工件上的几个相关参数，综合判断工件是否合格。

单项测量：测量工件的单项参数，它们没有直接联系。

3）按被测零件的表面与测头是否有机械接触，分为接触测量与非接触测量

接触测量：被测零件表面与测量头有机械接触，并有机械作用的测量力存在。

非接触测量：被测零件表面与测量头没有机械接触，如光学投影测量、激光测量等。

4）按测量技术在制造工艺中所起的作用，分为主动测量与被动测量

主动测量：零件在加工过程中进行的测量。这种测量方法可以直接控制零件的加工过程，能及时防止零件报废。

被动测量：零件加工完毕后所进行的测量，这种测量方法仅能发现和剔除废品。

3. 测量误差

在测量中不可避免地会产生误差，所以任何测量值都不可能绝对精确，只能在某种程度上近似于它的真值。要想获得能满足要求的正确的测量结果，必须对一系列测量数据进

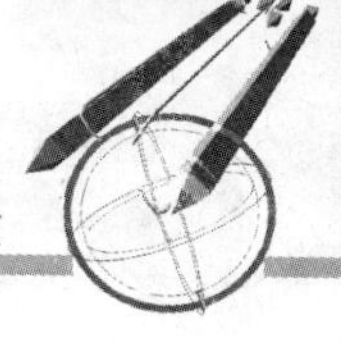

行科学的整理和分析。分析研究测量误差产生的原因及其规律，找出相应的措施，并对测量误差进行定性分析和定量计算，从而得到所需的测量结果及其结果的可信程度。

1）测量误差产生的原因

（1）测量器具误差：是指测量器具本身的误差，是由于测量器具在设计、制造、装配和使用过程中调整不准确而引起的。

（2）方法误差：是指由于选择的测量方法不完善所引起的误差。同一参数可以用不同的方法进行测量，由于方法不同，测量结果也往往不一样。

（3）环境误差：由于环境因素与要求的标准状态不一致所引起的测量误差。

（4）人员误差：是指由于人为的原因所引起的测量误差。如测量人员的熟练程度、读数习惯等因素引起的测量误差。

2）测量误差的分类

根据测量误差的不同特征，可以将测量误差分为3类：随机误差(偶然误差)、系统误差、粗大误差。

（1）随机误差：是指单个测量误差出现的大小、正负都无规律的误差。从表面看随机误差毫无规律，故也称为偶然误差。它是由许多暂时未被识别的一时不便控制的微小因素造成的误差。

（2）系统误差：是指具有规律、可掌握的误差，分为定值和变值两种。

为了有效地提高测量精度，要尽力消除系统误差的影响。为此必须对测量结果进行分析。原则上系统误差可以控制，但有时规律不容易被掌握，此时往往将这些系统误差作为随机误差来处理。

（3）粗大误差：粗大误差是指由于测量时测量条件的突变或测量人员主观疏忽大意等因素造成的数值比较大的误差。由于将测量结果产生明显的歪曲，应从测量数据中将其剔除。

4. 测量器具的选择

要测量零件上的某一几何参数，可以选择不同的量具。正确选择测量器具，既要考虑量具的精度，以保证被检工件的质量，同时也要考虑检验的经济性，不应过分追求选用高精度的测量器具。

无论采用通用测量器具，还是采用极限量规，对工件进行检测，都有测量误差存在，其影响如图1.9所示。

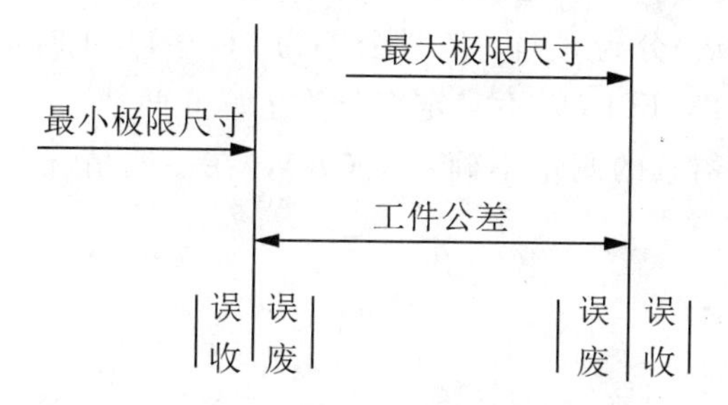

图1.9 测量误差的影响

由于测量误差对测量结果有影响，当真实尺寸位于极限尺寸附近时，会引起误收，即把实际尺寸超过极限尺寸范围的工件误认为合格；或误废，即把实际尺寸在极限尺寸范围内的工件误认为不合格。可见，测量器具的精度越低，容易引起的测量误差就越大，误收和误废的概率就越大。

测量器具的精度应该与被测零件的公差等级相适应，被测零件的公差等级越高，公差值越小，则选用的测量器具精度要求越高，反之亦然。但是不管采用什么样的仪器或量具，都存在测量误差，为了保证被测零件的正确率，验收标准规定：验收极限从规定的极限尺寸向零件公差带内移动一个测量不确定度的允许值 A(安全裕度)，如图 1.10 所示。根据这一原则，建立了在规定尺寸极限基础上内缩的验收规则。

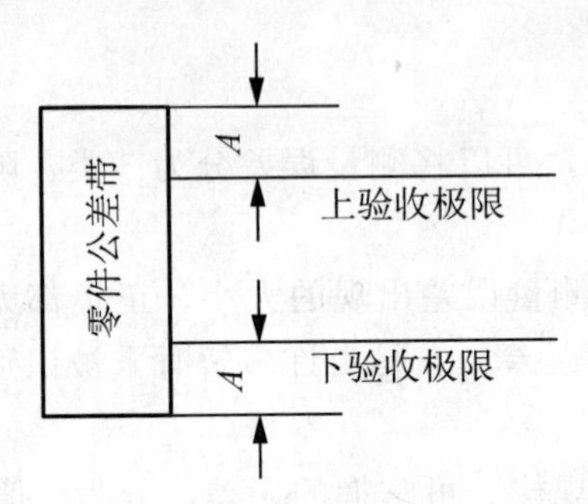

图 1.10　安全裕度示意图

上验收极限＝最大极限尺寸－安全裕度(A)

下验收极限＝最小极限尺寸＋安全裕度(A)

确定安全裕度 A 时，必须从技术和经济两个方面综合考虑。A 值较大时，可选用较低精度的测量器具进行检验，但减小了生产公差，因而加工经济性差；A 值较小时，要用较精密的测量器具，加工经济性好，但测量仪器费用高。因此，A 值应按被检工件的公差大小确定，一般为工件公差的 1/10。国家标准规定的 A 值见表 1－6。安全裕度相当于测量中的总的不确定度。不确定度用以表征测量过程中各项误差综合影响沿测量结果分散程度的误差界限，见表 1－6。由测量结果可知，它由两部分组成，即测量器具的不确定度(u_1)和由温度、压陷效应和工件形状误差等因素引起的不确定度(u_2)。

计量器具是按计量器具的不确定度 u_1 选择的，标准规定：$u_1=0.9A$。

选择时，应使所选的计量器具不确定度等于或小于所规定的 u_1 值。

国家标准规定的计量器具不确定度的允许值见表 1－7。

不确定度的允许值(u_1)分为 3 档，工件公差为 IT6～IT11 时不确定度分为Ⅰ、Ⅱ、Ⅲ 3 档，对工件公差为 IT12～IT18 时不确定度分为Ⅰ、Ⅱ两档。

选用表 1－7 中计量器具的测量不确定度(u_1)，在一般情况下优先选用Ⅰ档，其次选用Ⅱ档、Ⅲ档。

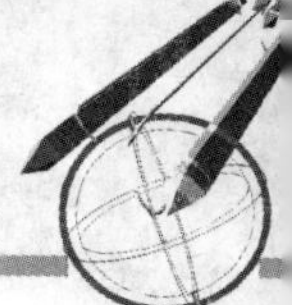

表 1－6　千分尺和游标卡尺的不确定度

单位：mm

尺寸范围	计量器具的类型			
	分度值 0.01 分径千分尺	分度值 0.01 内径千分尺	分度值 0.02 游标卡尺	分度值 0.05 游标卡尺
	不确定度			
0～50	0.004			
50～100	0.005	0.008		
100～150	0.006			0.020
150～200	0.007		0.020	
200～250	0.008	0.013		
250～300	0.009			
300～350	0.010			
350～400	0.011	0.020		
400～450	0.012			0.100
450～500	0.013	0.025		
500～600				
600～700				
700～800				0.015

表 1－7　安全裕度（A）与计量器具的测量不确定度允许值（u_1）（摘自 GB/T 3177—1997）

单位：μm

公差等级		6					7					8					9				
基本尺寸/mm		T	A	u_1			T	A	u_1			T	A	u_1			T	A	u_1		
>	至			Ⅰ	Ⅱ	Ⅰ			Ⅰ	Ⅱ	Ⅲ			Ⅰ	Ⅱ	Ⅰ			Ⅰ	Ⅱ	Ⅰ
—	3	6	0.6	0.54	0.9	1.4	10	1.0	0.9	1.5	2.3	14	1.4	1.3	2.1	3.2	25	2.5	2.3	3.8	5.6
3	6	8	0.8	0.72	1.2	1.8	12	1.2	1.1	1.8	2.7	18	1.8	1.6	2.7	4.1	30	3.0	2.7	4.5	6.8
6	10	9	0.9	0.81	1.4	2.0	15	1.5	1.4	2.3	3.4	22	2.2	2.0	3.3	5.0	36	3.6	3.3	5.4	8.1
10	18	11	1.1	1.0	1.7	2.5	18	1.8	1.7	2.7	4.1	27	2.7	2.4	4.1	6.1	43	4.3	3.9	6.5	9.7
18	30	13	1.3	1.2	2.0	2.9	21	2.1	1.9	3.2	4.7	33	3.3	3.0	5.0	7.4	52	5.2	4.7	7.8	12
30	50	16	1.6	1.4	2.4	3.6	25	2.5	2.3	3.8	5.6	3.9	3.9	3.5	5.9	8.8	62	6.2	5.6	9.3	14
50	80	19	1.9	1.7	2.9	4.3	30	3.0	2.7	4.5	6.8	46	4.6	4.1	6.9	10	74	7.4	6.7	11	17
80	120	22	2.2	2.0	3.3	5.0	35	3.5	3.2	5.3	7.9	54	5.4	4.9	8.1	12	83	8.7	7.8	13	20
120	180	25	2.5	2.3	3.8	5.6	40	4.0	3.6	6.0	9.0	63	6.3	5.7	9.5	14	100	10	9.0	15	23
180	250	29	2.9	2.6	4.4	6.0	46	4.6	4.1	6.9	10	72	7.2	6.5	11	16	115	12	10	17	26
250	315	32	3.2	2.9	4.8	7.2	52	5.2	4.7	7.8	12	81	8.1	7.3	12	18	130	13	12	19	29
315	400	36	3.6	3.2	5.4	8.1	57	5.7	5.1	8.4	13	89	8.9	8.0	13	20	140	14	13	21	32
400	500	40	4.0	3.6	6.0	9.1	63	6.3	5.7	8.5	14	97	9.7	8.7	15	22	155	16	14	23	35

5. 计量器具的主要技术指标

计量器具的度量指标是表征计量器具技术性能和功用的计量参数，是合理选择和使用

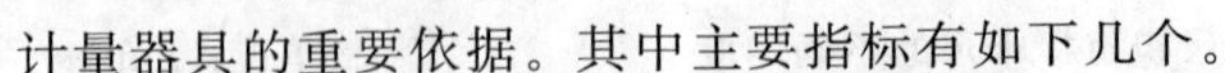

计量器具的重要依据。其中主要指标有如下几个。

(1) 刻度间距：刻度间距是指测量器具刻度标尺或度盘上两相邻刻线间的距离。为适于人眼观察，刻度间距一般为1～2.5mm。

(2) 分度值：分度值是指计量器具标尺或分度盘上每一刻度间距所代表的量值。一般长度计量器具的分度值有0.1mm、0.05mm、0.02mm、0.01mm、0.005mm等几种。一般来说，分度值越小，则计量器具的精度就越高。

(3) 示值范围：示值范围是指计量器具所能显示(或指示)的最低值到最高值的范围。

(4) 测量范围：测量范围是指测量器具所能测量尺寸的最小值到最大值的范围。

(5) 灵敏度：灵敏度是指仪器指示装置发生最小变动的被测尺寸的最小变动量。一般来说，分度值越小，则计量器具的灵敏度就越高。

(6) 示值误差：示值误差是指计量器具上的示值与被测真值的代数差。一般来说，示值误差越小，则计量器具的精度就越高。

(7) 修正值：修正值是指为了消除或减小系统误差，用代数法加到未修正测量结果上的数值。其大小与示值误差的绝对值相等，而符号相反。例如，示值误差为－0.004mm，则修正值为＋0.004mm。

(8) 测量力：测量力是指测量头与被测零件表面在测量时相接触的力。测量力将引起测量器具和被测量零件的弹性变形，影响测量精度。

二、认识游标卡尺

游标卡尺是一种应用游标原理而制成的量具。常见的游标量具有游标卡尺、数显卡尺、游标深度尺、游标高度尺等，其特点是结构简单、使用方便、测量范围较大、精度低。主要应用于车间现场进行低精度测量，常用来测量工件的外径、内径、长度、宽度、深度及孔距等。游标卡尺外形如图1.11所示。

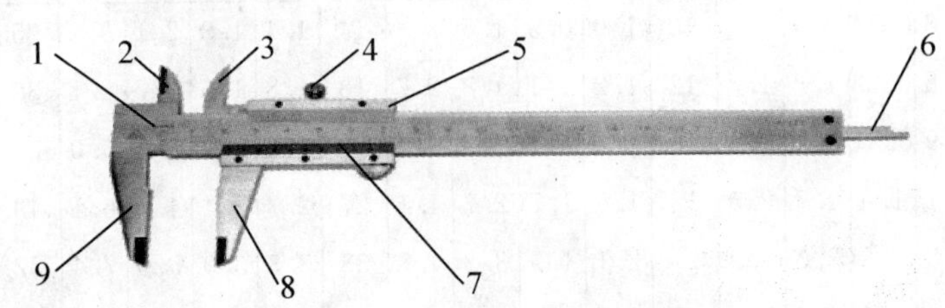

图1.11 游标卡尺外形

1—主尺；2、3—内测量爪；4—紧固螺钉；5—游标框；6—测深尺；7—游标；8、9—外测爪

1. 游标卡尺规格

游标卡尺的分度值为0.02mm、0.05mm等，测量范围一般为0～150mm、0～200mm、0～300mm、0～500mm、0～1 000mm、0～2 000mm及0～3 000mm。

2. 读数方法

(1) 游标卡尺是利用主尺与游标尺之间的刻线间距差来进行读数的。例如，测量范围为0～125mm(分度值为0.02mm)的游标卡尺：a＝1mm，b＝0.98mm，n＝50格，即主尺上的 49 格(49mm)与游标尺上的 50 格的长度相等，主尺刻线间距 a－游标尺刻线间距 b＝1－0.98＝0.02(mm)(即分度值为 0.02mm)。读数示例如图 1.12 所示。

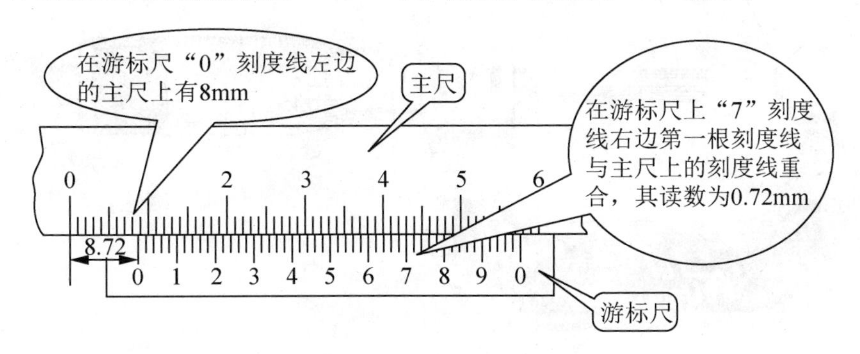

图 1.12　卡尺读数示例

0～125mm(分度值为 0.02mm)的游标卡尺最后读数结果为：8＋0.72＝8.72(mm)。

(2) 电子数显卡尺如图 1.13 所示，其用途、功能与游标卡尺大致相同，在结构上进行了相应的改进，具有防溅水、防尘、抗干扰能力强、工作稳定等特点，可以进行米制、英制转换。

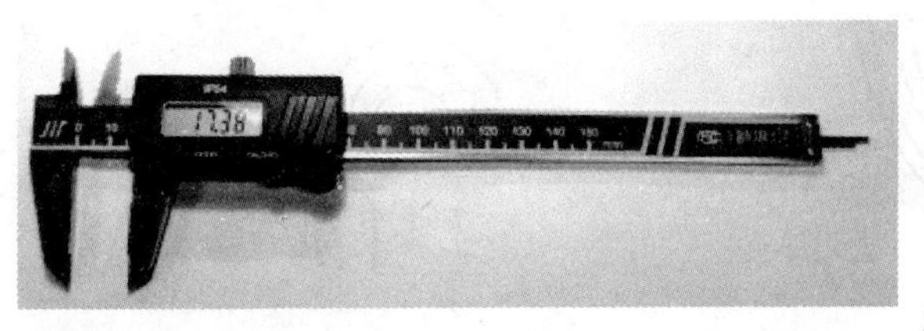

(a) 电子数显卡尺外观

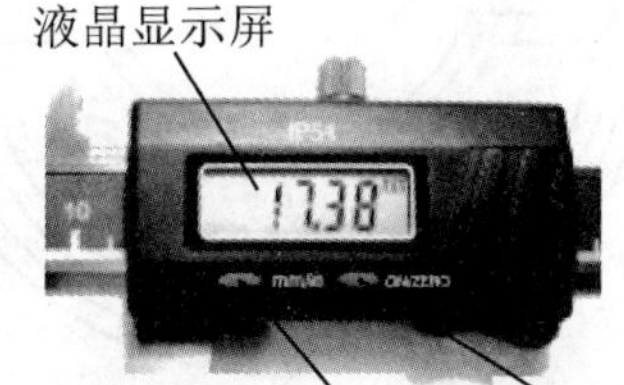

(b) 数显卡尺读数显示及设置按钮

图 1.13　电子数显卡尺

3. 保养

游标卡尺用完后，应平放入木盒内。如果较长时间不使用，应用汽油将其擦洗干净，并涂上一层薄的防锈油。游标卡尺不能放在磁场附近，以免磁化，影响正常使用。

三、认识外径千分尺

外径千分尺属于微动螺旋类量具，是利用螺旋副进行测量的一种量具。微动螺旋类量具除了最常见的外径千分尺之外，还有内径千分尺、深度千分尺等。其特点是以精密螺纹作为标准量，结构比较简单，原理误差小，精度比游标类量具高，主要用于车间现场进行一般精度的测量，外径千分尺的外形如图 1.14 所示。

外径千分尺的结构如图 1.15 所示，由尺架、固定测头、活动测头、螺纹轴套、固定套筒、微分筒、测力装置和锁紧装置等构成。在固定套筒上有一条水平线，该线上、下各有一列间距为 1mm 的刻度线，且上面的刻度线正好位于下面两相邻刻度线的中间。微分筒上的刻度线将圆周 50 等分，它可以做旋转运动。

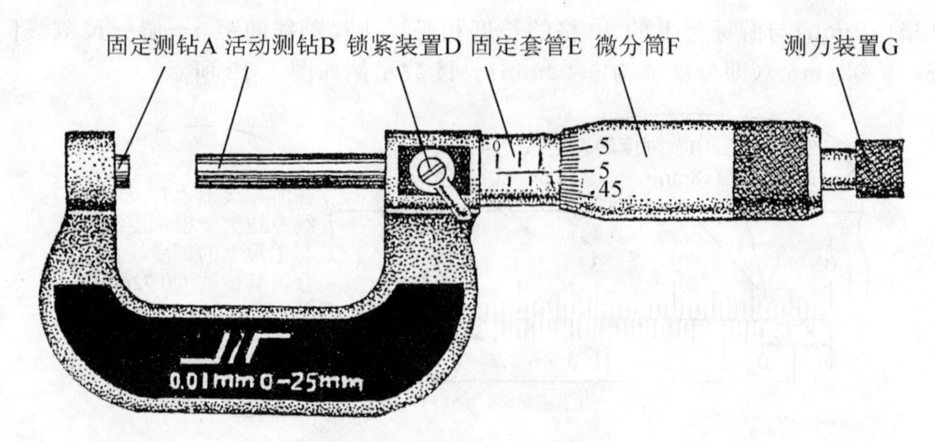

图 1.14　外径千分尺的外形

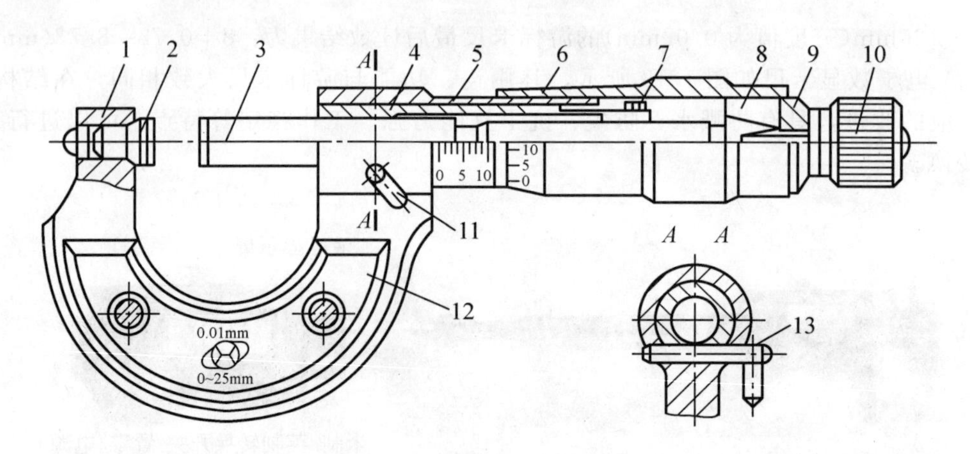

图 1.15　外径千分尺的结构

1—尺架；2—固定测头；3—活动测头；4—螺纹轴套；5—固定套筒；6—微分筒；7—调节螺母；8—接头；9—垫片；10—测力装置；11—锁紧装置；12—隔热装置；13—锁紧轴

1. 外径千分尺的规格

外径千分尺的分度值为 0.01mm，规格有 0～25mm、25～50mm、50～75mm 直至 600～700mm 等多种。

2. 外径千分尺读数方法

外径千分尺的读数机构是由固定套筒和微分筒组成的，固定套筒上的纵向刻线是微分筒读数值的基准线，而微分筒的左端面是固定套筒读数值的指示线。固定套筒纵刻线的上下两侧各有一排均匀刻线，其间距都是 1mm。根据螺旋运动原理，当微分筒旋转一周时，活动测头前进或后退一个螺距(0.5mm)。这样，当微分筒旋转一个分度值后，即转过了 1/50 周，这时活动测头沿轴线移动了 1/50×0.5mm=0.01mm。所以，外径千分尺可以准确读出 0.01mm 的数值。测量时，具体读数时分以下 3 个步骤。

(1) 读整数。读出微分筒左端面边缘在固定套筒对应的刻线值，即被测工件的整数部分。在图 1.16(a)、(b)、(c)中分别为 0mm、6.5mm、5mm。

(2) 读小数。找出与基准线对准的微分筒上的刻线值，其值的读法为该刻线值除以

100，在图1.16(b)、(c)中都为13.5/100＝0.135mm。

(3) 整个读数。将上面两次读数值相加，即为被测工件的尺寸。图1.16(a)、(b)、(c)所示工件的最终读数分别为0mm、6.635mm和5.135mm。

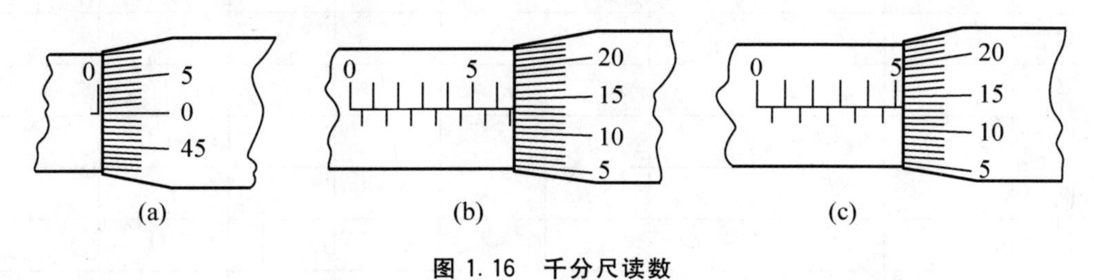

图1.16　千分尺读数

3. 测量步骤

(1) 校对游标卡尺、外径千分尺等测量器具的零位。若零位不能对正，记下此时的代数值，将零件的各测量数据减去该代数值。

(2) 用标准量块校对游标卡尺。根据标准量块值熟悉游标尺卡脚和工件接触的松紧程度。

(3) 根据图1.1零件图纸的标注要求，选择合适的计量器具。

(4) 如果测量外圆，应在阶梯轴的不同截面、不同方向测量3～5处，记下读数；若测量长度，可沿圆周位置测量几处，记录读数。

(5) 测量外圆时，可用不同分度值的计量器具测量，对测量结果进行比较，判断测量的准确性。

(6) 将这些数据取平均值并和图纸要求进行比较，判断其合格性，并完成实训报告表1。

4. 千分尺使用注意事项

(1) 使用前，要检查千分尺的各部位是否灵活可靠，微分筒的转动是否灵活，锁紧装置的作用是否可靠，零位是否正确等。

(2) 外径千分尺是一种精密的量具，使用时应小心谨慎，动作轻缓，避免使其受到打击和碰撞。千分尺内具有精密的细牙螺纹，使用时要注意：①微分筒和测力装置在转动时不能过分用力；②当转动微分筒带动活动测头接近被测工件时，一定要改用测力装置旋转接触被测工件，不能直接旋转微分筒测量工件；③当活动测头与固定测头卡住被测工件或锁住锁紧装置时，不能强行转动微分筒。

(3) 外径千分尺的尺架上装有隔热装置，以防手温引起尺架膨胀造成测量误差，所以测量时应手握隔热装置，尽量减少手和千分尺金属部分接触。

(4) 外径千分尺使用完毕，应用布将其擦干净，在固定测头和活动测头的测量面间留出空隙，放入盒中。如果长期不使用可在测量面上涂上防锈油，并置于干燥处。

(5) 读数时要防止在固定套管上多读或少读0.5mm。

(6) 不能用千分尺测量毛坯或转动的工件。

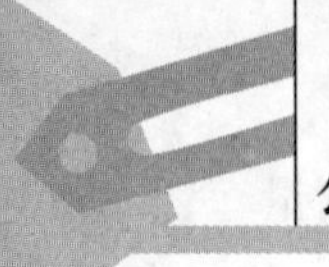

实训报告表 1　工件外圆和长度的测量

项目测量	图样要求	计量器具	实测值					平均值	结　论
			1	2	3	4	5		
量块									
外圆									
长度									

项目小结

1. 尺寸基本术语

1）孔与轴

2）基本尺寸

基本尺寸是指设计给定的尺寸。常用 D 表示孔的基本尺寸，用 d 表示轴的基本尺寸。

3）实际尺寸

实际尺寸是指通过测量所得的尺寸。

4）极限尺寸

极限尺寸是指允许尺寸变化的两个界限值。

2. 偏差术语

1）尺寸偏差

某一尺寸减去其基本尺寸所得的代数差称为尺寸偏差(简称偏差)。孔用 E 表示，轴用 e 表示。偏差可能为正或负，也可能为零。

2）极限偏差

极限尺寸减去其基本尺寸所得的代数差称为极限偏差，用公式表示如下：

孔：$ES=D_{\max}-D$，$EI=D_{\min}-D$

轴：$es=d_{\max}-d$，$ei=d_{\min}-d$

标注和计算偏差时极限偏差前面必须加注“+”或“−”号(零除外)。

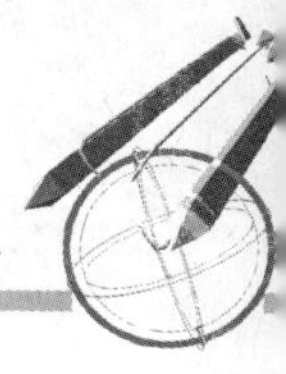

3）实际偏差

实际尺寸减去其基本尺寸所得的代数差称为实际偏差。孔用 E_a 表示，轴用 e_a 表示。

3. 公差术语

1）尺寸公差

尺寸公差是指允许的尺寸变动量，简称公差。公差、极限尺寸、极限偏差的关系如下：

孔：$T_h = D_{max} - D_{min} = ES - EI$

轴：$T_s = d_{max} - d_{min} = es - ei$

公差与偏差是两个不同的概念。公差表示制造精度的要求，反映加工的难易程度；而偏差表示与基本尺寸的偏离程度，它表示公差带的位置，影响配合的松紧程度。

2）尺寸公差带

公差带表示零件的尺寸相对其基本尺寸所允许变动的范围。用图所表示的公差带，称为公差带图。用尺寸公差带的高度和相互位置表示公差大小和配合性质，它由零线和公差带组成。

4. 孔、轴的公差与配合国家标准

1）标准公差系列

确定尺寸精确程度的等级称为公差等级。国家标准设置了 20 个公差等级。为了减少标准公差的数目、统一公差值，国家标准对基本尺寸进行了分段，对于同一尺寸段内所有的基本尺寸，在相同的公差等级下，规定标准公差相同。

2）基本偏差系列

基本偏差是指零件公差带靠近零线位置的上偏差或下偏差。基本偏差的代号用拉丁字母表示，小写字母代表轴，大写字母代表孔。其基本偏差数值是由经验公式计算得到的。

代号为 H 的孔的基本偏差为下偏差，它总是等于零，称为基准孔；代号为 h 的轴的基本偏差为上偏差，它总是等于零，称为基准轴。

5. 公差与配合在图样上的标注

孔、轴公差在零件图上主要标注基本尺寸和极限偏差数值，零件图上尺寸公差的标注方法有 3 种。

6. 线性尺寸的一般公差

一般公差是指在车间一般加工条件下可以保证的公差，是机床设备在正常维护和操作情况下能达到的经济加工精度。图纸中往往不标注上、下偏差的尺寸。一般公差等级分为 4 级，它们分别是精密级 f、中等级 m、粗糙级 c、最粗级 v。

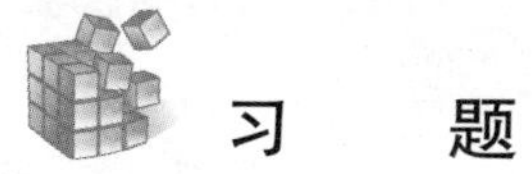

习　　题

1.1　判断题

（1）基本尺寸是指设计给定的尺寸，因此零件的实际尺寸越接近基本尺寸，则其精度越高。（　　）

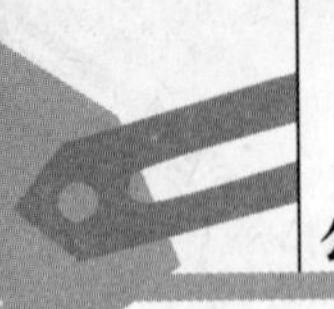

(2) 公差可以说是零件尺寸允许的最大偏差。(　　)

(3) 尺寸的基本偏差可正可负，一般都取正值。(　　)

(4) 公差值越小的零件越难加工。(　　)

1.2　选择题

(1) 在尺寸 Φ 48F6 中，"F" 代表(　　)。

A. 尺寸公差带代号　B. 公差等级代号　C. 基本偏差代号　D. 配合代号

(2) Φ 30js8 的尺寸公差带图和尺寸零线的关系是(　　)。

A. 在零线上方　B. 在零线下方　C. 对称于零线　D. 不确定

(3) Φ 65g6 和(　　)组成工艺等价的基孔制间隙配合。

A. Φ 65H5　B. Φ 65H6　C. Φ 65G7　D. Φ65H7

(4) 将基孔制配合 ϕ40H8/f7 转换成基轴制的配合应该为(　　)。

A. ϕ40F7/h8　B. ϕ40F8/h7　C. ϕ40H8/h7　D. 不能转换

(5) Φ 45F8 和 Φ 45H8 的尺寸公差带图(　　)。

A. 宽度不一样　B. 相对零线的位置不一样

C. 宽度和相对零线的位置都不一样　D. 宽度和相对零线的位置都一样

(6) 通常采用(　　)选择配合类别。

A. 计算法　B. 试验法　C. 类比法

(7) 公差带的选用顺序是尽量选择(　　)代号。

A. 一般　B. 常用　C. 优先　D. 随便

1.3　按表 1-8 中给出的数值，计算其中空格中的数值，并将计算结果填入相应的空格内(单位为 mm)。

表 1-8　习题 1.3 用表　　单位：mm

基本尺寸	最大极限尺寸	最小极限尺寸	上偏差	下偏差	公差
孔 Φ 8	8.040	8.025			
轴 Φ 60			−0.060		0.046
孔 Φ 30		30.020			0.100
轴 Φ 50			−0.050	−0.112	

项目2

内孔和中心高测量

学习情境设计

序 号	情境(课时)	主 要 内 容
1	任务(0.5)	(1) 提出内孔和中心高测量任务(根据图 2.1) (2) 分析零件尺寸精度要求
2	信息(1.3)	(1) 介绍配合制、安全裕度、计量器具的不确定度、验收极限知识 (2) 认识杠杆百分表、内径百分表、量块的规格 (3) 杠杆百分表、内径百分表的结构、读数原理、使用方法 (4) 中心高的测量方法
3	计划(0.5)	(1) 根据被测要素，确定检测部位和测量次数 (2) 确定内孔和中心高的测量方案
4	实施(3.2)	(1) 洁净被测零件和计量器具的测量面 (2) 选择计量器具的规格，调整与校正计量器具 (3) 用量块组合高度 (4) 记录数据，数据处理
5	检查(0.3)	(1) 任务的完成情况 (2) 复查，交叉互检
6	评估(0.2)	(1) 分析整个工作过程，对出现的问题进行修改并优化 (2) 判断长度合格性 (3) 出具检测报告，资料存档

项目描述

图 2.1 所示为一拨叉零件，在图中有 $\Phi15^{+0.018}_{0}$ 、$120^{0}_{-0.1}$ 和 $\Phi30$ 的标注，本项目将从以下几个方面进行学习。

（1）分析图纸，搞清楚精度要求。

（2）查阅相关国家计量标准，理解 $\Phi15^{+0.018}_{0}$ 、$\Phi27^{+0.033}_{0}$ 、$120^{0}_{-0.1}$ 和 $\Phi30$ 等标注的含义，若其他图纸中标有 $\Phi15h6$ 或 $\Phi15js6$ 的轴，它们属于什么配合，如何进行装配。

（3）选择计量器具，确定测量方案。

（4）使用哪些计量器具测量零件内孔尺寸和中心高尺寸误差。

（5）如何对计量器具进行保养与维护。

（6）填写检测报告与数据处理。

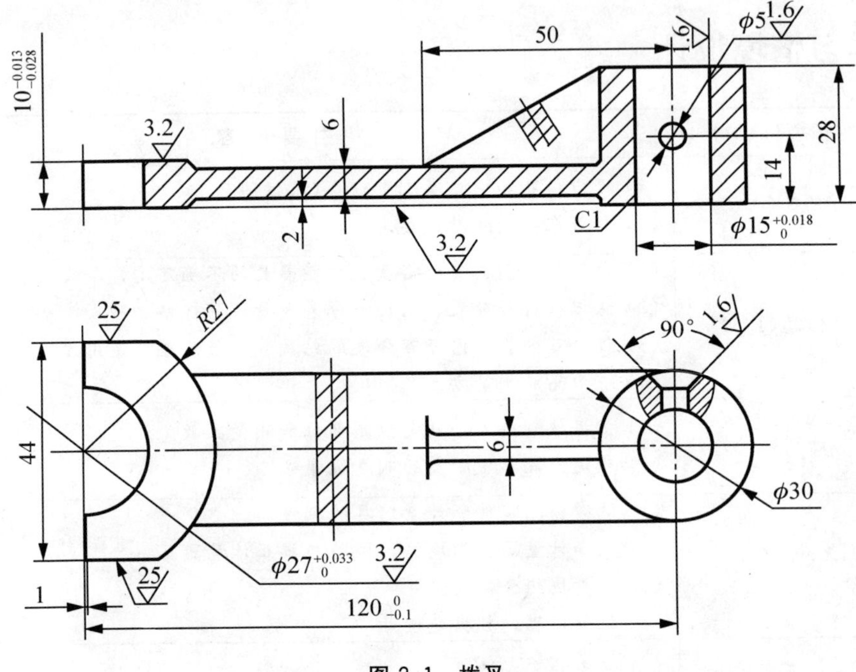

图 2.1　拨叉

相关知识

配合是指基本尺寸相同的、相互结合的孔与轴公差带之间的关系。在孔与轴的配合中，孔的尺寸减去轴的尺寸所得的代数差，其值为正值时称为间隙，其值为负值时称为过盈。

一、配合类型

1. 间隙配合

间隙配合是指具有间隙(包括最小间隙为零)的配合。孔的公差带位于轴的公差带之上，如图 2.2 所示。由于孔和轴的实际尺寸在各自的公差带内变动，因此装配后每对孔、轴间的间隙量也是变动的。

极限间隙、平均间隙及配合公差公式如下。

$$X_{max}=D_{max}-d_{min}=ES-ei$$

$$X_{min}=D_{min}-d_{max}=EI-es$$

$$X_{av}=(X_{max}+X_{min})/2$$

$$T_f=|X_{max}-X_{min}|=T_h+T_s$$

上式表明配合精度(配合公差)取决于相互配合的孔与轴的尺寸精度(尺寸公差)，设计时，可根据配合公差来确定孔与轴的公差。

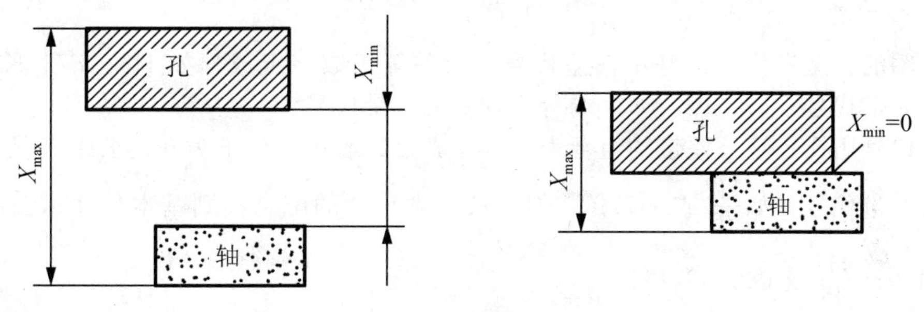

图 2.2　间隙配合

2. 过盈配合

过盈配合是指具有过盈(包括最小过盈为零)的配合。孔的公差带位于轴的公差带之下，如图 2.3 所示。由于孔和轴的实际尺寸在各自的公差带内变动，因此装配后每对孔、轴间的过盈量也是变动的。

极限过盈、平均过盈及配合公差公式如下。

$$Y_{max}=D_{min}-d_{max}=EI-es$$

$$Y_{min}=D_{max}-d_{min}=ES-ei$$

$$Y_{av}=(Y_{max}+Y_{min})/2$$

$$T_f=|Y_{max}-Y_{min}|=T_h+T_s$$

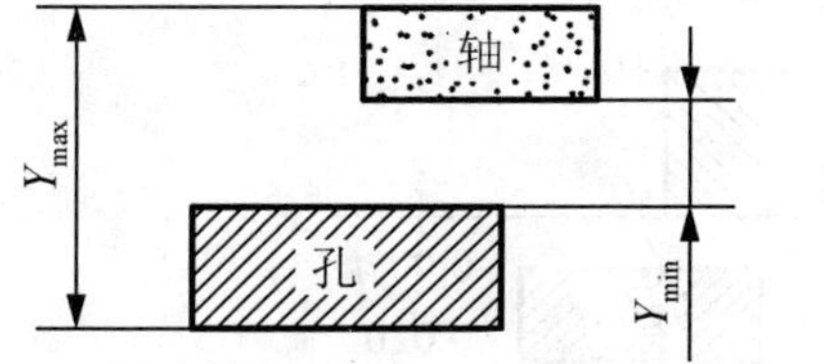

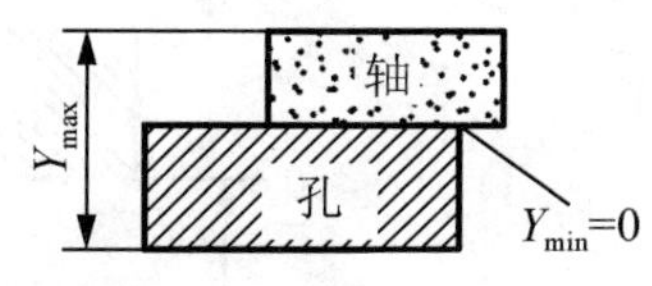

图 2.3　过盈配合

3. 过渡配合

过渡配合是指可能产生间隙或过盈的配合。孔的公差带与轴的公差带相互交叠，如图 2.4所示。过渡配合中，每对孔、轴的间隙或过盈也是变化的。

极限间隙(或过盈)、平均间隙(或过盈)及配合公差公式如下。

$$X_{max}=D_{max}-d_{min}=ES-ei$$

$$Y_{max}=D_{min}-d_{max}=EI-es$$

$$X_{av}(Y_{av})=(X_{max}+Y_{max})/2$$

$$T_f=|X_{max}-Y_{max}|=T_h+T_s$$

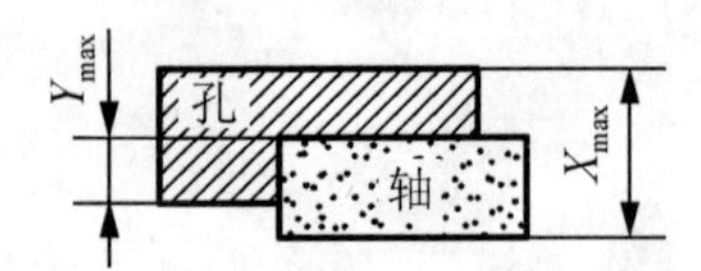

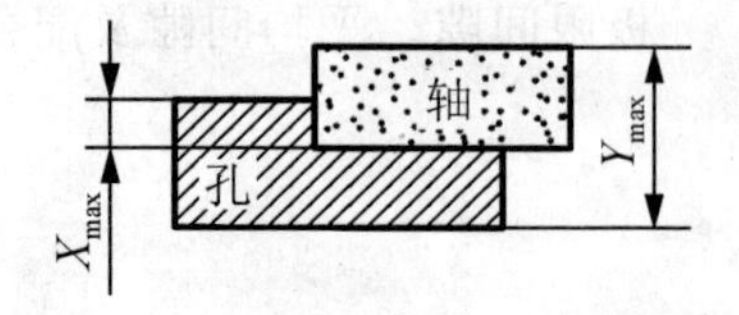

图 2.4 过渡配合

二、配合公差带

1. 配合代号

孔、轴的公差带代号由基本偏差代号和公差等级数字组成。如 H8、F7、K7、P7 等为孔的公差带代号；h7、f6、r6、p6 等为轴的公差带代号。

配合代号用孔、轴公差带的组合表示，写成分数形式，分子为孔的公差带代号，分母为轴的公差带代号，如$\frac{H7}{f6}$或 H7/f6。如指某基本尺寸的配合，则基本尺寸标在配合代号之前，如 $\Phi25\ \frac{H7}{f6}$或 Φ25H7/f6。

例 2.1：已知孔和轴的配合代号为 Φ20H7/g6，试画出它们的公差带图，并计算它们的极限盈、隙值。

解：(1)查表得 IT 6＝13μm，IT7＝21μm。

(2) 查表得到 g 的基本偏差为下偏差 $es=-7\mu m$，

(3) 查表得到 H 的基本偏差为下偏差 $EI=0$。

(4) g6 的另一个极限偏差 $ei=es-IT6=-7-13=-20\mu m$。

即 Φ20g6 可以写成 $\Phi20^{-0.007}_{-0.020}$ 或 $\Phi20g6(^{-0.007}_{-0.020})$。

(5) H7 的另一个极限偏差 $ES=EI+IT7=(0+21)\mu m=+21\mu m$，

即 Φ20H7 可以写成 $\Phi20^{+0.021}_{0}$ 或 $\Phi20H7(^{+0.021}_{0})$。

(6) 公差带图如图 2.5 所示。由于孔的公差带在轴的公差带之下，所以该配合为过盈配合，其极限盈、隙指标如下。

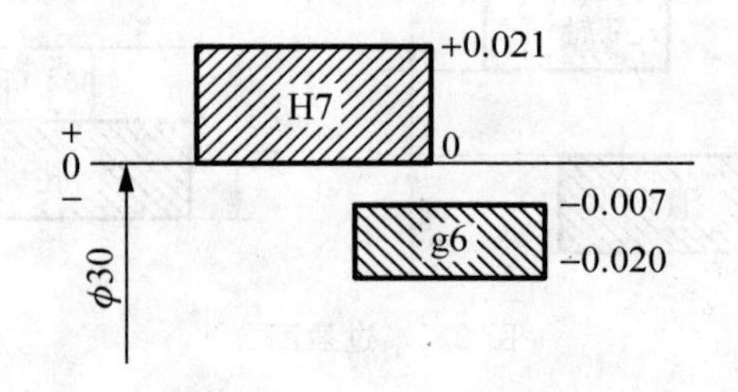

图 2.5 孔、轴公差带图

$$X_{max}=ES-ei=+0.021-(-0.020)$$
$$=+0.041\mu m$$
$$X_{min}=EI-es=0-(-0.007)=+0.007\mu m$$
$$X_{av}=(X_{max}+X_{max})/2$$
$$=(+0.041+0.007)/2=+0.024\mu m$$

2. 常用和优先的公差带及配合

国家标准 GB/T 1800.3 对基本尺寸小于或等于 500mm 的常用尺寸规定了 20 个公差等级和 28 种基本偏差，如将任一基本偏差与任一标准公差组合，其孔公差带有 20×27＋3(J6、J7、J8)＝543 个，而轴公差带有 20×27＋4(j6、j7、j8)＝544 个。使用全部公差带显然是不经济的，因为它必然导致定值刀具和量具规格的繁多。

为此，国家标准规定了一般、常用和优先孔用公差带共 105 种，如图 2.6 所示。图中方框内的 44 种为常用公差，圆圈内的 13 种为优先公差带。

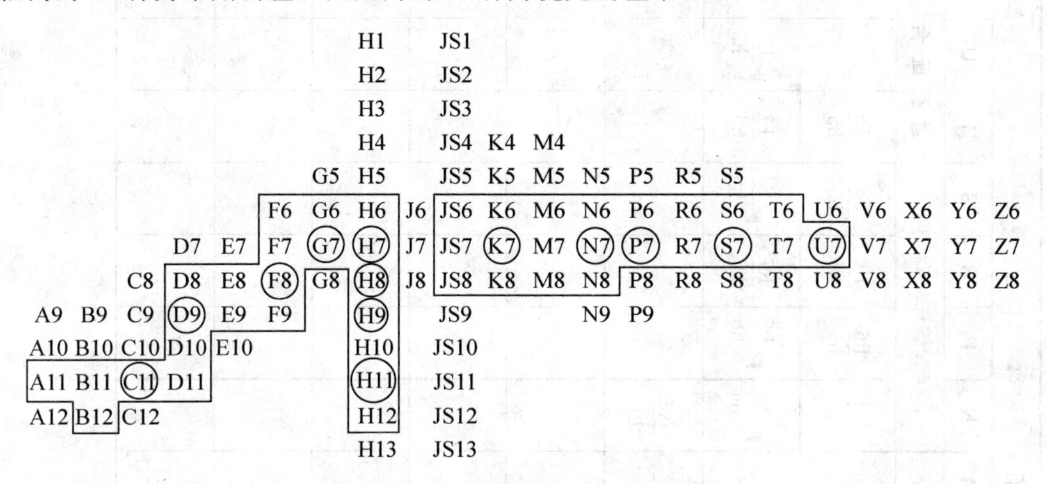

图 2.6　一般、常用、优先孔的公差带

国家标准规定了一般、常用和优先轴用公差带共 116 种，如图 2.7 所示。图中方框内的 59 种为常用公差带，圆圈内的 13 种为优先公差带。

选用公差带时，应按优先、常用、一般、任意公差带的顺序选用，特别是优先和常用公差带，它反映了长期生产实践中积累较丰富的使用经验，应尽量选用。

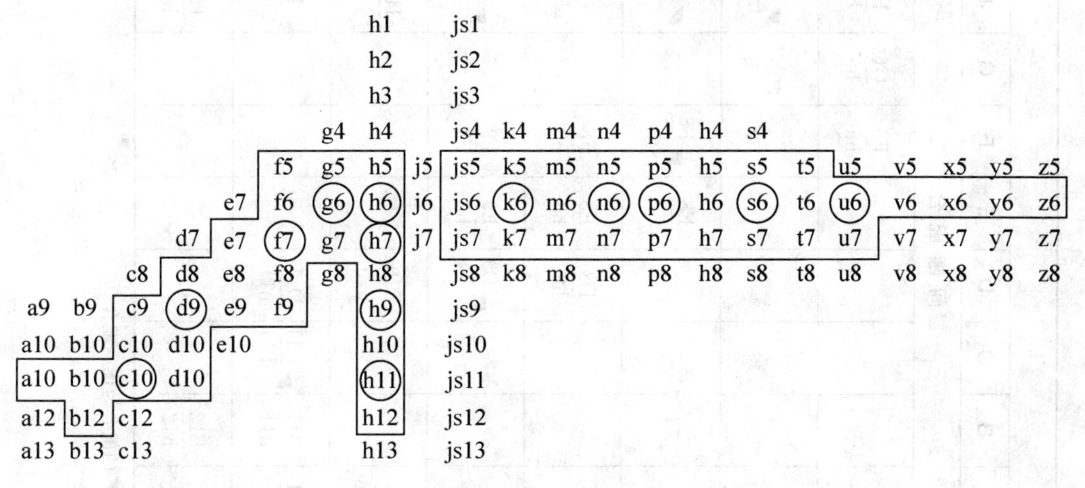

图 2.7　一般、常用、优先轴的公差带

表 2－1 和表 2－2 中基轴制有 47 种常用配合，13 种优先配合。基孔制中有 59 种常用配合，13 种优先配合。同理，选择时应优先选用优先配合公差带，其次再选择常用配合公差带。

表 2-1 基轴制优先、常用配合 (GB/T 1801—1999)

基准轴	孔																				
	A	B	C	D	E	F	G	H	JS	K	M	N	P	R	S	T	U	V	X	Y	Z
	间隙配合								过渡配合				过盈配合								
h5						F6/h5	G6/h5	H6/h5	JS6/h5	K6/h5	M6/h5	N6/h5	P6/h5	R6/h5	S6/h5	T6/h5					
h6						F7/h6	◤G7/h6	◤H7/h6	JS7/h6	◤K7/h6	M7/h6	◤N7/h6	◤P7/h6	R7/h6	◤S7/h6	T7/h6	◤U7/h6				
h7					E8/h7	◤F8/h7		◤H8/h7	JS8/h7	K8/h7	M8/h7	N8/h7									
h8				D8/h8	E8/h8	F8/h8		H8/h8													
h9				◤D9/h9	E9/h9	F9/h9		◤H9/h9													
h10				D10/h10				H10/h10													
h11	A11/h11	B11/h11	◤C11/h11	D11/h11				◤H11/h11													
h12		B12/h12						H12/h12													

注：标注◤的配合为优先配合。

表2-2 基孔制优先、常用配合 （GB/T 1801—1999）

基准孔	轴																				
	a	b	c	d	e	f	g	h	js	k	m	n	p	r	s	t	u	v	x	y	z
	间隙配合								过渡配合			过盈配合									
H6						$\frac{H6}{f5}$	$\frac{H6}{g5}$	$\frac{H6}{h5}$	$\frac{H6}{js5}$	$\frac{H6}{k5}$	$\frac{H6}{m5}$	$\frac{H6}{n5}$	$\frac{H6}{p5}$	$\frac{H6}{r5}$	$\frac{H6}{s5}$	$\frac{H6}{t5}$					
H7						$\frac{H7}{f6}$	$\frac{H7}{g6}$	$\frac{H7}{h6}$	$\frac{H7}{js6}$	$\frac{H7}{k6}$	$\frac{H7}{m6}$	$\frac{H7}{n6}$	$\frac{H7}{p6}$	$\frac{H7}{r6}$	$\frac{H7}{s6}$	$\frac{H7}{t6}$	$\frac{H7}{u6}$	$\frac{H7}{v6}$	$\frac{H7}{x6}$	$\frac{H7}{y6}$	$\frac{H7}{z6}$
H8					$\frac{H8}{e7}$	$\frac{H8}{f7}$	$\frac{H8}{g7}$	$\frac{H8}{h7}$	$\frac{H8}{js7}$	$\frac{H8}{k7}$	$\frac{H8}{m7}$	$\frac{H8}{n7}$	$\frac{H8}{p7}$	$\frac{H8}{r7}$	$\frac{H8}{s7}$	$\frac{H8}{t7}$	$\frac{H8}{u7}$				
				$\frac{H8}{d8}$	$\frac{H8}{e8}$	$\frac{H8}{f8}$		$\frac{H8}{h8}$													
H9			$\frac{H9}{c9}$	$\frac{H9}{d9}$	$\frac{H9}{e9}$	$\frac{H9}{f9}$		$\frac{H9}{h9}$													
H10			$\frac{H10}{c10}$	$\frac{H10}{d10}$				$\frac{H10}{h10}$													
H11	$\frac{H11}{a11}$	$\frac{H11}{b11}$	$\frac{H11}{c11}$	$\frac{H11}{d11}$				$\frac{H11}{h11}$													
H12		$\frac{H12}{b12}$						$\frac{H11}{h12}$													

注：①$\frac{H6}{n5}$，$\frac{H7}{p6}$在基本尺寸小于或等于3mm和$\frac{H8}{r7}$在基本尺寸小于或等于100mm时，为过渡配合；

②标注◤的配合为优先配合。

三、配合的标注

装配图上，主要标注基本尺寸和配合代号，配合代号即标注孔、轴的偏差代号及公差等级，如图 2.8 所示。

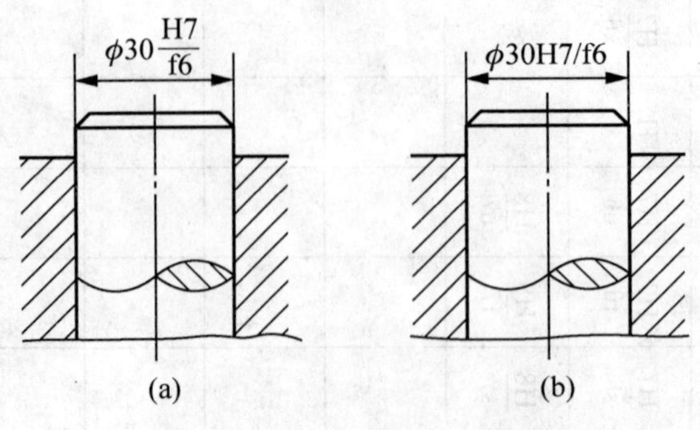

图 2.8　配合在图样上的标注

四、配合制

由前述 3 类配合的公差带可知，变更孔、轴公差带的相对位置，可以组成不同性质、不同松紧的配合，但为了简化，以最少的标准公差带形成最多的配合，且获得良好的技术经济效益，标准规定了两种基准制，即基孔制与基轴制。

1. 基孔制

基孔制是指基本偏差为一定的孔的公差带，与不同的基本偏差的轴的公差带所形成的各种配合的一种制度。

基孔制中的孔称为基准孔，用“H”表示。基准孔的基本偏差为下偏差 EI，且数值为零，即 $EI=0$。上偏差为正值，其公差带偏置在零线上侧。

基孔制配合中由于轴的基本偏差不同，轴的公差带和基准孔公差带形成以下不同的配合情况。

H/a～h——间隙配合；
H/js～m——过渡配合；
H/n、p——过渡或过盈配合；
H/r～zc——过盈配合。

2. 基轴制

基轴制是指基本偏差为一定的轴的公差带，与不同基本偏差的孔的公差带形成的各种配合的一种制度。

基轴制中的轴称为基准轴，用“h”表示，基准轴的基本偏差为上偏差 es，且数值为零，即 $es=0$。上偏差为负值，其公差带偏置在零线的下侧。

基轴制配合中由于孔的基本偏差不同，形成以下的配合。

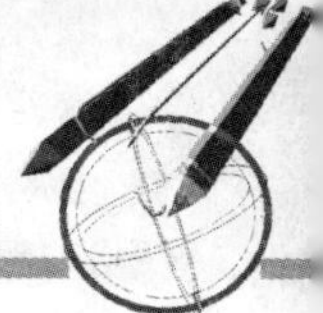

A～H/h——间隙配合；

JS～M/h——过渡配合；

N、P/h——过渡或过盈配合；

R～ZC/h——过盈配合。

3. 基准制的转换

由于基本偏差的对称性，配合 H7/m6 和 M7/h6，H8/f7 和 F8/h7 具有相同的极限盈、隙指标。基准制可以转换，亦称为同名配合。

五、公差与配合的选用

尺寸公差与配合的选择是机械设计与制造中的一个重要环节。它是在基本尺寸已经确定的情况下进行的尺寸精度设计。公差与配合的选择是否恰当，对产品的性能、质量、互换性及经济性都有着重要的影响。选择的原则是在满足使用要求的前提下，获得最佳的技术经济效益。

公差配合的选择一般有 3 种方法：类比法、计算法、试验法。类比法是通过对类似的机器和零部件进行调查研究、分析对比后，根据前人的经验来选取公差与配合。这是目前应用最多、也是主要的一种方法。计算法是按照一定的理论和公式来确定需要的间隙或过盈。这种方法虽然麻烦，但比较科学，只是有时将条件理论化、简单化了，使得计算结果不完全符合实际。试验法是通过试验或统计分析来确定间隙或过盈。这种方法合理、可靠，但代价较高，因而只应用于重要产品的设计。

1. 基准制的选择

选用基准制时，应主要从零件的结构、工业、经济等方面来综合考虑。

1）优先选用基孔制

由于选择基孔制配合的零、部件生产成本低，经济效益好，因而该配合被广泛使用。由于同等精度的内孔加工比外圆加工困难、成本高，往往采用按基孔设计与加工的钻头、扩孔钻、铰刀、拉刀等定尺寸刀具，以减低加工难度和生产成本。而加工轴则不同，一把刀具可加工不同尺寸的轴。所以从经济方面考虑优先选用基孔制。

2）特殊场合选用基轴制配合

在有些情况下，采用基轴制配合更为合理。

(1) 直接采用冷拉棒料做轴。其表面不需要再进行切削加工，同样可以获得明显的经济效益(冷拉圆钢按一定的精度等级加工，其尺寸与形位误差、表面粗糙度精度达到一定标准)，在农业、建筑、纺织机械中常用。

(2) 有些零件由于结构上的需要，采用基轴制更合理。如图 2.9(a)所示为活塞连杆机构，根据使用要求，活塞销轴与活塞孔采用过渡配合，而连杆衬套与活塞销轴则采用间隙配合。若采用基孔制，如图 2.9(b)所示，活塞销轴将加工成台阶形状；而采用基轴制配合，如图 2.9(c)所示，活塞销轴可制成光轴。这种选择不仅有利于轴的加工，并且能够保证合理的装配质量。

3）与标准件配合

当设计的零件需要与标准件配合时，应根据标准件来确定基准制配合。例如，滚动轴承内圈与轴的配合应选用基孔制；而滚动轴承外圈与基座孔的配合应选用基轴制。

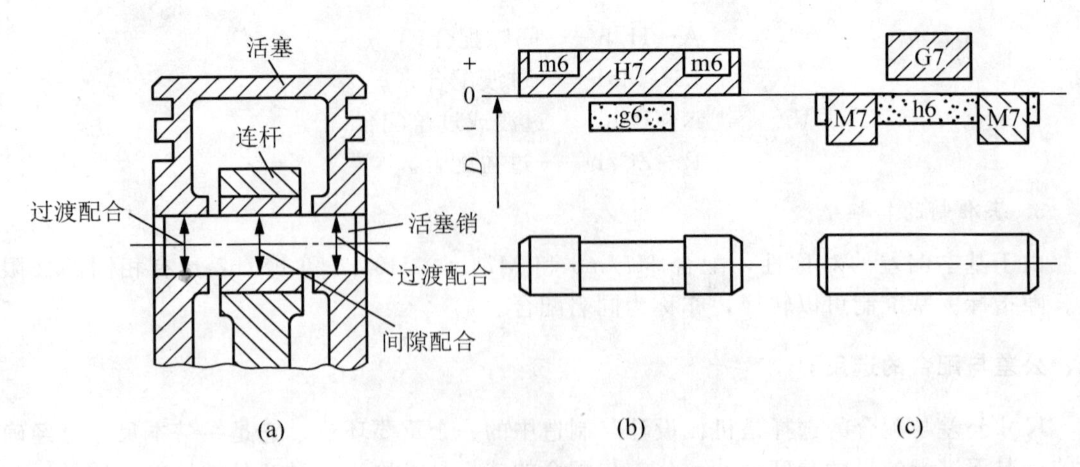

图 2.9　基轴制配合选择示例

2. 公差等级的选择

公差等级的选用就是确定尺寸的制造精度与加工的难易程度。加工的成本和工件的工作质量有关，所以在选择公差等级时，要正确处理使用要求、加工工艺及生产成本之间的关系。其选择原则是：在满足使用要求的前提下，尽可能选择较低的公差等级。

公差等级的选用通常采用的方法为类比法，即参考从生产实践中总结出来的经验汇编成资料，进行比较选择。用类比法选择公差等级时，应掌握各个公差等级的应用范围和各种加工方法所能达到的公差等级，以便有所依据。表 2-3 为公差等级的应用范围，表 2-4 为各种加工方法可能达到的公差等级，表 2-5 为各公差等级的具体应用。

表 2-3　常用加工方法所能达到的公差等级

加工方法 \ 公差等级	01	0	1	2	3	4	5	6	7	8	9	10	11	12	13	14	15	16	17	18
研磨	—	—	—	—	—	—	—													
珩磨						—	—	—	—											
圆磨							—	—	—	—										
平磨							—	—	—	—										
金刚石车							—	—	—											
金刚石镗							—	—	—											
拉削							—	—	—	—										
铰孔								—	—	—	—	—								
精车精镗									—	—	—									
粗车												—	—	—						
粗镗												—	—	—						
铣										—	—	—	—							
刨、插												—	—							

续表

加工方法 \ 公差等级	01	0	1	2	3	4	5	6	7	8	9	10	11	12	13	14	15	16	17	18
钻削												—	—	—	—					
冲压												—	—	—	—	—				
辊压、挤压												—								
锻造																	—	—		
砂型铸造																—	—			
金属型铸造																—	—			
气割																	—	—	—	—

表 2-4 公差等级的应用范围

应用 \ 公差等级	01	0	1	2	3	4	5	6	7	8	9	10	11	12	13	14	15	16	17	18
块规	—	—	—																	
量规			—	—	—	—	—	—	—											
配合尺寸							—	—	—	—	—	—	—	—	—					
特别精密零件				—	—	—	—													
非配合尺寸														—	—	—	—	—	—	—
原材料公差										—	—	—	—	—	—	—				

表 2-5 常用公差等级的应用

公差等级	应用
5 级	主要应用在配合公差、形状公差要求较小的地方，它的配合性质稳定，一般在机床、发动机、仪表等重要部位应用。如：与 P5 级滚动轴承配合的箱体孔；与 P6 级滚动轴承配合的机床主轴，机床尾架与套筒，精密机械及高速机械中轴径，精密丝杠轴径等
6 级	配合性质能达到较高的均匀性。如：与 P6 级滚动轴承相配合的孔、轴径；与齿轮、蜗轮、联轴器、带轮、凸轮等连接的轴径，机床丝杠轴径；摇臂钻立柱；机床夹具中导向件外径尺寸；6 级精度齿轮的基准孔，7、8 级精度齿轮的基准轴径
7 级	7 级精度比 6 级精度稍低，应用条件与 6 级基本相似，在一般机械制造中应用较为普遍，如：联轴器、带轮、凸轮等的孔径；机床夹盘座孔；夹具中固定钻套，可换钻套；7、8 级齿轮的基准孔，9、10 级齿轮的基准轴
8 级	在机器制造中属于中等精度。如：轴承座衬套沿宽度方向尺寸，9～12 级齿轮的基准孔；11、12 级齿轮的基准轴
9、10 级	主要应用于机械制造中轴套外径与孔，操纵件与轴，空轴带轮与轴，单键与花键
11、12 级	配合精度很低，装配后可能产生很大间隙，适用于基本上没有什么配合要求的场合。如：机床上法兰盘与止口；滑块与滑移齿轮；加工中工序间尺寸，冲压加工的配合件；机床制造中的扳手孔与扳手座的连接

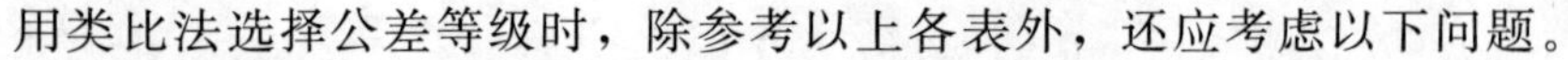

用类比法选择公差等级时，除参考以上各表外，还应考虑以下问题。

1）孔和轴的工艺等价性

孔和轴的工艺等价性是指将孔与轴的加工难易程度视为相当。在公差等级小于或等于8级时，中小尺寸的孔加工比相同尺寸相同等级的轴加工要困难，加工成本也要高些，其工艺性是不等价的。为了使组成配合的孔、轴工艺等价，其公差等级应按优先、常用配合(表2-1、表2-2)孔、轴相差一级选用，这样就可以保证孔轴工艺等价。在实践中如有必要，仍允许同级组成配合。按工艺等价性选择轴的公差等级见表2-6。

表2-6　按工艺等价性选择轴的公差等级

要求配合	条件：孔的公差等级	轴应选用的公差等级	实　例
间隙配合、过渡配合	≤IT8	轴比孔高一级	H7/f6
	>IT8	轴与孔同级	H9/d9
过盈配合	≤IT7	轴比孔高一级	H7/p6
	>IT7	轴与孔同级	H8/s8

2）相关件与配合件的精度

选择公差等级时，应考虑相关件与配合件的精度。例如，齿轮孔与轴的配合，它们的公差等级决定于相关齿轮的精度等级(可参阅有关齿轮的国家标准)。与滚动轴承相配合的外壳孔和轴颈的公差等级决定于相配合的滚动轴承的公差等级。

3）配合与成本

相配合的孔、轴公差等级的选择，应在满足使用要求的前提下，为了降低成本，应尽可能取低等级。如图2.10所示的轴颈与轴套的配合，按工艺等价原则，轴套应选7级公差(加工成本较高)，但考虑到它们在径向只要求自由装配，为较大间隙量的间隙配合，此处选择9级精度的轴套，有效地降低了成本。

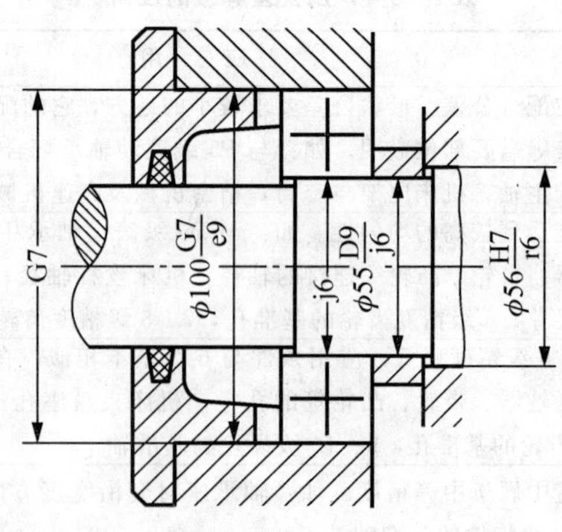

图2.10　工艺等价性

3. 配合的选择

配合种类的选择是指在确定了基准制的基础上，根据机器或部件的性能允许间隙或过盈的大小情况，选定非基准件的基本偏差代号。有的配合也同时确定基准件与非基准件的公差等级。

当孔、轴有相对运动要求时，选择间隙配合；当孔、轴无相对运动时，应根据具体工作条件的不同，确定过盈(用于传递扭矩)、过渡(主要用于精确定心)配合。确定配合类别后，首先应尽可能地选用优先配合，其次是常用配合，再次是一般配合，最后若仍不能满足要求，则可以选择其他任意的配合。

用类比法选择配合，要着重掌握各种配合的特征和应用场合，尤其是对国家标准所规定的常用与优先配合的特点要熟悉。表2－7所示为尺寸小于或等于500mm时，基孔制、基轴制优先配合的特征及应用场合，表2－8为轴的基本偏差选用说明，可供选择时参考。

表2－7　优先配合选用说明

配合类别	配合特征	配合代号	应　用
间隙配合	特大间隙	$\frac{H11}{a11}$ $\frac{H11}{b11}$ $\frac{H12}{b12}$	用于高温或工作时要求大间隙的配合
	很大间隙	$\left(\frac{H11}{c11}\right)\left(\frac{H11}{d11}\right)$	用于工作条件较差、受力变形或为了便于装配而需要大间隙的配合和高温工作的配合
	较大间隙	$\frac{H9}{c9}$ $\frac{H10}{c10}$ $\frac{H8}{d8}$ $\left(\frac{H9}{d9}\right)$ $\frac{H10}{d10}$ $\frac{H8}{e7}$ $\frac{H8}{e8}$ $\frac{H9}{e9}$	用于高速重载的滑动轴承或大直径的滑动轴承，也可用于大跨距或多支点支撑的配合
	一般间隙	$\frac{H6}{f5}$ $\frac{H7}{f6}$ $\left(\frac{H8}{f7}\right)$ $\frac{H8}{f8}$ $\frac{H9}{f9}$	用于一般转速的动配合，当温度影响不大时，广泛应用于普通润滑油润滑的支撑处
	很小间隙	$\left(\frac{H7}{g6}\right)$ $\frac{H8}{g7}$	用于精密滑动零件或缓慢间歇回转的零件配合
	很小间隙和零间隙	$\frac{H6}{g5}$ $\frac{H6}{h5}$ $\left(\frac{H7}{h6}\right)\left(\frac{H8}{h7}\right)$ $\frac{H8}{h8}$ $\left(\frac{H9}{h9}\right)$ $\frac{H10}{h10}$ $\left(\frac{H11}{h11}\right)$ $\frac{H12}{h12}$	用于不同精度要求的一般定位件的配合和缓慢移动与摆动零件的配合
过渡配合	绝大部分有微小间隙	$\frac{H6}{js5}$ $\frac{H7}{js6}$ $\frac{H8}{js7}$	用于易于装拆的定位配合或加紧固件后可传递一定静载荷的配合
	大部分有微小间隙	$\frac{H6}{k5}$ $\left(\frac{H7}{k6}\right)$ $\frac{H8}{k7}$	用于稍有振动的定位配合，加紧固件可传递一定载荷，装拆方便，可用木槌敲入
	大部分有微小过盈	$\frac{H6}{m5}$ $\frac{H7}{m6}$ $\frac{H8}{m7}$	用于定位精度较高且能抗振的定位配合。加键可传递较大载荷。可用铜锤敲入或小压力压入
	绝大部分有微小过盈	$\left(\frac{H7}{n6}\right)$ $\frac{H8}{n7}$	用于精度定位或紧密组合件的配合。加键能传递大力矩或冲击性载荷，只在大修时拆卸
	绝大部分有较小过盈	$\frac{H8}{p7}$	加键后能传递很大力矩，且承受振动和冲击的配合。装配后不再拆卸

续表

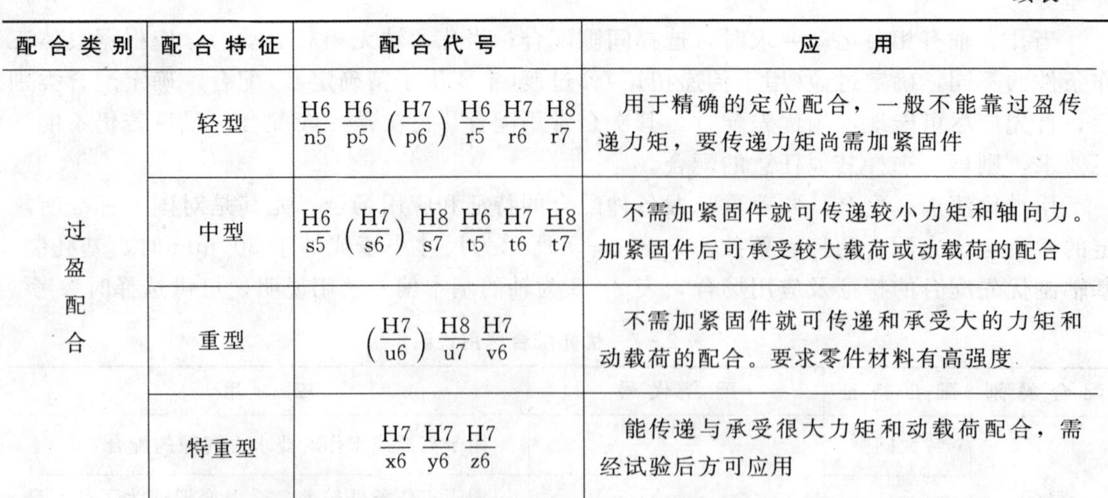

配合类别	配合特征	配合代号	应用
过盈配合	轻型	$\frac{H6}{n5}$ $\frac{H6}{p5}$ $\left(\frac{H7}{p6}\right)$ $\frac{H6}{r5}$ $\frac{H7}{r6}$ $\frac{H8}{r7}$	用于精确的定位配合，一般不能靠过盈传递力矩，要传递力矩尚需加紧固件
	中型	$\frac{H6}{s5}$ $\left(\frac{H7}{s6}\right)$ $\frac{H8}{s7}$ $\frac{H6}{t5}$ $\frac{H7}{t6}$ $\frac{H8}{t7}$	不需加紧固件就可传递较小力矩和轴向力。加紧固件后可承受较大载荷或动载荷的配合
	重型	$\left(\frac{H7}{u6}\right)$ $\frac{H8}{u7}$ $\frac{H7}{v6}$	不需加紧固件就可传递和承受大的力矩和动载荷的配合。要求零件材料有高强度
	特重型	$\frac{H7}{x6}$ $\frac{H7}{y6}$ $\frac{H7}{z6}$	能传递与承受很大力矩和动载荷配合，需经试验后方可应用

注：① 括号内的配合为优先配合；

② 国家标准规定的44种基轴制配合的应用与本表中的同名配合相同。

表2-8 轴的基本偏差选用说明

配合	基本偏差	特性及应用
间隙配合	a、b	可得到特别大的间隙，应用很少
	c	可得到很大的间隙，一般适用于缓慢、松弛的动配合，用于工作较差(或农业机械)、受力变形或为了便于装配而必须有较大的间隙。也用于热动间隙配合
	d	适用于松的转动配合，如密封、滑轮、空转皮带轮与轴的配合，也适用于大直径滑动轴承配合以及其他重型机械中的一些滑动支撑配合。多用IT7～IT11级
	e	适用于要求有明显间隙，易于转动的支撑配合，如大跨距支撑、多支点支撑等配合。高等级的e轴适用于大的、高速、重载支撑。多用IT7～IT9级
	f	适用于一般转动配合，广泛用于普通润滑油(或润滑脂)润滑的轴承，如齿轮箱、小电动机、泵等的转轴与滑动支撑的配合。多用IT6～IT8级
	g	配合间隙很小，制造成本高，除很轻负荷的精密装置外，不推荐用于转动配合。最适合不回转的精密滑动配合，也用于插销等定位配合。多用IT5～IT7级
	h	广泛用于无相对转动的零件，作为一般的定位配合；若没有温度、变形影响，也用于精密滑动配合。多用IT4～IT11级
过渡配合	js	平均间隙较小，多用于要求间隙比h轴小，并允许略有过盈的定位配合，如联轴节、齿圈与钢制轮毂等，一般可用于手或木锤装配。多用IT4～IT7级
	k	平均间隙接近于零，推荐用于要求稍有过盈的定位配合，例如为了消除振动用的定位配合。一般可用木锤装配。多用IT4～IT7级
	m	平均过盈较小，适用于不允许活动的精密定位配合。一般可用木锤装配。多用IT4～IT7级
	n	平均过盈比m稍大，很少得到间隙，适用于定位要求较高且不常拆的配合，用锤或压力机装配。多用IT4～IT7级

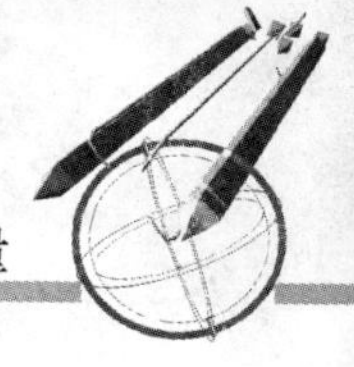

续表

配合	基本偏差	特性及应用
过盈配合	p	用于小过盈配合。与H6或H7配合时是过盈配合，而与H8配合时为过渡配合。对非铁类零件，为轻的压入配合；对钢、铸铁或铜—钢组件装配，为标准压力配合。多用IT5～IT7级
	r	用于传递大扭矩或受冲击载荷需要加键的配合。对铁类零件，为中等打入配合；对非铁类零件，为轻的打入配合。多用IT5～IT7级
	s	用于钢制和铁制零件的永久性和半永久性结合，可产生相当大的结合力。用压力机或热胀冷缩法装配。多用IT5～IT7级
	t～z	过盈量依次增大，除u外，一般不推荐

选择配合时还应考虑以下几方面。

1）载荷的大小

载荷过大，需要过盈配合的过盈量增大。对于间隙配合，要求减小间隙；对于过渡配合，要选用过盈概率大的过渡配合。

2）配合的装拆

经常需要装拆的配合比不常拆装的配合要松，有时零件虽然不常装拆，但受结构限制，装配困难的配合，也要选择较松的配合。

3）配合件的长度

若部位结合面较长时，由于受形位误差的影响，实际形成的配合比结合面短的配合要紧，因此在选择配合时应适当减小过盈或增大间隙。

4）配合件的材料

当配合件中有一件是铜或铝等塑性材料时，考虑到它们容易变形，选择配合时可适当增大过盈或减小间隙。

5）温度的影响

当装配温度与工作温度相差较大时，要考虑热变形对配合的影响。

6）工作条件

不同的工作情况对过盈或间隙的影响见表2-9。

表2-9 工作情况对过盈或间隙的影响

具体情况	过盈增或减	间隙增或减
材料强度低	减	—
经常拆卸	减	—
有冲击载荷	增	减
工作时孔温高于轴温	增	减
工作时轴温高于孔温	减	增
配合长度增大	减	增
配合面形状和位置误差增大	减	增
装配时可能歪斜	减	增
旋转速度增高	增	增

续表

具体情况	过盈量增或减	间隙量增或减
有轴向运动	—	增
润滑油黏度增大	—	增
表面趋向粗糙	增	减
单件生产相对于成批生产	减	增

4. 公差配合选择综合示例

例 2.2：锥齿轮减速器如图 2.11 所示，已知传递的功率 $P=100\text{kW}$，中速轴转速 $n=750\text{r/min}$，稍有冲击，在中小型工厂小批量生产。试选择以下 4 处的公差等级和配合：①联轴器 1 和输入端轴颈 2；②带轮 8 和输出端轴颈；③小锥齿轮内孔 10 和轴颈；④套杯 4 外径和箱体 6 座孔。

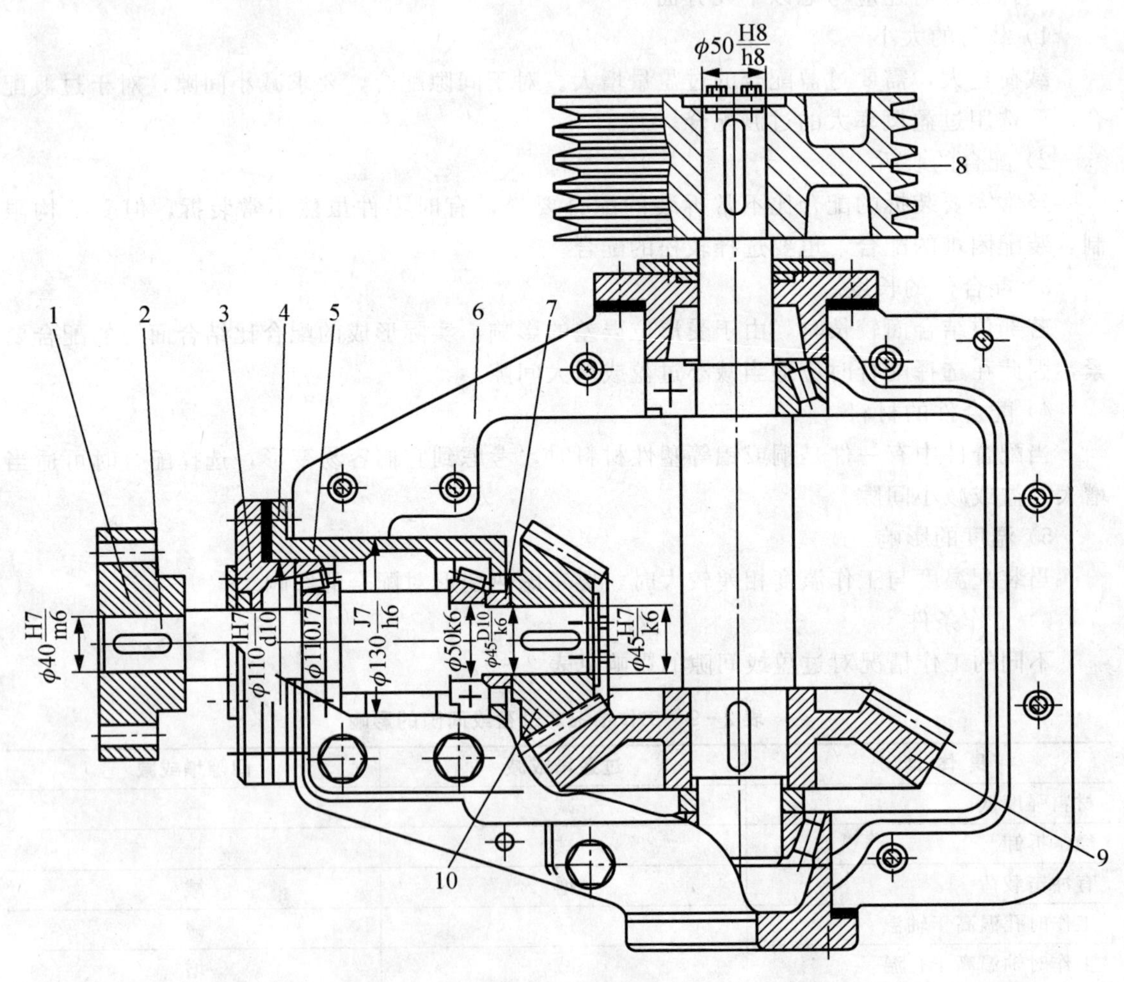

图 2.11 齿轮箱

解：由于 4 处配合无特殊的要求，所以优先采用基孔制。

(1) 联轴器 1 是用精制螺栓连接的固定式刚性联轴器，为防止偏斜引起附加载荷，要求对中性好，联轴器是中速轴上的重要配合件，无轴向附加定位装置，结构上采用紧固

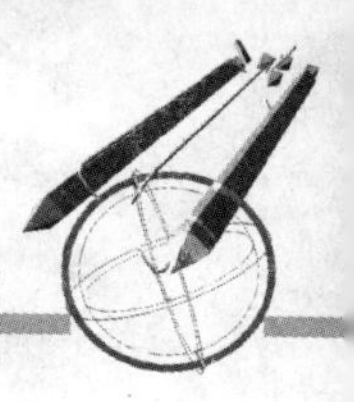

件，故选用过渡配合 Φ40H7/m6 或 Φ40H7/n6。

(2) 带轮 8 和输出端轴颈配合和上述配合比较，因是挠性件传动，故定心精度要求不高，且又有轴向定位件，为便于装卸可选用 H8/h7(h8、js7、js8)，本例选用 Φ50H8/h8。

(3) 小锥齿轮 10 内孔和轴颈是影响齿轮传动的重要配合，内孔公差等级由齿轮精度决定，一般减速器齿轮精度为 8 级，故基准孔为 IT7。传递负载的齿轮和轴的配合，为保证齿轮的工作精度和啮合性能，要求准确对中，一般选用过渡配合加紧固件，可供选用的配合有 H7/js6(k6、m6、n6，甚至 p6、r6)，至于采用那种配合，主要考虑装卸要求、载荷大小、有无冲击振动、转速高低、批量生产等。此处为中速、中载、稍有冲击、小批量生产，故选用 Φ40H7/k6。

(4) 套杯 4 外径和箱体孔配合是影响齿轮传动性能的重要部位，要求准确定心。但考虑到为调整锥齿轮间隙而轴向移动的要求，为便于调整，故选用最小间隙为零的间隙定位配合 Φ130H7/h6。

例 2.3：有一基孔制的孔、轴配合，其基本尺寸为 Φ25mm，要求配合间隙在 0.040～0.070 之间。试用计算法确定此配合代号。

解：$T_f = X_{max} - X_{min} = +0.070 - 0.040 = +0.030$mm

为了满足使用要求，查表可知：IT6＝0.013，IT7＝0.021。这种公差等级最接近用户的要求，同时考虑到工艺等价原则，孔应选用 7 级公差 $T_h = 0.021$，轴应选用 6 级公差 $T_s = 0.013$。

又因为基孔制配合，所以 $EI = 0$，$ES = EI + T_h = +0.021$。孔的公差带代号为 H7。

由 $X_{min} = EI - es = +0.040$ 可知 $es = EI - X_{min} = -0.040$，对照表 2－2 可知，基本偏差代号为 e 的轴可以满足要求。所以轴的公差代号为 e6。其下偏差 $ei = -0.053$。

所以，满足要求的配合代号为 Φ25H7/e6。

项目实施

前面已经学过配合和基准制的相关知识，请分析图 2.1 中的所需检测部位，那么如何检测工件的内孔和中心高尺寸误差呢？分析选择用什么规格的计量器具，确定测量部位、测量次数、数据处理办法及判断工件的合格与否。

本项目要求掌握百分表、内径百分表、杠杆百分表、量块和光滑极限量规的使用结构，并能正确读数。在使用这些计量器具时，要求正确调整校对计量器具。

一、光滑极限量规检验孔和轴

检验光滑工件尺寸时，可用通用测量器具，也可使用光滑极限量规。通用测量器具可以有具体的指示值，能直接测量出工件的尺寸，而光滑极限量规是一种没有刻线的专用量具，它不能确定工件的实际尺寸，只能判断工件合格与否。因量规结构简单，制造容易，使用方便，并且可以保证工件在生产中的互换性，因此广泛应用于成批大量生产中。光滑极限量规的标准是 GB/T 1957—2006。

1. 量规结构功能

光滑极限量规有塞规和卡规之分，如图 2.12 所示，无论塞规和卡规都有通规和止规，且它们成对使用。塞规是孔用极限量规，它的通规是根据孔的最小极限尺寸确定的，作用是防止孔的作用尺寸小于孔的最小极限尺寸；止规是按孔的最大极限尺寸设计的，作用是防止孔的实际尺寸大于孔的最大极限尺寸，如图 2.13 所示。

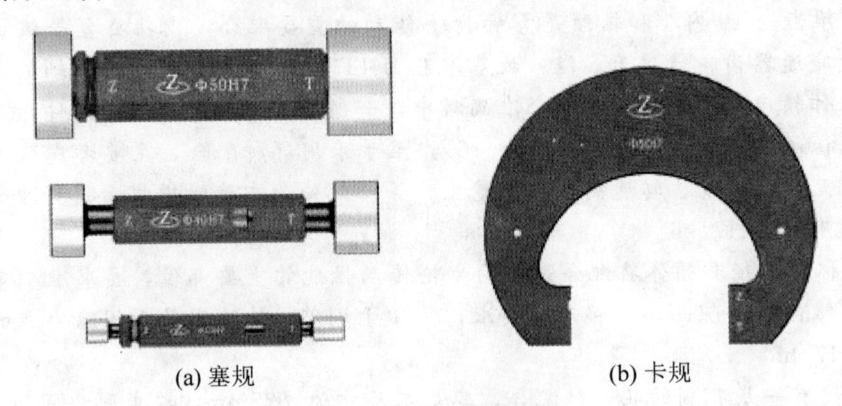

图 2.12　量规外形结构

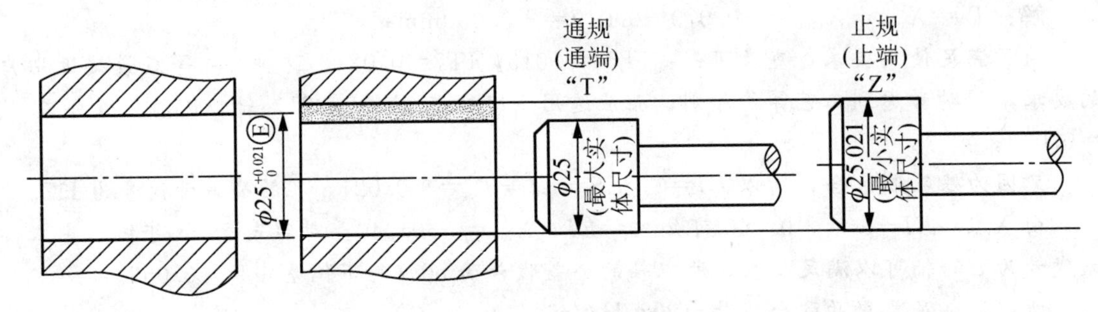

图 2.13　塞规检验孔

卡规是轴用量规，它的通规是按轴的最大极限尺寸设计的，其作用是防止轴的实际尺寸大于轴的最大极限尺寸；止规是按轴的最小极限尺寸设计的，其作用是防止轴的实际尺寸小于轴的最小极限尺寸，如图 2.14 所示。

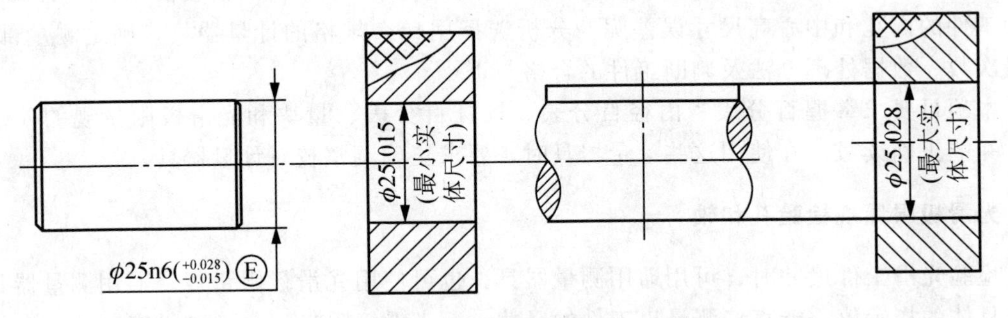

图 2.14　环规检验轴

2. 量规类型

(1) 工作量规。工作量规是工人在生产过程中检验工件用的量规，它的通规和止规分别用代号“T”和“Z”表示。

(2) 验收量规。验收量规是检验部门或用户代表验收产品时使用的量规。

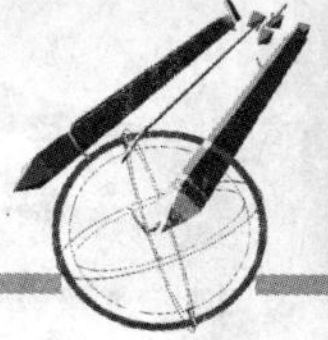

(3) 校对量规。校对量规是校对轴用工作量规的量规，以检验其是否符合制造公差和在使用中是否达到磨损极限。

3. 极限量规尺寸判断原则对量规的要求

(1) 极限尺寸判断原则 GB/T 1957—2006《光滑极限量规》中规定了极限尺寸判断原则的内容。

① 孔或轴的实际轮廓不允许超过最大实体边界。最大实体边界的尺寸为最大实体极限。对于孔，为它的最小极限尺寸；对于轴，为它的最大极限尺寸。

② 孔或轴任何部位的实际尺寸不允许超过最小实体极限。对于孔，其实际尺寸不应大于它的最大极限尺寸；对于轴，其实际尺寸不应小于它的最小极限尺寸。

这两条内容体现了设计给定的孔、轴极限尺寸的控制功能，即不论实际轮廓还是任一局部实际尺寸，均应位于给定公差带内。第一条原则是为了将孔、轴的实际配合作用面控制在最大实体边界之内，从而保证给定的最紧配合要求；第二条原则是为了控制任一局部实际尺寸不超出公差范围，从而保证给定的最松配合要求。

极限尺寸判断原则为综合检验孔、轴尺寸的合格性提供了理论基础，光滑极限量规就是由此而设计出来的：通规根据第一条设计，体现最大实体边界(其尺寸为最大实体极限)，控制孔、轴实际轮廓；止规根据第二条设计，体现最小实体极限，控制实际尺寸。

(2) 极限尺寸判断原则对量规的要求如下。

极限尺寸判断原则是设计和使用光滑极限量规的理论依据。它对量规的要求是：通规测量面是与被检验孔或轴形状相对应的完整表面(即全形量规)，其尺寸应为被检孔、轴的最大实体极限，其长度应等于被检孔、轴的配合长度；止规的测量面是两点状的，(即非全形量规)，其尺寸应为被检孔、轴的最小实体极限。

在实际生产中，使用和制造完全符合上述原则要求的量规有时比较困难，这时，在被检验工件的形状误差不致影响配合性质的前提下(如安排合理的加工工艺)，允许偏离泰勒原则。如为了使量规标准化，允许通规的长度小于配合长度；用环规不便于检测时允许用卡规代替；检验小尺寸的孔时，为了方便制造可做成全形量规等。

4. 使用量规的注意事项

量规是没有示值的专用量具，在使用量规进行检验时要特别注意按下列规定的程序进行。

(1) 在使用前要注意以下几个方面。

要检查量规上的标记是否与被检验工件图样上标注的标记相符。如果两者的标记不相符，则不要用该量规。量规是实行定期检定的量具，经检定合格的量规获得检定合格证书，或在量规上做标志。因此在使用量规前，应该检查是否有检定合格证书或标志等证明文件，如果有，而且能证明该量规是在检定期内，才可使用流量规检验工件，否则不能使用该量规检验工件。

量规是成对使用的，即通规和止规配对使用。有的量规把通端(T)与止端(Z)制成一体，有的是制成单头的。对于单头量规，使用前要检查所选取的量规是否是一对，如果是一对则才能使用流量规。从外观上看，通端的长度一般比止端长 1/3～1/2。

检查外观质量。量规的工作面不得有锈迹、毛刺和划痕等缺陷。

(2) 在使用中要注意以下几个方面。

量规的使用条件是：温度为20℃，测量力为0。在生产现场中使用量规很难符合这些要求，因此，为减少由于测量条件不符合规定要求而引起的测量误差，必须注意：使量规与被测量的工件放在一起平衡温度，使两者的温度相同后再进行测量。这样可减少温差造成的测量误差。

注意操作方法，减少测量力的影响：对于卡规来说，当被测件的轴心线是水平状态时，基本尺寸小于100mm的卡规，其测量力等于卡规的自重(当卡规从上垂直向下卡时)；基本尺寸大于100mm的卡规，其测量力是卡规自重的一部分。所以在使用大于100mm的卡规时，应想办法减少卡规本身的一部分重量。为减少这部分重量所需施加的力，应标注在卡规上。而现在实际生产中很少这样做，所以，要凭经验操作。图2.15是正确或错误使用卡规的示意图。

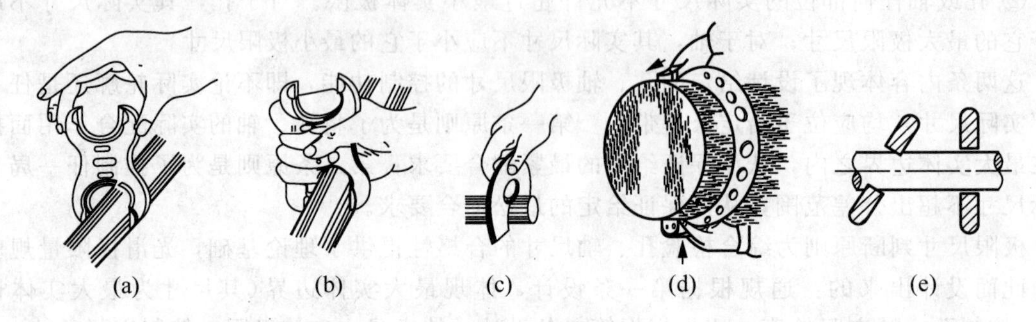

图2.15　卡规的使用方法

(a)凭卡规自重测量：正确；(b)使劲卡卡规：错误；(c)单手操作小卡规：正确；(d)双手操作大卡规：正确；(e)卡规正着卡：正确；卡规歪着卡：错误。

检验孔时，如果孔的轴心线是水平的，将塞规对准孔后，用手稍推塞规即可，不得用大力推塞规，如果孔的轴心线是垂直于水平面的，对于通规而言，当塞规对准孔后，用手轻轻扶住塞规，凭塞规的自重进行检验，不得用手使劲推塞规；对于止规而言，当塞规对准孔后，松开手，凭塞规的自重进行检验。图2.16(a)、(b)是正确使用塞规的示意图。

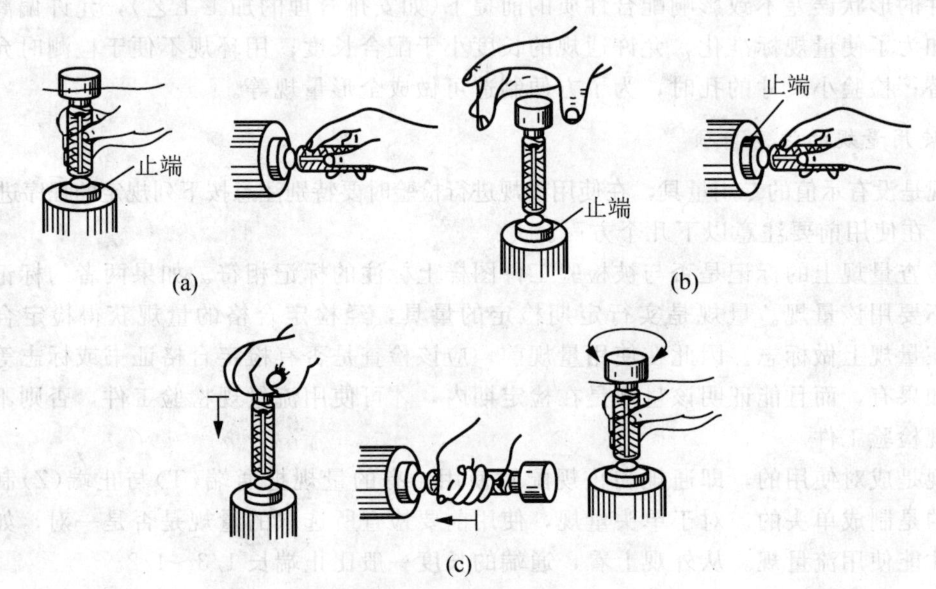

图2.16　塞规的使用方法

(a)正确使用塞规通端的方法；(b)正确使用塞规止端的方法；(c)错误使用塞规通端的方法

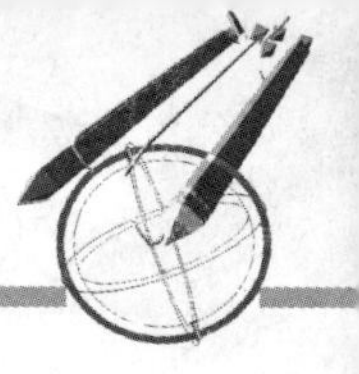

正确操作量规不仅能获得正确的检验结果，而且能保持量规不受损伤。塞规的通端要在孔的整个长度上检验，而且在2～3个轴向截面内检验；止端要尽可能在孔的两头(对通孔而言)进行检验。卡规的通端和止端，都要围绕轴心的3～4个横截面。量规要成对使用，不能只用一端检验就匆忙下结论。使用前，将量规的工作表面擦净后，可以在工作表面上涂上一层薄薄的润滑油。

二、通用计量器具测量孔的尺寸

使用普通计量器具测量孔尺寸，是指用游标卡尺、内径百分表等，对于公差等级为6～18级，基本尺寸至500mm的光滑工件尺寸进行检验。标准GB/T 3177—1997《光滑工件尺寸的检测》规定了有关验收的方法和要求。

1. 内径百分表测量内孔尺寸

(1) 百分表结构。百分表是利用机械传动机构，将测头的直线移动转变为指针的旋转运动的一种测量仪。主要用于装夹工件时的找正和检查工件的形状、位置误差。百分表的分度值为0.01mm，测量范围一般有：0～3mm、0～5mm、0～10mm和0～50mm4种。

目前，用得最多的是齿轮—齿条传动的百分表和杠杆—齿轮传动的杠杆式百分表。齿轮—齿条传动的百分表的外形和具体结构如图2.17所示。

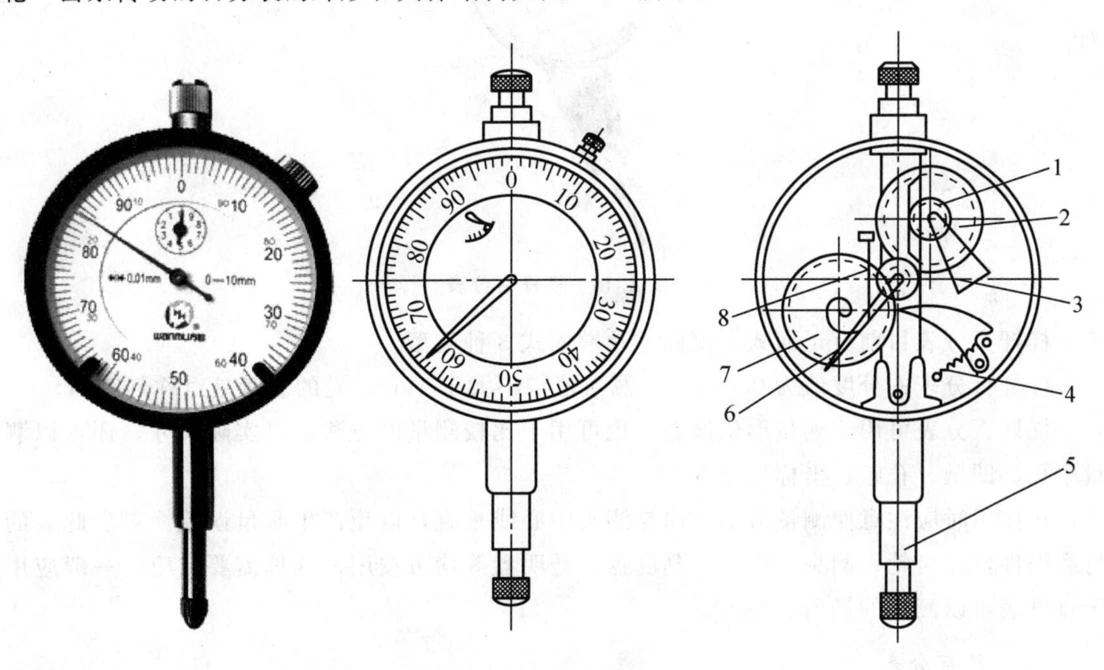

图2.17　百分表结构

1—小齿轮；2—大齿轮；3—中间齿轮；4—弹簧；
5—测量杆；6—长指针；7—大齿轮；8—游丝

(2) 百分表的测量原理。以$Z_1=16$，$Z_2=100$，$Z_3=10$，模数$m=0.199$mm的齿轮—齿条百分表为例。

则齿条齿距$t=\pi m=0.625$mm

测量杆移动1mm时，齿条移过$1/0.625=1.6$齿。这时，齿轮1转过$1.6/16=1/10$

圈，齿轮2也转过1/10圈，即转过10个齿。与齿轮2啮合的中间齿轮3也转过10齿，即转过一周。所以，长指针6也转了一圈。在长指针的刻度盘上均匀刻有100个圆周刻度。长指针转过一个圆周刻度，测量杆5移动1/100＝0.01mm，即分度值为0.01mm，这就是百分表的测量原理。

另外，与中间齿轮3啮合的还有齿轮7，齿轮7的轴上固定着短指针。当齿轮3转一圈时，齿轮7和短指针转了1/10圈。若在短指针的刻度盘上均匀地刻上10个圆周刻度，则短指针转过一个刻度就表示长指针转了一圈，也就是测量杆移动了1mm。

2. 杠杆百分表

杠杆百分表又称为杠杆表或靠表，是利用杠杆—齿轮传动机构或者杠杆—螺旋传动机构，将尺寸变化为指针角位移，并指示出长度尺寸数值的计量器具。用于测量工件几何形状误差和相互位置的正确性，并可用比较法测量长度，如图2.18所示。

图2.18 杠杆百分表

杠杆百分表目前有正面式、侧面式及端面式3种类型。

杠杆百分表的分度值为0.01mm，测量范围不大于1mm. 它的表盘是对称刻度的。

杠杆百分表可用于测量形位误差，也可用于比较测量的方法测量实际尺寸，还可以测量小孔、凹槽、孔距、坐标尺寸等。

在使用时应注意使测量运动方向与测头中心线垂直，以免产生测量误差。对于此表的易磨损件，如齿轮、测头、指针、刻度盘、透明盘等均可按用户修理需要供应。一般应用于百分表难以测量的场所。

3. 内径百分表

(1) 内径百分表规格与结构。内径百分表是测量内孔的一种常用量仪，其分度值为0.01mm，测量范围一般为6～10、10～18、18～35、35～50、50～160、160～250、250～400等，单位为“mm”。图2.19所示为内径百分表的结构图。

(2) 内径百分表的工作原理。在图2.19中，百分表7的测杆与传动杆5始终接触。弹簧6控制测量力，并经传动杆5、杠杆8向外侧顶靠在活动测头1上。测量时，活动测头1的移动使杠杆8绕其固定轴转动，推动传动杆5传至百分表7的测杆，使百分表指针偏

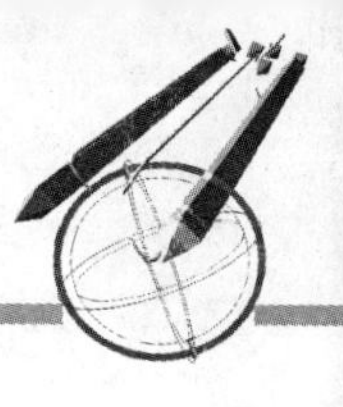

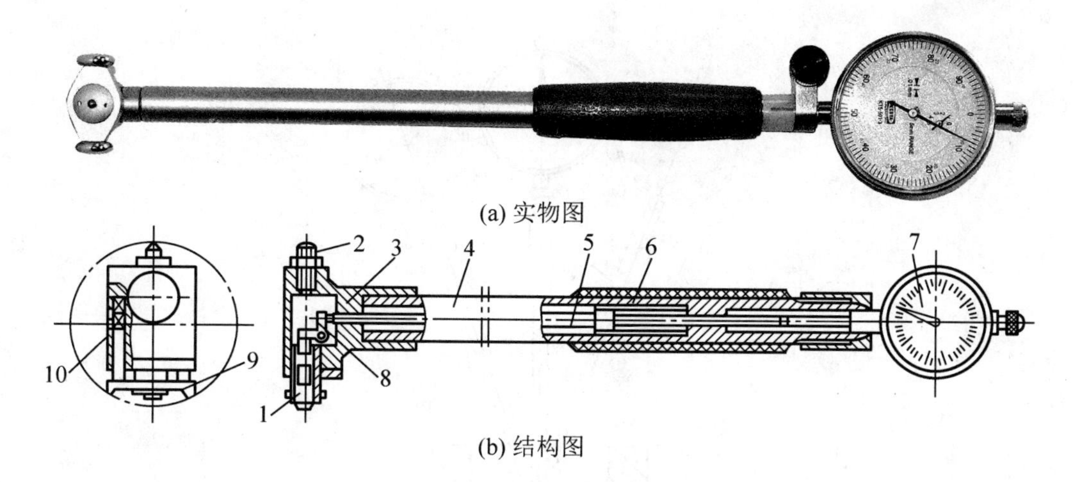

(a) 实物图

(b) 结构图

图 2.19　内径百分表

1—活动测头；2—可换测头；3—测头座；4—量杆；5—传动杆；6—弹簧；
7—百分表；8—杠杆；9—定位装置；10—弹簧

转显示工件值。为使内径百分表的测量轴线通过被测孔的圆心，内径百分表设有定位装置 9，起找正直径位置的作用，因为可换测量头 2 和活动测量头 1 的轴线实为定位装置的中垂线，此定位装置保证了可换测量头和活动测量头的轴线位于被测孔的直径位置上，以保证测量的准确性。

(3) 内孔尺寸的测量步骤如下。

① 安装测头：根据图 2.1 零件的被测孔的基本尺寸 $\Phi15$，选择 10～18mm 的可换测头 2 装在量脚 3 上并用螺母固定。使其尺寸比基本尺寸大 0.5mm(即 18.5mm)左右。(此时可用游标卡尺测量测头 1、2 间的大致距离)。

② 安装百分表：按图 2.19 将百分表装入量杆 4 中，并使百分表预压 0.2～0.5mm，即百分表指针偏转 20～50 小格，拧紧百分表的紧定螺母。

③ 内径百分表零位调整：将 0～25mm 的外径千分尺调节至被测孔的基本尺寸 15mm，并锁紧千分尺。然后把内径百分表测头 1、2 置于千分尺的两测量面间，摆动内径百分表，找到最小值(摆动时，表针转折处)，转动表壳，将转折处的百分表指针调到零位。

④ 读数方法：采用相对法读数，首先观察测量时的百分表上小表针所处的位置是否和在外径千分尺中的位置一致(小指针一格为 1mm)，若一致，基本尺寸为 15mm；然后观察大指针转折处是在零位的左侧还是右侧，即按顺时针方向是过了零位还是未到零位，若过了零位，表示比 15mm 大，反之，比 15mm 小。如指针过了零位 7 格，即应减去 0.07，则孔的尺寸为 14.93mm。

⑤ 开始测量：参照图 2.20，将调整好的内径百分表测头部位插入被测孔内，摆动内径百分表，找到最小值(即指针转折处)，记下该位置的内孔的直径尺寸。

⑥ 在内孔中的不同位置和不同方向进行多次测量，记下直径尺寸。

⑦用分度值大于 0.01mm 的其他计量器具(如游标卡尺等)再次测量内孔尺寸，对两者结果进行比较，确定游标卡尺测量的准确性。

⑧根据测量结果判断被测孔的合格性，作出实训报告表 2。

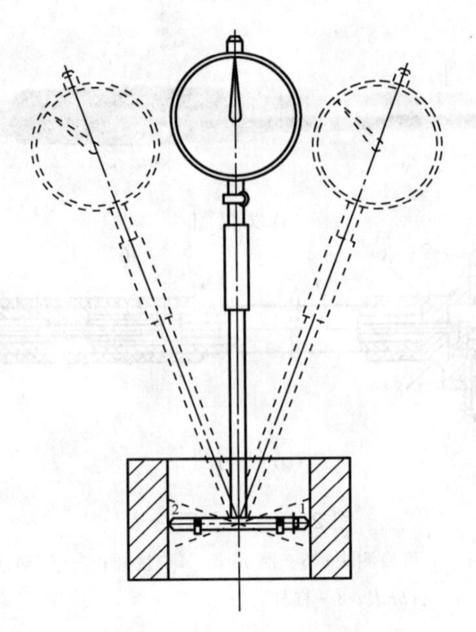

图 2.20　内孔测量

(4) 使用内径百分表时应注意以下事项。

① 按被测内径尺寸选用可换测头，用标准环规或量块校对好内径百分表的零位。在校对零位和测量内径时，一定要找准正确的直径测量位置。摆动内径百分表，在轴向截面内找最小示值的转折点(摆动内径表，示值由大变小再由小变大)。

② 使用内径百分表时，还必须记住测头在自由状态下长指针的读数，以便于观察表面刻度盘是否有“走动”。如多次使用内径百分表后发现自由状态下长指针读数变了，则必须用百分尺重校零位。否则，测量结果是不准的。

③ 将内径百分表伸入和拉出量块组及被测孔时，应将活动测头压靠孔壁，使可换测头与孔壁脱离接触，以减小磨损。对定位装置，在放入和拉出离开时，应用两个手指将其压缩并扶稳，轻轻放入或拉出，以免离开孔口时突然弹开，擦伤定位装置的工作面和被测孔口。

④ 内径百分表需要在孔中摆动，所以，用旧的内径百分表，其固定量杆、活动量杆的球形测量头常会被磨平。这时，测量就有误差。因此，使用前先要检查两量杆的球形测量头是否完好。

⑤ 定位装置和测头，量块及量块夹在使用前要清洗干净，用完后再次清洗擦干，并涂上防锈油，收放在专用的木盒内。被测孔壁在测量前也要轻擦干净，最好是清洗干净。

4. 游标卡尺测量内孔

当被测孔尺寸的精度较低(初学者，一般公差在 0.05mm 以上)或为一般公差(亦称未注尺寸公差)时，采用游标卡尺测量，如图 2.21(a)、(b)所示。

采用 300mm 及以上规格的游标卡尺，测量内孔尺寸时，按图 2.21(a)所示游标的下测量脚测量内孔，孔的尺寸为游标尺的读数加上游标脚本身的尺寸；而采用 300mm 以下的游标卡尺测量内孔时，可用图 2.21(b)所示游标的上测量脚直接测量。

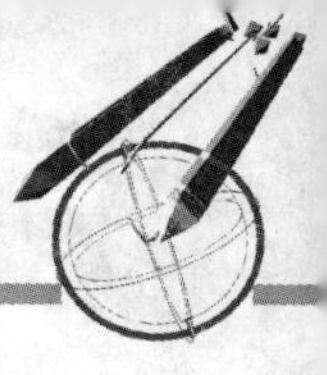

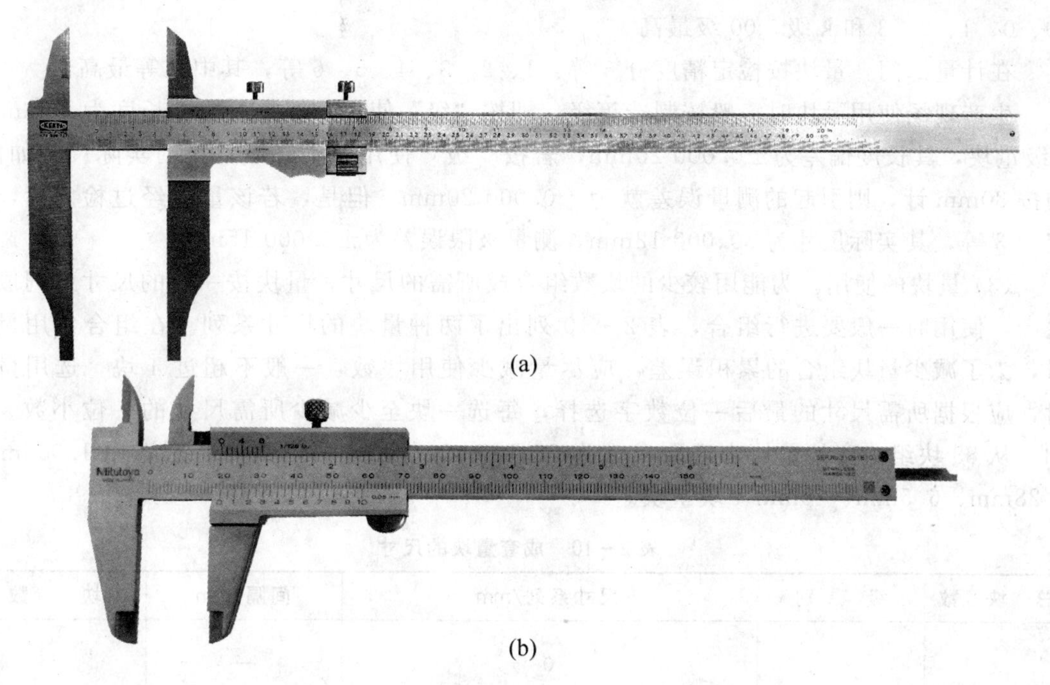

(a)

(b)

图 2.21　游标卡尺

三、中心高的测量

支架中心高的测量采用相对测量法，即中心高和标准量块进行对比，从而得出零件内孔所在的中心高度。

1. 量块

(1) 量块的材料、形状。量块是没有刻度的标准量具，量块用特殊合金钢制成，具有线膨胀系数小，不易变形、硬度高、耐磨性好及研合性好等特点。其形状有长方体、圆柱体和角度量块等。如图 2.22 所示为长方体量块，其上有两个平行的测量面，表面光滑平整。两个测量面间具有精确的尺寸。另外还有 4 个非测量面。量块上标出的尺寸为量块的标称长度，为两个测量面间的距离。

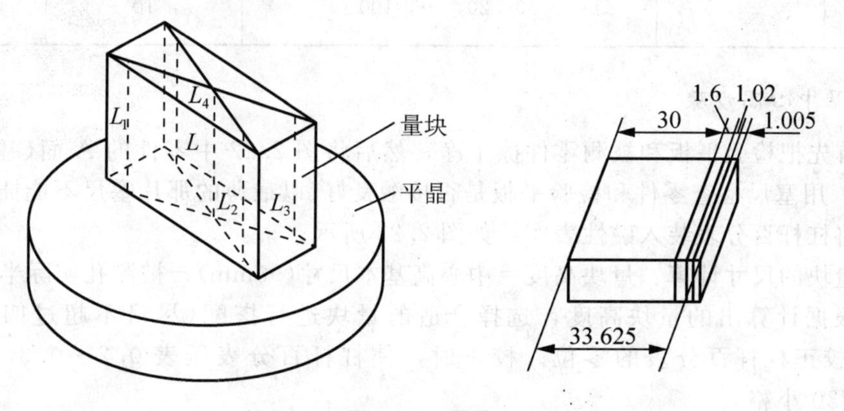

图 2.22　量块

(2) 量块的精度等级。按照 GB 6093—85 的标准规定，量块按制造精度分 6 级，其中

00、0、1、2、3 和 k 级，00 级最高。

在计量部门，量块按检定精度分 6 等：1、2、3、4、5、6 等，其中 1 等最高。

生产现场使用量块时一般按制造等级，即按“级”使用。例如，标称长度为 30mm 的 0 级量块，其长度偏差为±0.000 20mm，若按“级”使用，不管该量块的实际尺寸如何，均按 30mm 计，则引起的测量误差就为±0.000 20mm。但是，若该量块经过检定后，确定为 3 等，其实际尺寸为 30.000 12mm，测量极限误差为±0.000 15mm。

(3) 量块的使用。为能用较少的块数组合成所需的尺寸，量块按一定的尺寸系列成套生产，使用时一般要进行组合，表 2-10 列出了两种量块的尺寸系列。在组合使用量块时，为了减少量块组合的累积误差，应尽量减少使用块数，一般不超过 4 块。选用量块时，应根据所需尺寸的最后一位数字选择，每选一块至少减少所需尺寸的一位小数。例如，从 83 块组一套的量块中选取尺寸为 28.785mm 的量块时，则可分别选用 1.005mm、1.28mm、6.5mm、20mm 4 块量块。

表 2-10　成套量块的尺寸

总块数	级别	尺寸系列/mm	间隔/mm	块数
83	00，1，2，(3)	0	—	1
		1	—	1
		1.005	—	1
		1.01，1.02，…，1.49	0.01	49
		1.5，1.6，…，1.9	0.1	5
		2.0，2.5，…，9.5	0.5	16
		10，20，…，100	10	10
46	0，1，2	1	—	1
		1.001，1.002，1.009	1.001	9
		1.01，1.02，…，1.09	1.01	9
		1.1，1.2，…，1.9	0.1	9
		2.3，…，9	1	8
		10，20，…，100	10	10

2. 测量中心高步骤

(1) 首先把检验平板和被测零件擦干净，然后将图 2.22 中零件的 A 面(基准)放在检验平板上，用塞尺检查零件和检验平板是否接触良好(以最薄的那片塞尺不能插入为准)。

(2) 将杠杆百分表装入磁性表座，如图 2.23 所示。

(3) 量块的尺寸计算：量块高度=中心高基本尺寸(90mm)－被测孔实际半径。

(4) 根据计算出的量块高度，选择合适的量块进行搭配(尽量不超过四块)，并用组合量块校正杠杆百分表的零位。校正时，使杠杆百分表压表 0.2～0.3mm(即指针转过 20～30 小格)。

(5) 移动已调整好的表座，将杠杆百分表的测量头伸入被测内孔，找到被测孔的最低位置，读出杠杆百分表的值，并计算其孔下壁到基准面的高度值。

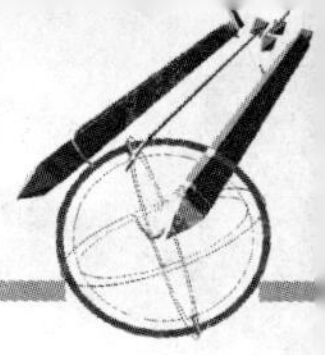

图 2.23　杠杆百分表安装

(6) 重复第 5 步，沿轴线方向测量几处位置，并做记录。

(7) 将被测零件转过 180°(绕垂直于 A 面的轴线旋转)，再次重复第 5 步。

(8) 将上述的高度值加上被测孔的实际半径尺寸，即为中心高值，记录在实训报告表 2 中。

(9) 根据被测零件的中心高要求，判断其合格性，完成实训报告表 2。

实训报告表 2　工件内孔和中心高的测量

项目测量	图样要求	计量器具	实测值					平均值	结　论
			1	2	3	4	5		
内孔									
中心高									

拓展知识

量规公差带设计

1. 工作量规

(1) 量规的制造公差。量规的制造精度比工件高得多，但量规在制造过程中，不可避免会产生误差，因而对量规规定了制造公差。通规在检验零件时，要经常通过被检验零件，其工作表面会逐渐磨损以至报废。为了使通规有一个合理的使用寿命，还必须留有适当的磨损量。因此通规公差由制造公差(T)和磨损公差两部分组成。

止规由于不经常通过零件，磨损极少，所以只规定了制造公差。

量规设计时，以被检验零件的极限尺寸作为量规的基本尺寸。

图 2.24 所示为光滑极限量规公差带图。标准规定量规的公差带不得超越工件的公差带。

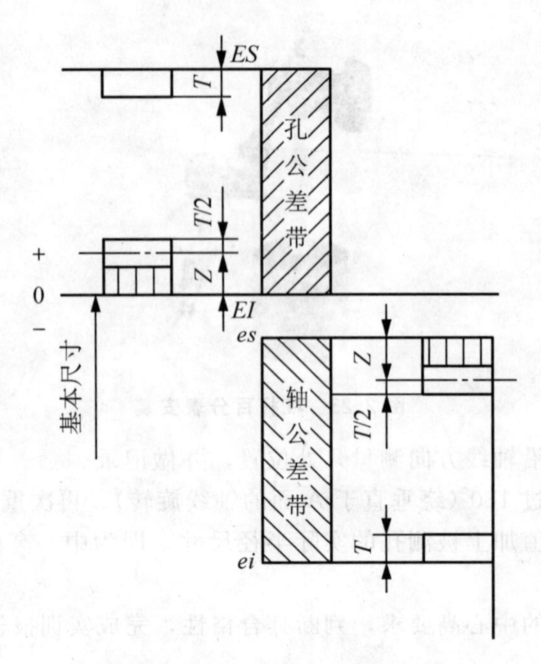

图 2.24 光滑极限量规公差带图

通规尺寸公差带的中心到工件最大实体尺寸之间的距离 Z(称为公差带位置要素)体现了通规的平均使用寿命。通规在使用过程中会逐渐磨损，所以在设计时应留出适当的磨损储量，其允许磨损量以工件的最大实体尺寸为极限；止规的制造公差带是从工件的最小实体尺寸算起，分布在尺寸公差带之内。

制造公差 T 和通规公差带位置要素 Z 是综合考虑了量规的制造工艺水平和一定的使用寿命，按工件的基本尺寸、公差等级给出的。由图 2.24 可知，量规公差 T 和位置要素 Z 的数值大，对工件的加工不利；T 值越小则量规制造越困难，Z 值越小则量规使用寿命越短。因此根据我国目前量规制造的工艺水平，合理规定了量规公差，具体数值见表 2－11。

表 2－11 IT6～IT16 级工作量规制造公差和位置要素值(摘录) 单位：μm

工件基本尺寸 D /mm	IT6			IT7			IT8			IT9			IT10		
	IT6	T	Z	TI7	T	Z	IT8	T	Z	IT9	T	Z	IT10	T	Z
至 3	6	1	1	10	1.2	1.6	14	1.6	2	25	2	3	40	2.4	4
大于 3～6	8	1.2	1.4	12	1.4	2	18	2	2.6	60	2.4	4	48	3	5
大于 6～10	9	1.4	1.6	15	1.8	2.4	22	2.4	3.2	36	2.8	5	58	3.6	6
大于 10～18	11	1.6	2	18	20	2.8	27	2.8	4	43	3.4	6	70	4	8
大于 18～30	13	2	2.4	2	2.4	3.4	33	3.4	5	52	4	7	84	5	9
大于 30～50	16	2.4	2.8	25	3	4	39	4	6	62	5	8	100	6	11
大于 50～80	19	2.8	3.4	60	3.6	4.6	46	4.6	7	74	6	9	120	7	13

续表

工件基本尺寸 D /mm	IT6			IT7			IT8			IT9			IT10		
	IT6	T	Z	TI7	T	Z	IT8	T	Z	IT9	T	Z	IT10	T	Z
大于 80～120	22	3.2	3.8	35	4.2	5.4	54	5.4	8	87	7	10	140	8	15
大于 120～180	25	3.8	4.4	40	4.8	6	63	6	9	100	8	12	160	9	18
大于 180～250	29	4.4	5	46	5.4	7	72	7	10	115	9	14	185	10	20
大于 250～315	32	4.8	5.6	52	6	8	81	8	11	130	10	16	320	12	22
大于 315～400	36	5.4	6.2	57	7	9	89	9	12	140	11	18	230	14	25
大于 400～500	40	6	7	63	8	10	97	10	14	155	12	20	250	16	28

国家标准规定的工作量规的形状和位置误差，应在工作量规制造公差范围内，其形位公差为量规尺寸公差的 50%，考虑到制造和测量的困难，当量规制造公差小于或等于 0.002mm 时，其形状位置公差为 0.001mm。

(2) 量规极限偏差的计算步骤如下。

① 确定工件的基本尺寸及极限偏差。

② 根据工件的基本尺寸及极限偏差确定工作量规制造公差 T 和位置要素值 Z。

③ 计算工作量规的极限偏差，见表 2－12。

表 2－12　工作量规极限偏差的计算

	检验孔的量规	检验轴的量规
通端上偏差	$T_s = EI + Z + \frac{T}{2}$	$T_{sd} = es - Z + \frac{T}{2}$
通端下偏差	$T_i = EI + Z - \frac{T}{2}$	$T_{id} = es - Z - \frac{T}{2}$
止端上偏差	$Z_s = ES$	$Z_{sd} = ei + T$
止端下偏差	$Z_i = ES - T$	$Z_{id} = ei$

2. 验收量规

在光滑极限量规国家标准中，没有单独规定验收量规公差带，但规定了检验部门应使用磨损较多的通规，用户代表应使用接近工件最大实体尺寸的通规，以及接近工件最小实体尺寸的止规。

3. 校对量规公差

校对量规的尺寸公差带完全位于被校对量规的制造公差和磨损极限内：校对量规的尺寸公差等于被校对量规尺寸公差的一半，形状误差应控制在其尺寸公差带内。

4. 量规结构

进行量规设计时，应明确量规设计原则，合理选择量规的结构，然后根据被测工件的尺寸公差带计算出量规的极限偏差并绘制量规的公差带图及量规的零件图。

光滑极限量规的设计应符合极限尺寸判断原则(泰勒原则)。根据这一原则，通规应设计成全形的，即其测量面应具有与被测孔或轴相应的完整表面，其尺寸应等于被测孔或轴的最大实体尺寸，其长度应与被测孔或轴的配合长度一致，止规应设计成两点式的，其尺寸应等于被测孔或轴的最小实体尺寸。

但在实际应用中，极限量规常偏离上述原则。例如：为了用已标准化的量规，允许通规的长度小于结合面的全长；对于尺寸大于 100mm 的孔，用全形塞规通规很笨重，不便使用，允许用不全形塞规；环规通规不能检验正在顶尖上加工的工件及曲轴，允许用卡规代替；检验小孔的塞规止规，为了便于制造常用全形塞规。

标准量规的结构，在 GB/T 6322—86《光滑极限量规型式和尺寸》中，对于孔、轴的光滑极限量规的结构、通用尺寸、适用范围、使用顺序都作了详细的规定和阐述，设计可参考有关手册，选用量规结构型式时，同时必须考虑工件结构、大小、产量和检验效率等。

5. 量规其他技术要求

工作量规的形状误差应在量规的尺寸公差带内，形状公差为尺寸公差的 50%，但形状公差小于 0.001mm 时，由于制造和测量都比较困难，形状公差都规定为 0.001mm。

量规测量面的材料可用淬火钢(合金工具钢、碳素工具钢等)和硬质合金，也可在测量面上镀以耐磨材料，测量面的硬度应为 58～65HRC。

量规测量面的粗糙度，主要是从量规使用寿命、工件表面粗糙度以及量规制造的工艺水平考虑。一般量规工作面的粗糙度应比被检工件的表面粗糙度要求严格些，量规测量面粗糙度要求可参照表 2-13 选用。

表 2-13 量规测量表面粗糙度

工作量规	工件基本尺寸/mm		
	至 120	大于 120～315	大于 315～500
	R_a 最大允许值/μm		
IT6 级孔用量规	0.04	0.08	0.16
IT6～IT9 级轴用量规 IT7～IT9 级孔用量规	0.08	0.16	0.32
IT10～IT12 级孔、轴用量规	0.16	0.32	0.63
IT13～TI16 级孔、轴用量规	0.32	0.63	0.63

6. 工作量规设计举例

(1) 选择量规的结构型式。

(2) 计算工作量规的极限偏差。

(3) 绘制工件量规的公差带图。

例 2.4：设计检验 ϕ30H8/f7 孔轴用工作量规。

解：(1)确定被测孔、轴的极限偏差。

查极限与配合标准得：

ϕ30H8 的上偏差 $ES=+0.033$mm，下偏差 $EI=0$；

ϕ30f7 的上偏差 $es=-0.020$mm，下偏差 $ei=-0.041$mm。

(2) 选择量规的结构型式分别为锥柄双头圆柱塞规和单头双极限圆形片状卡规。

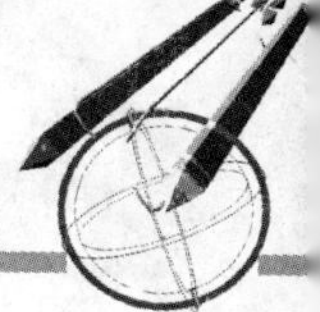

(3) 确定工作量规制造公差 T 和位置要素 Z。由表 2-11 查得：

塞规：$T=0.0034\text{mm}$，$Z=0.005\text{mm}$；

卡规：$T=0.0024\text{mm}$，$Z=0.0034\text{mm}$。

(4) 计算工作量规的极限偏差。

$\phi30\text{H}8$ 孔用塞规：

通规　上偏差 $=EI+Z+\dfrac{T}{2}=(0+0.005+\dfrac{0.0034}{2})(\text{mm})=+0.0067\text{mm}$

　　　下偏差 $=EI+Z-\dfrac{T}{2}=(0+0.005-\dfrac{0.0034}{2})(\text{mm})=+0.0033\text{mm}$

磨损极限 $=EI=0$

所以塞规通端尺寸为 $\phi30^{+0.0067}_{+0.0033}\text{mm}$，磨损极限尺寸为 $\phi30\text{mm}$。

止规　上偏差 $=ES=+0.033\text{mm}$

　　　下偏差 $=ES-T=(+0.033-0.0034)(\text{mm})=0.0296\text{mm}$

所以塞规止端尺寸为 $\phi30^{+0.033}_{+0.0296}\text{mm}$。

$\phi30\text{f}7$ 轴用卡规：

通规　上偏差 $=es-Z+\dfrac{T}{2}=(-0.020-0.0034+\dfrac{0.0024}{2})(\text{mm})=-0.0222\text{mm}$

　　　下偏差 $=es-Z-\dfrac{T}{2}=(-0.020-0.0034-\dfrac{0.0024}{2})(\text{mm})=-0.0246\text{mm}$

磨损极限 $=es=-0.020\text{mm}$

所以卡规通端尺寸为 $30^{-0.0222}_{-0.0246}\text{mm}$，磨损极限尺寸为 29.980mm。

止规　上偏差 $=ei+T=(-0.041+0.0024)(\text{mm})=-0.0386\text{mm}$

　　　下偏差 $=ei=-0.041\text{mm}$

所以卡规止端尺寸为 $30^{-0.0386}_{-0.041}\text{mm}$。

(5) 绘制工作量规的工作简图，如图 2.25 所示。

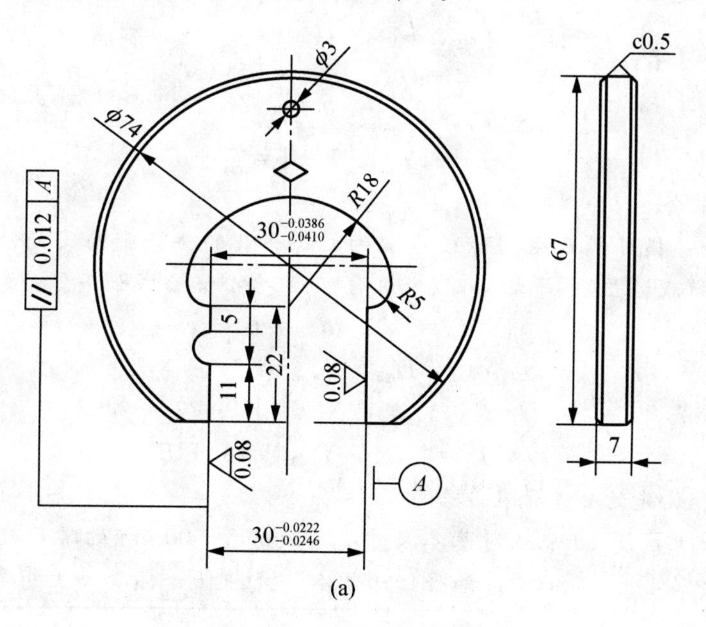

图 2.25　量规工作简图

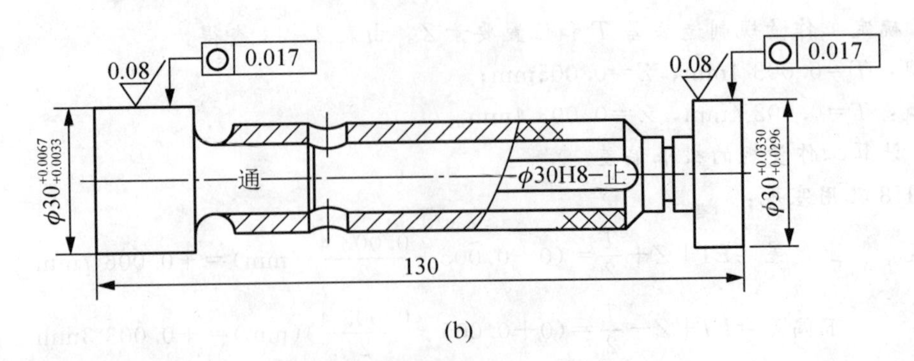

(b)

图 2.25 量规工作简图（续）

项目小结

1. 配合类型

1）间隙配合

间隙配合是指具有间隙(包括最小间隙为零)的配合。孔的公差带位于轴的公差带之上。极限间隙、平均间隙及配合公差公式如下。

$$X_{max}=D_{max}-d_{min}=ES-ei$$

$$X_{min}=D_{min}-d_{max}=EI-es$$

$$X_{av}=(X_{max}+X_{min})/2$$

$$T_f=|X_{max}-X_{min}|=T_h+T_s$$

2）过盈配合

过盈配合是指具有过盈(包括最小过盈为零)的配合。孔的公差带位于轴的公差带之下。极限过盈、平均过盈及配合公差公式如下。

$$Y_{max}=D_{min}-d_{max}=EI-es$$

$$Y_{min}=D_{max}-d_{min}=ES-ei$$

$$Y_{av}=(Y_{max}+Y_{min})/2$$

$$T_f=|Y_{max}-Y_{min}|=T_h+T_s$$

3）过渡配合

过渡配合是指可能产生间隙或过盈的配合。孔的公差带与轴的公差带相互交叠。极限间隙(或过盈)、平均间隙(或过盈)及配合公差公式如下。

$$X_{max}=D_{max}-d_{min}=ES-ei$$

$$Y_{max}=D_{min}-d_{max}=EI-es$$

$$X_{av}(Y_{av})=(X_{max}+Y_{max})/2$$

$$T_f=|X_{max}-Y_{max}|=T_h+T_s$$

2. 常用和优先的公差带及配合

国家标准 GB/T 1800.3 对基本尺寸小于或等于 500mm 的常用尺寸规定了 20 个公差等级和 28 种基本偏差，如将任一基本偏差与任一标准公差组合，使用全部

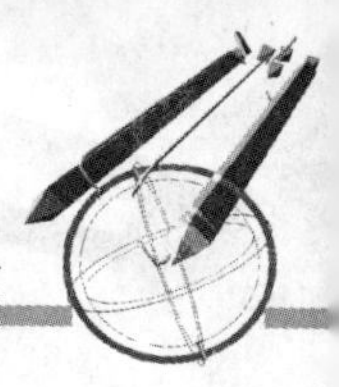

公差带显然是不经济的，因为它必然导致定值刀具和量具规格的繁多。为此，国家标准规定了一般、常用和优先轴用公差带。选择时应优先选用优先配合公差带，其次再选择常用配合公差带。

3. 配合的标注

装配图上，主要标注基本尺寸和配合代号，配合代号即标注孔、轴的偏差代号及公差等级。

4. 配合制

变更孔、轴公差带的相对位置，可以组成不同性质、不同松紧的配合，但为了简化以最少的标准公差带形成最多的配合，且获得良好的技术经济效益，标准规定了两种基准制，即基孔制与基轴制。

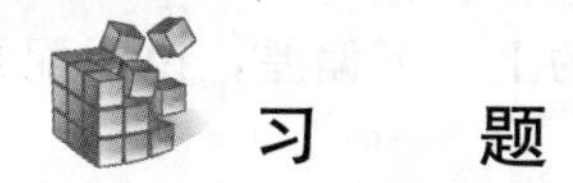

习　题

2.1　判断题

(1) ϕ30g6、ϕ30g7 和 ϕ30g8 的上偏差是相等的，只是它们的下偏差各不相同。(　　)

(2) 若某配合的最大间隙为 15μm，配合公差为 25μm，该配合定为过渡配合。(　　)

(3) 尺寸偏差可为正值、负值或零；而公差只能是正值或零。(　　)

(4) 最小间隙等于零的配合与最小过盈等于零的配合二者性质不相同。(　　)

(5) $EI \geqslant es$ 的孔轴配合是间隙配合。(　　)

(6) 基本偏差代号为 A～H 的孔与基本偏差代号为 h 的轴可以形成过渡配合。(　　)

(7) 配合公差越大，则孔与轴的配合越松。(　　)

2.2　选择题

(1) (　　)是表示过渡配合松紧变化程度的特征值，设计时应根据零件的使用要求来规定这两个极限值。

A. 最大间隙和最大过盈

B. 最大间隙和最小过盈

C. 最大过盈和最小间隙

(2) 公差带相对于零线的位置反映了配合的(　　)。

A. 松紧程度　　B. 精确程度　　C. 松紧变化的程度

(3) 将基孔制配合 ϕ40H8/f7 转换成基轴制的配合应该为(　　)。

A. ϕ40F7/h8　　B. ϕ40F8/h7　　C. ϕ40H8/h7　　D. 不能转换

(4) 基孔制是下偏差为零的孔，与不同(　　)轴的公差带所形成各种配合的一种制度。

A. 基本偏差的　　B. 基本尺寸的　　C. 实际偏差的

(5) (　　)为上偏差且为零的轴的公差带，与不同基本偏差的孔的公差带形成各种配合的一种制度。

A. 基轴制是实际偏差　　B. 基孔制是实际偏差

C. 基轴制是基本偏差　　D. 基孔制是基本偏差

(6) $\Phi30g6$、$\Phi30g7$、$\Phi30g8$ 三个公差带(　　)。

A. 上偏差相同下偏差也相同

B. 上偏差相同但下偏差不同

C. 上偏差不同且下偏差相同

D. 上、下偏差各不相同

(7) 基本偏差代号为 H 的孔与基本偏差代号为 a～h 的轴可以构成(　　)。

A. 过盈配合　　B. 间隙或过渡配合

C. 过渡配合　　D. 间隙配合

(8) 相互结合的孔和轴的精度决定了(　　)。

A. 配合精度的高低　B. 配合的松紧程度　C. 配合的性质

(9) 配合的松紧程度取决于(　　)。

A. 基本尺寸　B. 极限尺寸　C. 基本偏差　D. 标准公差

2.3　查出下列配合中孔和轴的上、下偏差，说明配合性质，画出尺寸公差带图和配合公差带图。

①$\phi40H8/f7$　②$\phi40H8/js7$　③$\phi25H8/t7$

2.4　图 2.26 为钻床夹具简图，1 为钻模板，2 为钻头，3 为定位套，4 为钻套，5 为工件。根据下表的已知条件，选择配合种类。

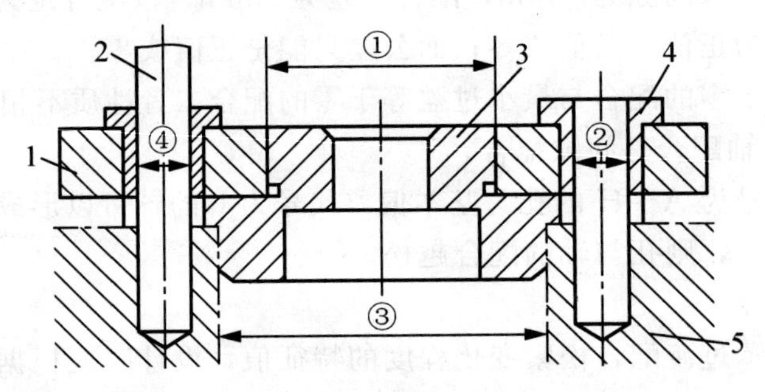

图 2.26　习题 2.4

配合部位	已知条件	配合种类
①	有定心要求，不可拆连接	
②	有定心要求，可拆连接(钻套磨损后可更换)	
③	有定心要求，孔、轴间需有轴向移动	
④	有导向要求，轴、孔间需有相对的高速转动	

2.5　设有一基本尺寸为 $\Phi60$mm 的配合，经计算确定其间隙应为 0.025～0.110mm，若已决定采用基孔制，试确定此配合的孔、轴公差带代号，并画出其尺寸公差带图。

项目3

形位误差检测

学习情境设计

序　号	情境(课时)	主 要 内 容
1	任务(0.6)	(1) 提出形位误差(平行度、垂直度、圆跳动、同轴度、对称度)测量任务(根据图3.1、图3.2) (2) 分析零件形位公差要求
2	信息(3.5)	(1) 直线度、圆度、圆柱度、基准、平行度、垂直度、对称度、圆跳动、同轴度等形位公差含义及标注 (2) 认识百分表、千分表、平板、V型铁、偏摆仪等测量器具的规格及使用方法 (3) 形位误差的测量方法
3	计划(0.6)	(1) 根据被测要素，确定检测部位和测量次数 (2) 确定平行度、垂直度、圆跳动、同轴度、平面度的测量方案
4	实施(4.0)	(1) 洁净被测零件和计量器具的测量面 (2) 选择合适的计量器具并安装 (3) 调整与校正计量器具 (4) 记录数据，进行数据处理
5	检查(0.8)	(1) 任务的完成情况 (2) 复查，交叉互检
6	评估(0.5)	(1) 分析整个工作过程，对出现的问题进行修改并优化 (2) 判断被测要素的合格性 (3) 出具测量报告，资料存档

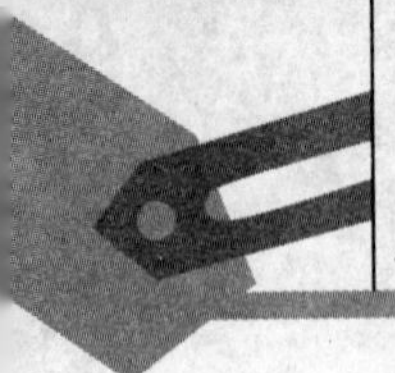

项目描述

图 3.1 是一标准传动轴，在图 3.1、图 3.2 中分别标有"↗ 0.012 A—B"、"// 0.025 B"、"⌯ 0.015 A—B"、"◎ φ0.020 A"等标注，本项目将从以下几个方面进行学习。

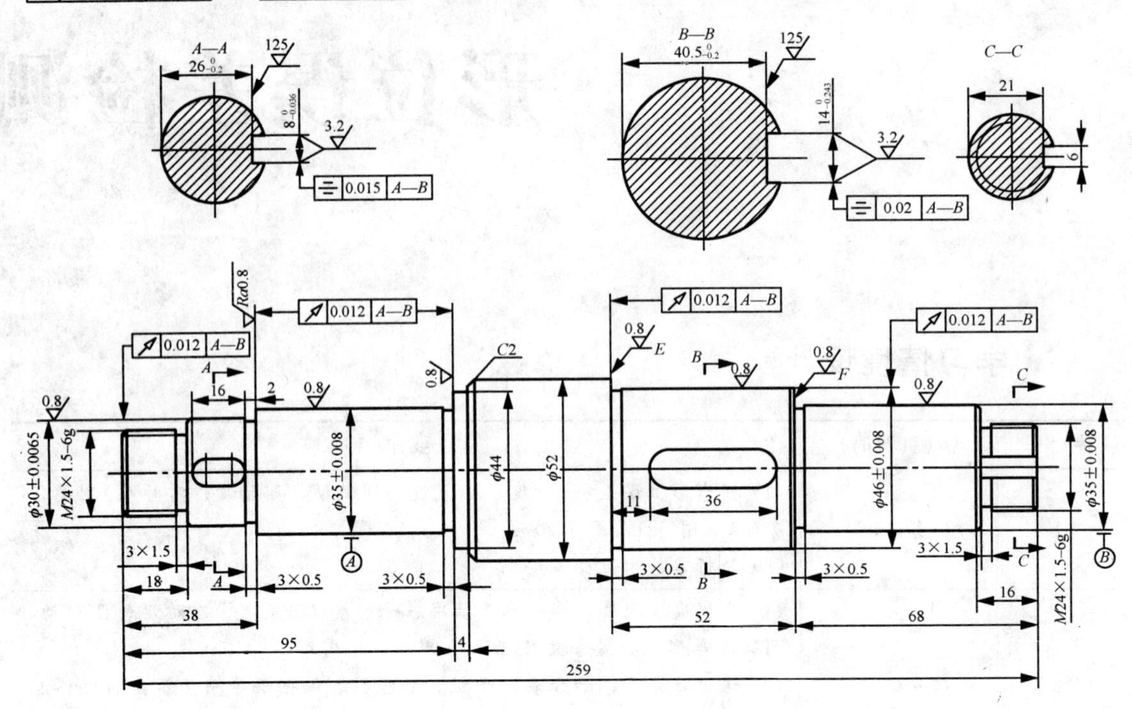

图 3.1 传动轴

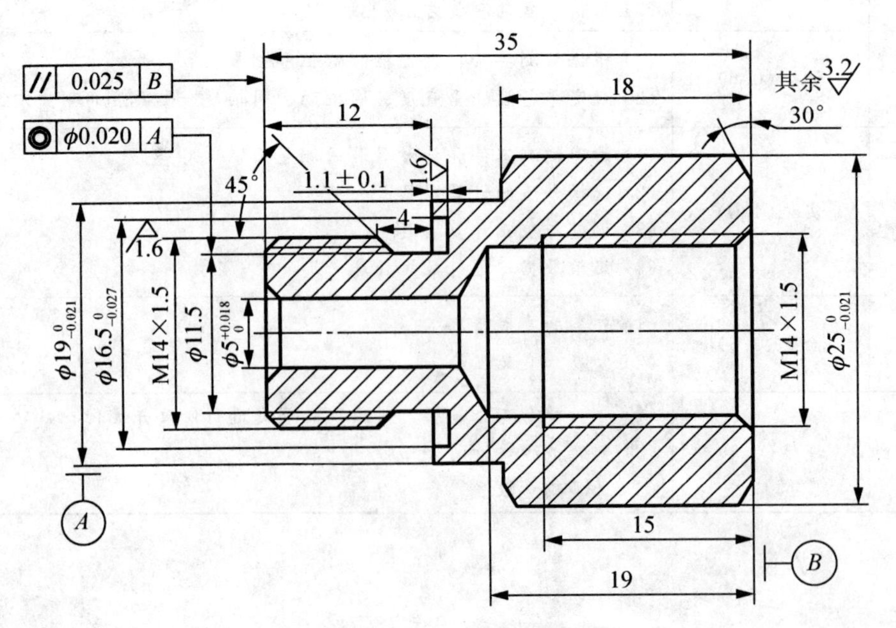

图 3.2 螺纹连接套

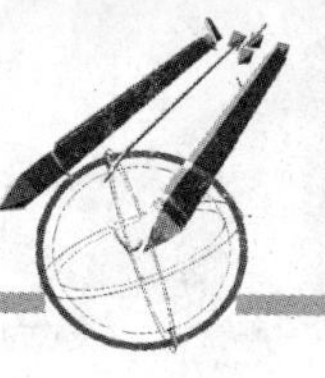

(1) 分析图纸，搞清楚精度要求。

(2) 查阅相关国家计量标准，理解上述标注的含义。

(3) 选择计量器具，确定测量方案。

(4) 使用哪些计量器具测量零件的形状和位置误差？

(5) 如何对计量器具进行保养与维护？

(6) 填写检测报告与进行数据处理。

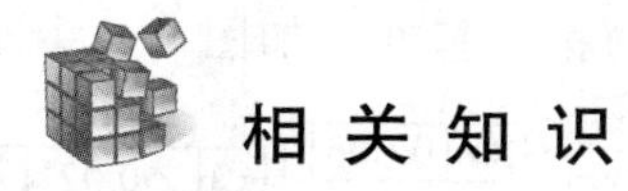

相关知识

一、形位公差

形位公差是指形状和位置公差，简称形位公差。

零件在机械加工过程中，由于机床、夹具、刀具和系统等存在几何误差，以及加工中出现受力变形、热变形、振动和磨损等影响，不但尺寸产生误差，而且零件的实际形状和位置相对理想的形状和位置也会产生偏离，即形状和位置误差(简称形位误差)。

形位误差将会影响机器或仪器的工作精度、连接强度、运动平稳性、密封性和使用寿命等，特别是对经常在高温、高压、高速及重载条件下工作的零件影响更大。例如，在孔与轴的配合中，由于存在形状误差，对于间隙配合，会使间隙分布不均匀，加快局部磨损，从而降低零件的寿命；对于过盈配合，则使过盈量各处不一致。因此在机械加工中，不但要对零件的尺寸误差加以限制，还必须根据零件的使用要求，并考虑到制造工艺性和经济性，规定出合理的形位误差变动范围及形状和位置公差，以确保零件的使用性能。

1. 零件的几何要素及分类

几何要素指构成零件几何特征的点、线、面，是形位公差的研究对象。图 3.3 所示为零件的球面、圆锥面、平面、圆柱面要素等。几何要素可从不同角度进行分类。

1) 按几何结构特征

分为轮廓要素和中心要素。轮廓要素是指构成零件内外表的要素，如图 3.3 中的球面、圆锥面、圆柱面素线、圆锥面素线和顶尖点等；中心要素是指轮廓要素对称中心所表达的要素，如图 3.3 中的球心、轴线等。

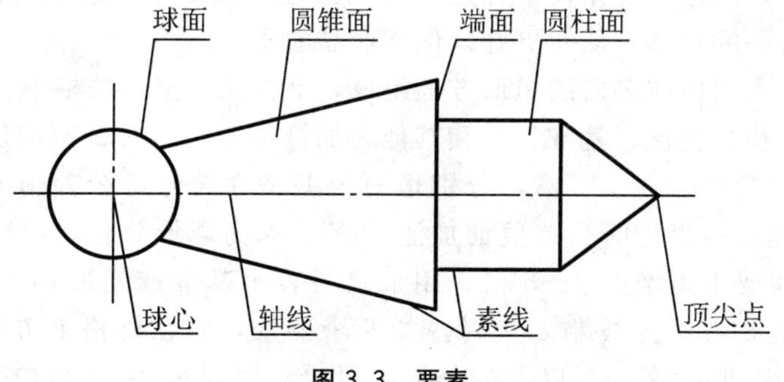

图 3.3　要素

2) 按存在状态

分为理想要素和实际要素。图纸上给定的点、线、面的理想状态，即为理想要素；零

件上实际存在的要素，即加工后得到的要素称为实际要素。零件在加工时，由于种种原因会产生几何误差，测量时实际要素由测得要素来代替。由于测量误差的存在，故测得要素并非要素的真实情况。

3）按在形位公差中所处的地位

分为被测要素和基准要素。零件上给出形状或位置要求的要素，称为被测要素，如图 3.4中左段外圆和 Φd_2 圆柱面的轴线为被测要素；基准要素是用来确定被测要素方向或(和)位置的要素。理想基准要素简称为基准，如图 3.4 中 Φd_1 圆柱面的轴线。

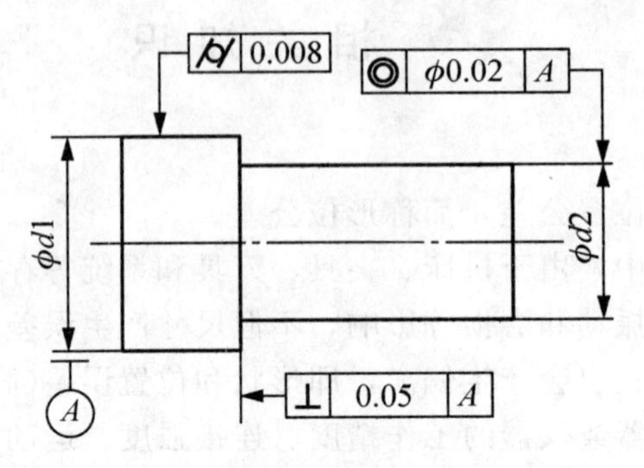

图 3.4　要素示例

4）按功能关系

分为单一要素和关联要素。仅对被测要素本身给出形状要求的要素即为单一要素，如图 3.4 中 Φd_1 的圆柱面为单一要素；关联要素是与零件上其他要素有功能关系的要素。所谓功能关系，是指要素间具有某种确定的方向和位置关系。如图 3.4 中 Φd_2 圆柱的轴线给出了与 Φd_1 圆柱同轴度的功能要求。

2. 形位公差的特征项目和符号

形位公差分为形状公差和位置公差两大类。国家标准 GB/T1 182—1996 规定了形位公差特征项目符号共 14 项，见表 3－1。有时需要对形位公差给出进一步的要求，此时需应用附加符号。各附加符号的应用将在后面有关章节中说明。

3. 形位公差的标注

在技术图样中，用形位公差代号标注零件的形位公差要求，能更好地表达设计意图，使工艺、检测有统一的理解，从而更好地保证产品的质量。

形位公差代号由两格或多格的矩形方框组成，且在从左至右的格中依次填写形位公差特征项目符号、形位公差值、基准符号和其他附加符号等，如图 3.5(a)所示。

形位公差方框只有第一、二格，分别填写公差特性符号、公差值及有关符号(如公差带是圆形或圆柱形的直径时公差值前加注“Φ”，如为球形公差带，则加注“s”。位置公差方框根据功能要求可增至 3～5 格，用来填写表示基准或基准体系的字母和有关符号。当有一个以上要素作为被测要素时，如 6 个要素，应在框格上方标明，如“6×”、“6 槽”。另外对同一要素有一个以上的公差项目要求时，可将一个框格放在另一个框格的下面。

表 3-1　形位公差特征项目和符号　　(GB/T 1182—1996)

公　差		特征项目	符　号	有或无基准要素
形状公差	形　状	直线度	—	无
		平面度	▱	无
		圆　度	○	无
		圆柱度	⌭	无
形状或位置公差	轮　廓	线轮廓度	⌒	有或无
		面轮廓度	⌓	有或无
位置公差	定　向	平行度	//	有
		垂直度	⊥	有
		倾斜度	∠	有
	定　位	位置度	⌖	有或无
		同轴(同心)度	◎	有
		对称度	⌯	有
	跳　动	圆跳动	↗	有
		全跳动	⌰	有

1）被测要素的标注

被测要素由指引线与形位公差代号相连。指引线用细实线，可用折线，弯折不能超过两次。其一端接方框，另一端画上箭头，并垂直指向被测要素或其延长线。当箭头正对尺寸线时，被测要素是中心要素，否则为轮廓要素，如图 3.5(b)所示。

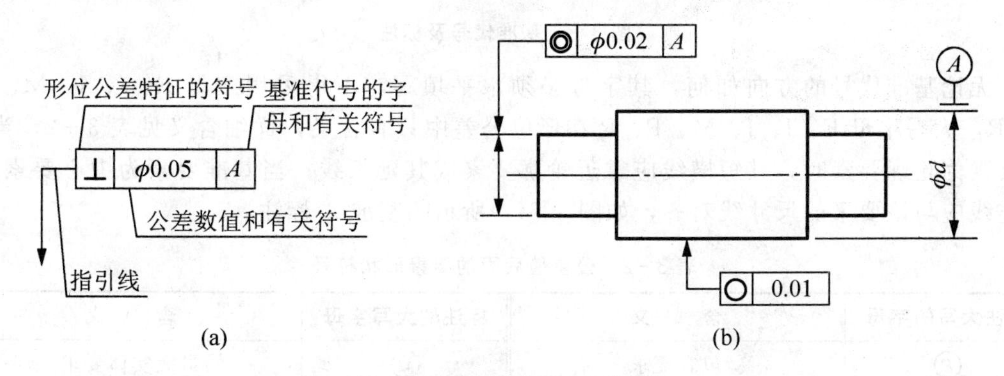

图 3.5　形位公差代号及标注

当多个被测要素有相同的形位公差(单项或多项)要求时，可以在从框格引出的指引线上绘制多个指示箭头，并分别与被测要素相连，如图 3.6(a)所示。用同一公差带控制几个被测要素时，应在公差框格上注明“共面”或“共线”，如图 3.6(b)所示。

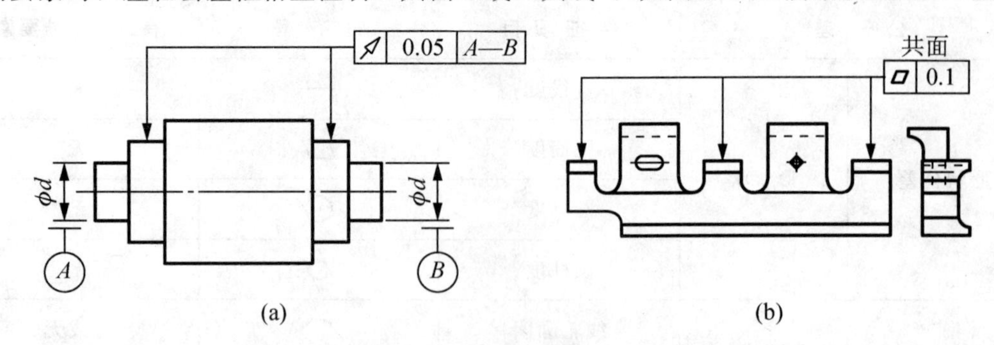

图 3.6 不同要素有相同的要求

当同一个被测要素有多项形位公差要求，其标注方法又一致时，可将这些框格绘制在一起，并引用一根指引线，如图 3.7 所示。

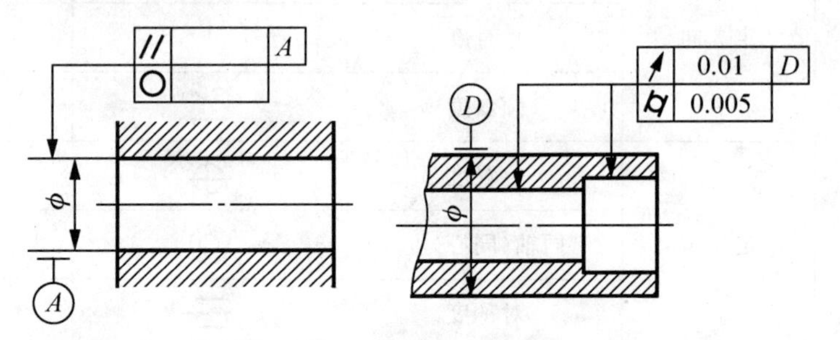

图 3.7 同一要素多项要求的标注

2)基准要素的标注

零件若有位置公差要求，在图样上必须表明基准代号，并在方框中标注出基准代号的字母。如图 3.8 所示，基准代号由粗短横线(基准符号)、连线和带大写字母的圆圈组成。

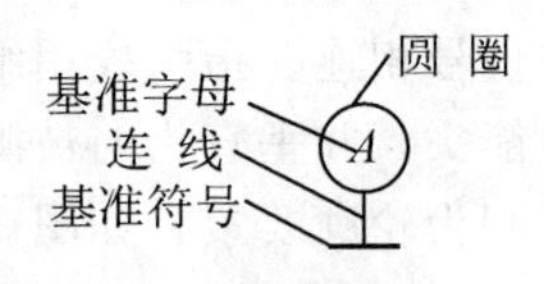

图 3.8 基准代号及标注

无论基准代号的方向如何，其字母必须水平填写，不得采用字母 E、I、J、M、O、P、R，大写字母 E、I、J、M、P、R 在形位公差中只有含义，详细含义见表 3－2。当基准要素为轮廓要素时，其短横线应靠近轮廓要素或其延长线；当基准要素为中心要素时，其连线应与该要素的尺寸线对齐，如图 3.6(a)所示的基准 A 标注。

表 3－2 公差值后面的要素形状符号

标注大写的字母	含 义	标注的大写字母	含 义
Ⓔ	包容要求	Ⓜ	最大实体要求
Ⓛ	最小实体要求	Ⓟ	延伸公差带
Ⓕ	自由状态条件(非刚性零件)	Ⓡ	可逆要求

二、形状公差

1. 形状公差与公差带

形状公差用形状公差带表达。形状公差带是限制实际要素变动的区域，零件实际要素在该区域内为合格。形位公差带包括公差带形状、方向、位置和大小4个因素。其公差值用公差带的宽度或直径来表示，而公差带的形状、方向、位置和大小则随要素的几何特征及功能要求而定。形状公差带及其标注和解释见表3-3。

2. 形状误差评定的条件

形状公差是指单一实际要素的形状所允许的变动全量。

形状公差是为了限制形状误差而设置的。形状误差是指被测实际要素对其理想要素的变动量。在被测实际要素与理想要素进行比较以确定其变动量时，由于理想要素所处的位置不同，得到的最大变动量也会不同。因此，评定实际要素的形状误差时，理想要素相对于实际要素的位置必须有一个统一的评定准则，这个准则就是最小条件。

所谓最小条件，是指被测实际要素相对于理想要素的最大变动量为最小，此时，对被测实际要素评定的误差值最小。如图3.9所示，评定直线度误差时，理想要素AB与被测实际要素接触，h_1，h_2，h_3，…是相对于理想要素处于不同位置A_1B_1，A_2B_2，A_3B_3…所得到的各个最大变动量，其中h_1为各个最大变动量的最小值，即$h_1<h_2<h_3<\cdots$，那么h_1就是其直线度误差值。

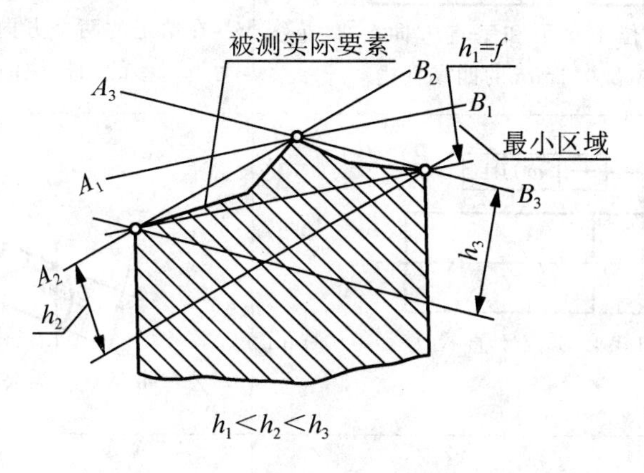

图3.9　最小条件

形状误差值用最小包容区域(简称最小区域)的宽度或直径表示。最小区域是指包容被测实际要素时，具有最小宽度h或直径h的包容区域。最小区域的形状与相应的公差带相同。按最小区域评定形状误差的方法称为最小区域法。

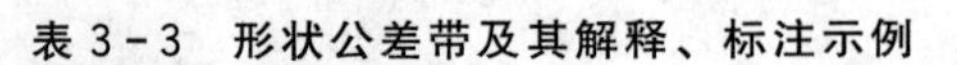

表 3-3　形状公差带及其解释、标注示例

公差项目	标注和解释	公差带说明
直线度	圆柱面的素线必须位于距离为公差值 0.02mm 的两条平行直线之间	在给定平面内，公差带是距离为公差值 t 的两条平行直线之间的区域
直线度	棱线必须位于距离为公差值 0.03mm 的两个平行平面之间	在给定方向上，公差带为两个平行平面之间公差值为 t 的区域
直线度	棱线必须位于水平和垂直方向公差值分别为 0.2mm 和 0.1mm 的四棱柱内	在给定的两个方向上，其公差带是正截面为 $t_1 \times t_2$ 的四棱柱内的区域
直线度	圆柱体轴线必须位于直径为 Φ 0.01mm 的圆柱面内	公差带是直径为公差值 t 的圆柱面内的区域
平面度	被测表面必须位于距离为公差值 0.10mm 的两个平行平面内	公差带是距离为公差值 t 的两个平行平面之间的区域

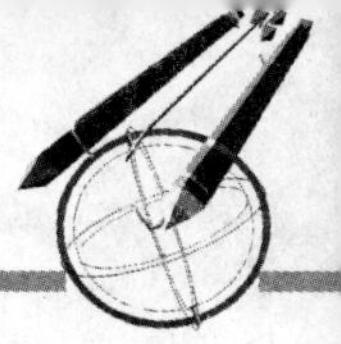

续表

公差项目	标注和解释	公差带说明
圆度	圆柱面任一正截面的圆周必须位于半径差为公差值 0.020mm 的两同心圆之间	公差带是垂直于轴线的任意正截面上半径差为公差值 t 的两同心圆之间的区域
	圆锥面任一正截面上的圆周必须位于半径为 0.01mm 的两同心圆之间	
圆柱度	被测圆柱面必须位于半径差为公差值 0.05mm 的两同轴圆柱面之间	公差带是半径差为公差值 t 的两同轴圆柱面之间的区域
线轮廓度	无基准 有基准A 在平行于图样所示投影面的任一截面上，被测轮廓线必须位于包络一系列直径为公差值 0.05mm，且圆心位于具有理论正确几何形状的线上的两包络线上	公差带是包络一系列直径为公差值 t 的圆的两包络线之间的区域。各个圆的圆心应位于理想轮廓线上

续表

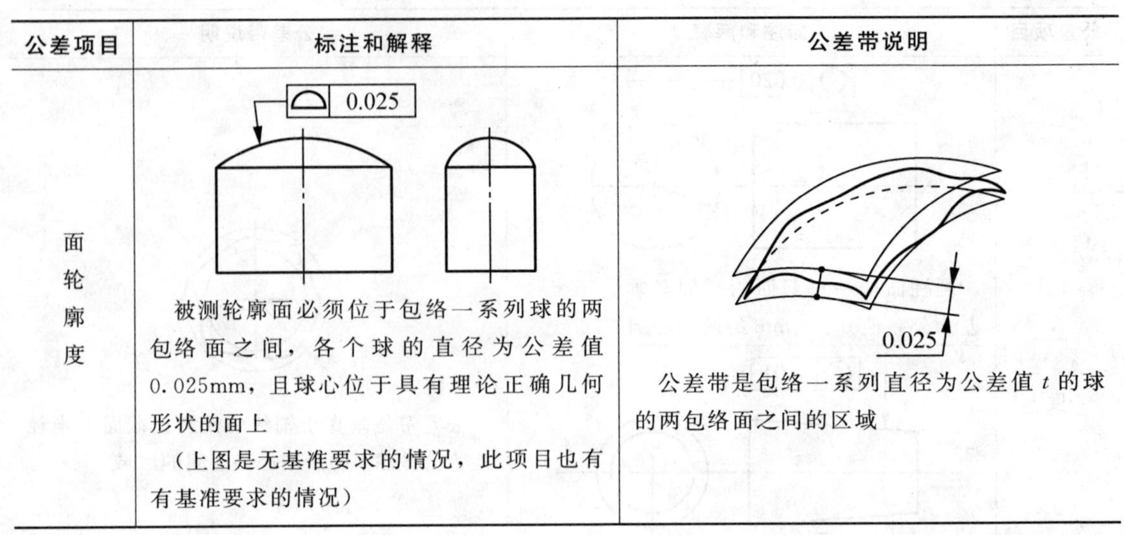

公差项目	标注和解释	公差带说明
面轮廓度	0.025 被测轮廓面必须位于包络一系列球的两包络面之间，各个球的直径为公差值 0.025mm，且球心位于具有理论正确几何形状的面上 （上图是无基准要求的情况，此项目也有有基准要求的情况）	0.025 公差带是包络一系列直径为公差值 t 的球的两包络面之间的区域

注：轮廓度（线轮廓度和面轮廓度）公差带既控制实际轮廓线的形状，又控制其位置。严格地说，在有基准要求的情况下轮廓度的公差应属于位置公差。

三、位置公差

位置公差指关联实际要素的位置对基准所允许的变动全量。它是为了限制位置误差而设置的。位置误差是指被测实际要素对理想要素位置的变动量。

在构成零件的几何要素中，有的要素对其他要素（基准要素）有方向、位置要求。例如机床主轴后轴颈对前轴颈有同轴度的要求。为了限制关联要素对基准的方向、位置误差，应按零件的功能要求，规定必要的位置公差。根据关联要素对基准的功能要求的不同，可以分为定向公差、定位公差和跳动公差。

1. 基准及分类

基准在位置公差中对被测要素的位置起着定向或定位的作用，也是确定位置公差带方位的重要依据。评定位置误差的基准应是基准要素，但基准要素本身也是实际加工出来的，也存在形状误差，为了正确评定位置误差，基准要素的位置应符合最小条件。而在实际检测中测量位置误差经常采用模拟法来体现基准。例如，基准轴由心轴、“V”形块体现；基准平面用平板或量仪工作台面体现等。基准分为以下 3 种。

1）单一基准

由一个要素建立的基准为单一基准。例如图 3.10 所示的就是由一个中心要素建立的基准。

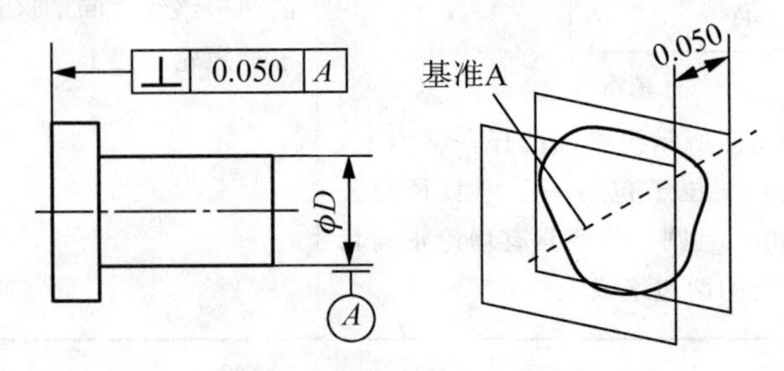

图 3.10　单一基准示例

2）组合基准（公共基准）

由两个或两个以上的要素建立成一个独立的基准称为组合基准或公共基准。例如图 3.11所示的中轴线的同轴度示例，两段轴线 A、B 建立起了公共基准 $A-B$。

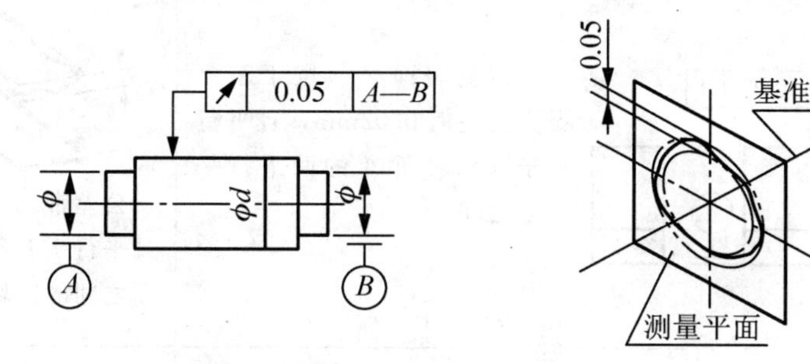

图 3.11　组合基准示例

3）基准体系（也称为三基面体系）

在位置公差中，为了确定被测要素在空间的方向和位置，有时仅指定一个基准是不够的，而要使用两个或三个基准组成的基准体系。三基面体系是由 3 个互相垂直的平面构成的一个基准体系，如图 3.12 所示。3 个基准平面按标注顺序分别称为基准 A 第一基准平面、基准 B 第二基准平面和基准 C 第三基准平面。基准顺序要根据零件的功能要求和结构特征来确定。每两个基准平面的交线构成基准轴线，而 3 条轴线的交点构成基准点。

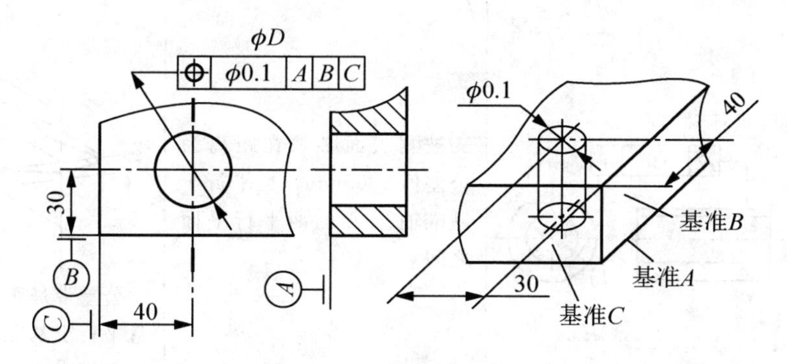

图 3.12　基准体系

2. 位置公差分类

位置公差分为定向公差、定位公差和跳动。定向公差包括平行度、垂直度和倾斜度；定位公差包括对称度、同轴度和位置度；跳动包括圆跳动和全跳动。

3. 定向公差

定向公差是指关联要素对基准在方向上允许的变动全量。定向公差带相对基准有确定的方向，具有综合控制被测要素的方向和形状的功能。其包括平行度、垂直度和倾斜度 3 种。定向公差带及其标注和解释见表 3-4。

表 3-4　定向公差带及其标注和解释

公差项目	标　　注	解　　释	公差带说明
平行度	① 面对面 // 0.02 A	被测表面必须位于距离为公差值 0.02mm，且平行于基准表面 A 的两平行平面之间	基准平面 公差带是距离为公差值 t，且平行于基准面的两平行平面之间的区域
	② 线对面 // 0.01 A	工件被测轴线必须位于距离为公差值 0.01mm，且平行于基准平面 A 的两平行平面之间	基准平面 公差带是距离公差值为 t，且平行于基准平面 A 的两平行平面之间的区域
	③ 面对线 // 0.05 A	被测表面必须在距离为公差值 0.05mm，且平行于基准轴线 A 的两平行平面之间	基准轴线 公差带是距离为公差值 t，且平行于基准轴线 A 的两平行平面之间的区域
	④ 线对线 // 0.1 A	被测轴线须位于距离为公差值 0.1mm，且给定方向上平行于基准轴线的两平行平面之间	基准轴线 公差带是距离公差值为 t，且在给定方向上平行于基准轴线的两平行平面之间的区域

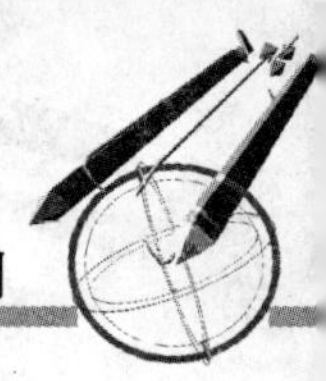

续表

公差项目	标 注	解 释	公差带说明
平行度	给定两个方向 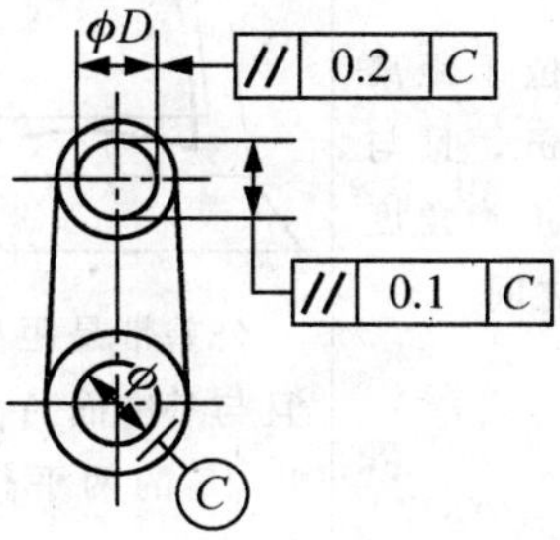	被测孔 ϕD 的轴线必须位于水平和垂直方向公差值分别为 0.2mm 和 0.1mm 且平行于基准轴线的四棱柱区域内	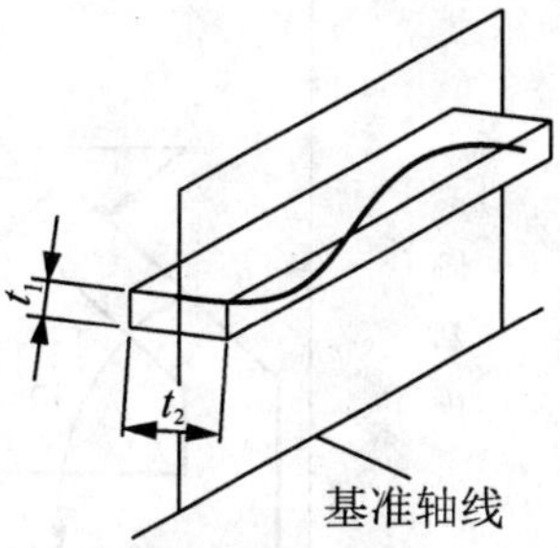 基准轴线 公差带是水平和垂直方向公差值分别为 t_1 和 t_2 且平行于基准轴线的四棱柱区域
	给定任意方向 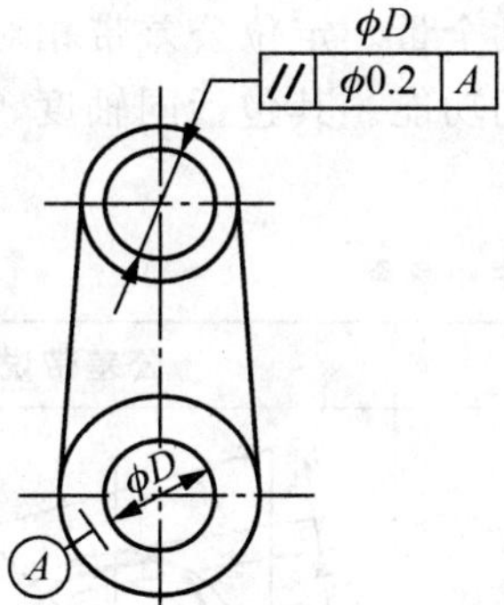	被测轴线必须位于直径为公差值 0.2mm，且平行于基准轴线的圆柱面内	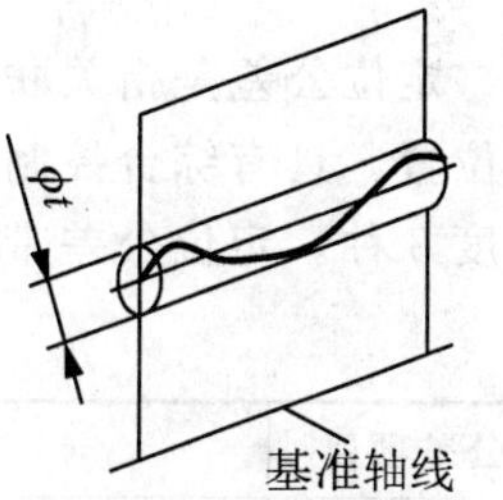 基准轴线 公差带是直径为公差值 t，且平行于基准轴线的圆柱面内的区域
垂直度	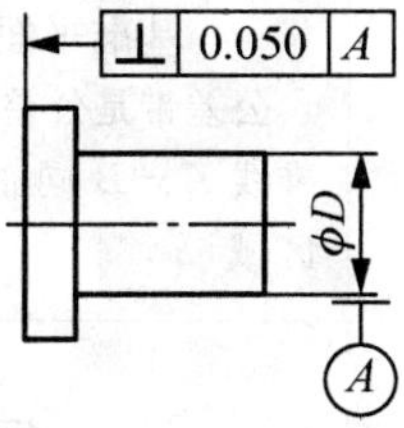	被测端面必须位于距离为公差值 0.05mm，且垂直于基准轴线 A 的两平行平面之间(坐图标注是面对线的情况，另外其他 3 种情况线对线、面对面、线对面同平行度情况类似)	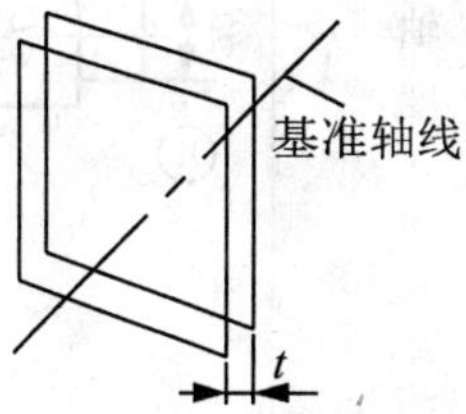 基准轴线 公差带是距离为公差值 t，且垂直于基准轴线的两平行平面之间的区域

续表

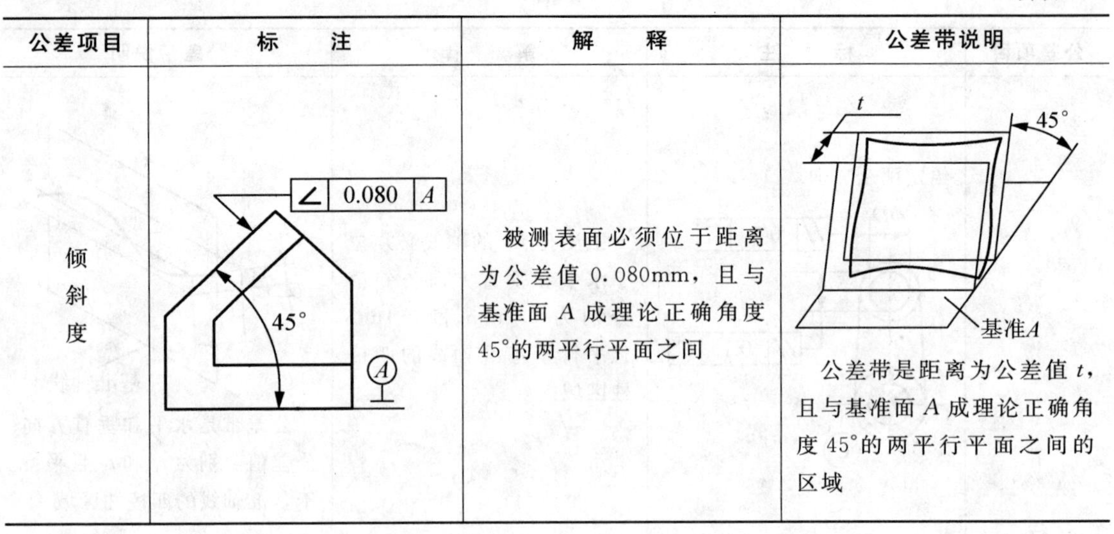

公差项目	标　注	解　释	公差带说明
倾斜度	∠ 0.080 A；45°；A	被测表面必须位于距离为公差值 0.080mm，且与基准面 A 成理论正确角度 45°的两平行平面之间	t；45°；基准A 公差带是距离为公差值 t，且与基准面 A 成理论正确角度 45°的两平行平面之间的区域

4. 定位公差

定位公差是指关联要素对基准在位置上允许的变动全量。定位公差带相对基准有确定的位置，具有综合控制被测要素的位置、方向和形状的功能。其包括同轴度、对称度和位置度 3 种。定位公差带及其标注和解释见表 3-5。

表 3-5　定位公差带及其标注和解释

公差项目	标　注	解　释	公差带说明
同轴度	◎ φ0.05 A—B；φd；φD；φd；A；B	被测 ϕD 的轴线必须位于公差值为 ϕ0.05mm，且与组合基准线 A—B 同轴的圆柱面内	t；基准轴线；基准平面 公差带是公差值 ϕt，且与组合基准线 A—B 同轴的圆柱面之间的区域
对称度	⌯ 0.1 A；A	被测中心平面（中心要素）必须位于距离为公差值 0.1mm，且相对基准中心平面 A 对称配置的两平行平面之间	t；基准A 公差带是距离为公差值 t，且相对基准中心平面 A 对称配置的两平行平面之间的区域

续表

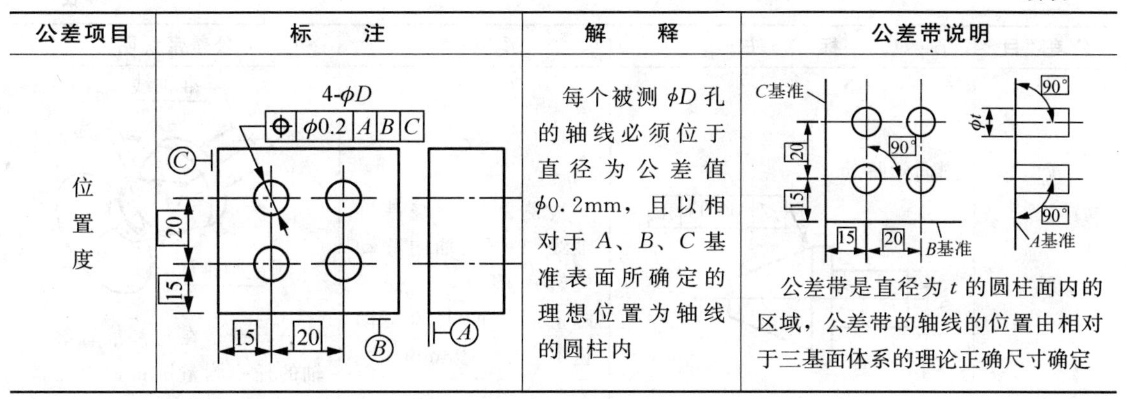

公差项目	标　　注	解　　释	公差带说明
位置度	4-ϕD ⊕ ϕ0.2 A B C C　20　15　15　20　B　A	每个被测 ϕD 孔的轴线必须位于直径为公差值 ϕ0.2mm，且以相对于 A、B、C 基准表面所确定的理想位置为轴线的圆柱内	C基准　90°　ϕt　90°　20　15　15　20　B基准　90°　A基准 公差带是直径为 t 的圆柱面内的区域，公差带的轴线的位置由相对于三基面体系的理论正确尺寸确定

5．跳动公差与公差带

跳动公差指关联要素绕基准轴线回转一周或回转时允许的最大跳动量。

测量时指示表所示的最大值和最小值之差即为最大变动量。因为它的检测方法简便，又能综合控制被测要素的位置、方向和形状，故在生产中得到广泛应用。

跳动公差分为圆跳动公差和全跳动公差。跳动公差带及其标注和解释见表 3－6。

表 3－6　跳动公差带及其标注和解释

公差项目	标　　注	解　　释	公差带说明
圆跳动	径向圆跳动 ↗ 0.05 A—B ϕd　ϕD　ϕd　A　B	当被测 ϕD 的轴线绕公共基准轴线 A－B 作无轴向移动旋转一周时，在任一测量平面内的径向圆跳动量不大于 0.05mm	测量平面　t　基准A 公差带是在垂直于基准轴线的任一测量平面内，半径差为公差值 t，且圆心在基准轴线上的两个同心圆之间的区域
	端面圆跳动 ↗ 0.05 A ϕd　ϕD　A	当被测端面的轴线绕基准轴线 A 作无轴向移动旋转一周时，在任一测量平面内的径向圆跳动量不大于 0.05mm	t　测量圆柱面　基准A 公差带是在与基准轴线同轴的任一直径位置上的测量圆柱面上，沿母线方向宽度为公差值 t 的圆柱面区域

续表

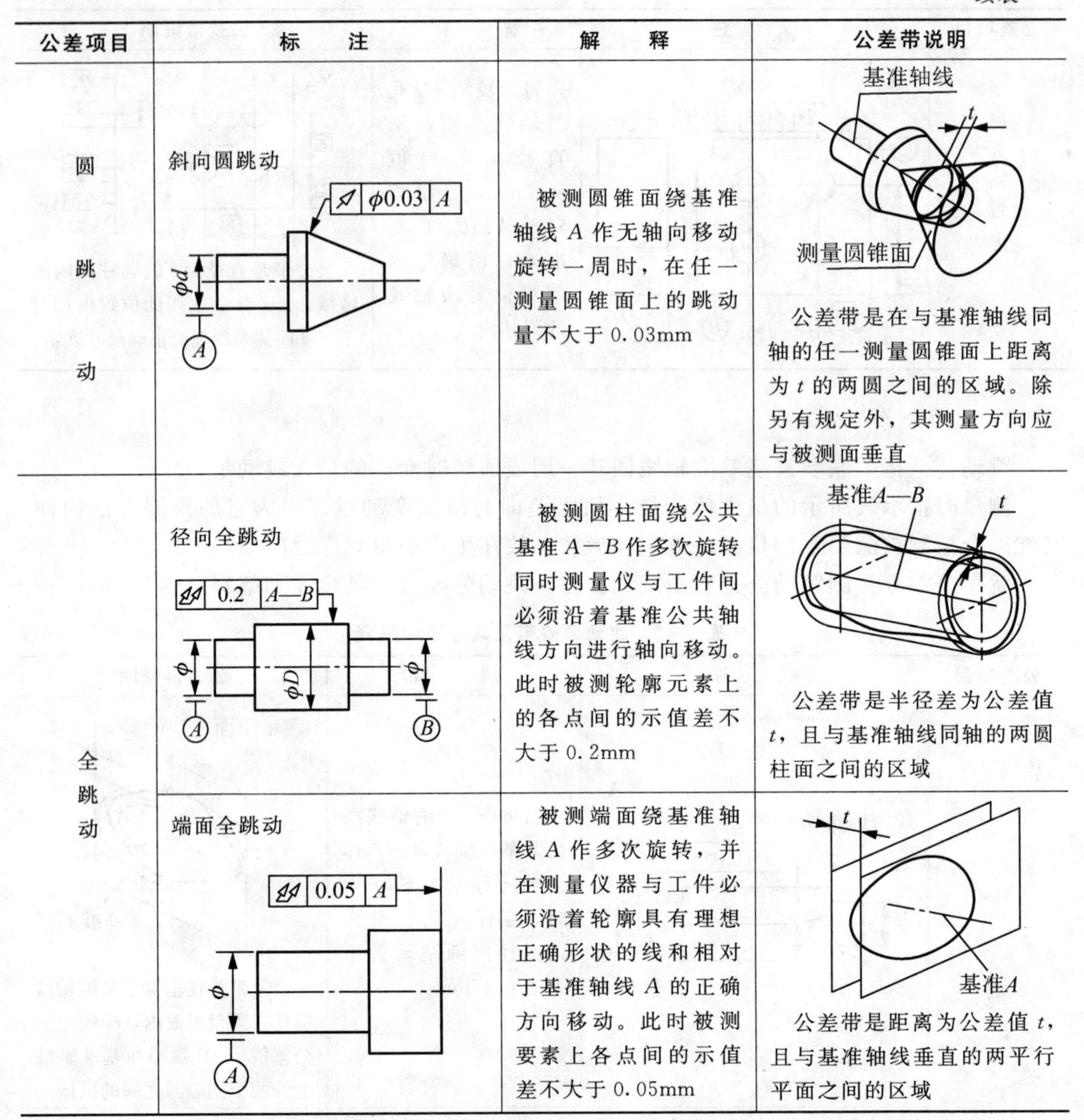

公差项目		标　注	解　释	公差带说明
圆跳动		斜向圆跳动	被测圆锥面绕基准轴线 A 作无轴向移动旋转一周时，在任一测量圆锥面上的跳动量不大于 0.03mm	公差带是在与基准轴线同轴的任一测量圆锥面上距离为 t 的两圆之间的区域。除另有规定外，其测量方向应与被测面垂直
全跳动		径向全跳动	被测圆柱面绕公共基准 A—B 作多次旋转同时测量仪与工件间须沿着基准公共轴线方向进行轴向移动。此时被测轮廓元素上的各点间的示值差不大于 0.2mm	公差带是半径差为公差值 t，且与基准轴线同轴的两圆柱面之间的区域
		端面全跳动	被测端面绕基准轴线 A 作多次旋转，并在测量仪器与工件必须沿着轮廓具有理想正确形状的线和相对于基准轴线 A 的正确方向移动。此时被测要素上各点间的示值差不大于 0.05mm	公差带是距离为公差值 t，且与基准轴线垂直的两平行平面之间的区域

径向全跳动的公差带与圆柱度公差带形状是相同的，但前者的轴线与基准轴线同轴，后者是浮动的，由圆柱度误差的形状而定。它是被测圆柱面的圆柱度误差和同轴度误差的综合反映。

端面全跳动的公差带与端面对轴线的垂直度公差带是相同的，因而两者控制位置误差的效果是一样的。

项目实施

前面已经学过形位公差的相关知识，要检测工件的形状和位置误差，还要分析选择用什么规格的计量器具，确定测量部位、测量次数、数据处理办法及判断工件是否合格。

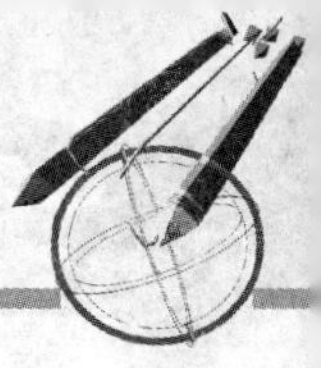

一、测量器具和测量原则

1. 测量器具

刀口形直尺也称为刀口尺，用光隙法检验零件形位误差时要使用以下计量器具：检验平板、方框水平仪、V 型铁、偏摆仪、百分表(千分表)、磁性表座、宽座角尺、厚薄规等。

(1) 刀口形直尺。刀口形直尺是检验直线度或平面度的直尺，如图 3.13 所示。刀口尺的规格用刀口长度表示，常用的有 75mm、125mm、175mm、225mm 和 300mm 等几种。检验时，将刀口尺的刀口与被检测平面接触，而在尺后放一个光源，然后从尺的侧面观察被检测平面和刀口之间的漏光大小并判断误差情况。

(2) 方框水平仪。方框水平仪如图 3.14 所示，框架的测量面有平面和 V 形槽，V 形槽便于在圆柱面上测量。上方有弧形玻璃管，表面上有刻线，内装乙醚(或酒精)，并留有一个水准泡，水准泡总是停留在玻璃管内的最高处。若水平仪倾斜一个角度，气泡就向左或向右移动，根据移动的距离(格数)，直接或通过计算即可知道被测工件的直线度、平面度或垂直度误差。

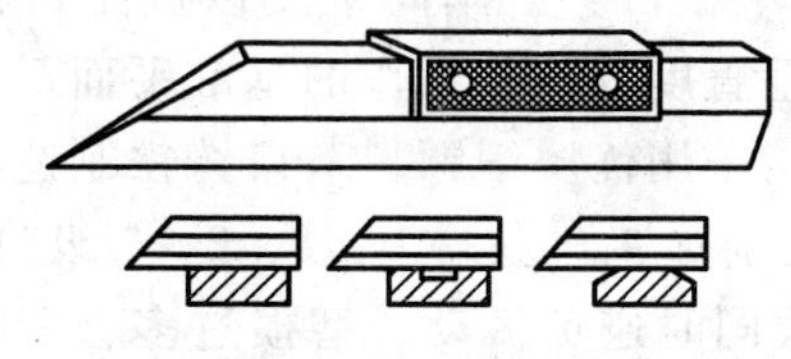

图 3.13　刀口尺

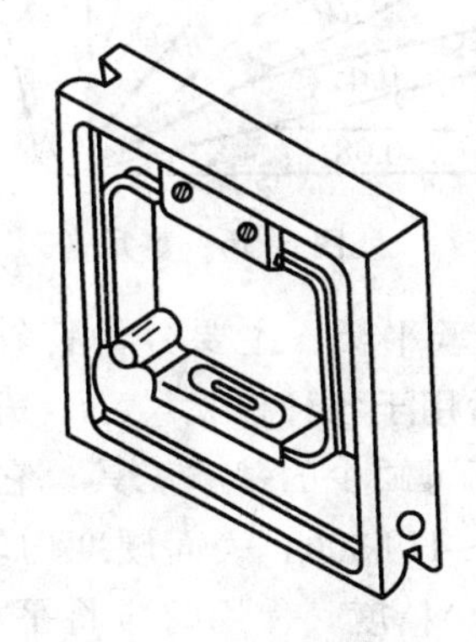

图 3.14　方框水平仪

使用方框水平仪时应注意以下事项：①方框水平仪的两个“V”形测量面是测量精度的基准，测量时不能与工作的粗糙面接触或摩擦。安放时必须小心轻放，避免因测量面划伤而损坏水平仪和造成不应有的测量误差。

② 用方框水平仪测量工件的垂直面时，不能握住与副侧面相对的部位，而用力向工件垂直平面推压，这样会因水平仪的受力变形，影响测量的准确性。正确的测量方法是手握持副测面内侧，使水平仪平稳、垂直地(调整气泡位于中间位置)贴在工件的垂直平面上，然后从纵向水准读出气泡移动的格数。

③ 使用方框水平仪时，要保证方框水平仪工作面和工件表面的清洁，以防止脏物影响测量的准确性。测量水平面时，在同一个测量位置上，应将水平仪调过相反的方向再进行测量。当移动水平仪时，不允许水平仪工作面与工件表面发生摩擦，应该提起来放置。

水平仪就是用来检测各种机床(如钻机)工作台面的水平度的，一般用来测量前后和左右两个平面。0.02/1 000mm 是单位，1m 偏差 2mm。如气泡左偏 3 格，即表示机台左边高了 0.06mm，将左边升高一点或右边降一点就可以了。

(3) 塞尺(厚薄规)。塞尺是用来检查两贴合面之间间隙的薄片量尺，如图 3.15 所示。

它是由一组薄钢片组成的，其每片的厚度为 0.01～0.08mm 不等，测量时用厚薄尺直接塞进间隙，当一片或数片能塞进两贴合面之间，则一片或数片的厚度(可由每片片身上的标记直接读出)即为两贴合面的间隙值。

使用塞尺测量时选用的薄片越薄越好，而且必须先擦干净尺面和被测面，测量时不能使劲硬塞，以免尺片弯曲和折断。

(4) 偏摆仪。偏摆仪是用来检测回转体各种跳动指标的必备仪器。除能检测圆柱状和盘状零件的径向跳动和端面跳动外，安装上相应的附件，还可用来检测管类零件的径向跳动和端面跳动。

使用时，将被测零件的中心孔和偏摆仪上两顶尖擦干净，然后将零件的中心孔插入顶尖，使零件偏摆仪上不能有轴向串动，但转动自如，如图 3.16 所示。

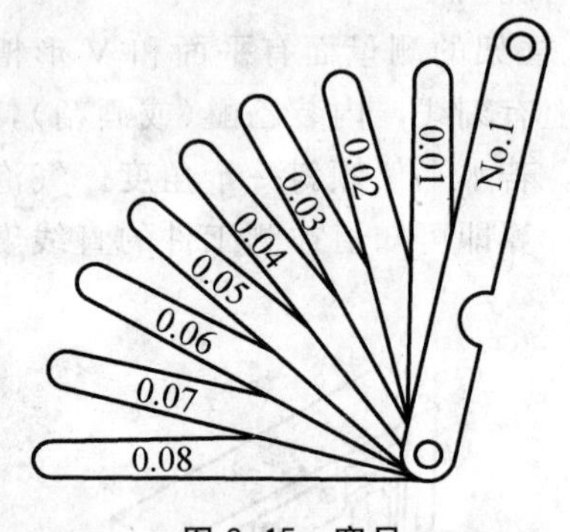

图 3.15　塞尺

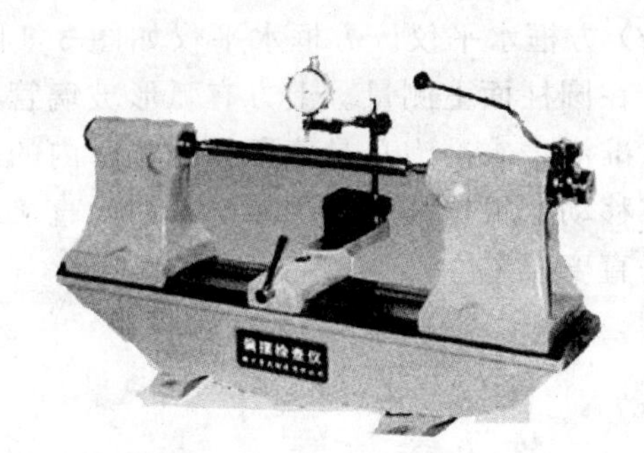

图 3.16　偏摆仪

(5) 检验平板。主要分为铸铁平板和大理石平板，生产车间主要以使用铸铁平板为主。主要适用于各种检验尺寸、精度、平行度、垂直度等检测工作的基准平面，在机械制造中也是不可缺少的基本工具。它是由铸铁平板均采用优质细颗粒灰口铸铁制造的，材质为 HT250～HT300，表面硬度均匀。通过表面刮削加工，获得 0、1、2、3 级(按国家标准计量鉴定)精度，使用时应将平板调至水平平板同时避免振动、磨损过多、划痕和碰伤等现象，以免影响其精度和使用寿命。铸铁检验平板在正常情况下使用寿命是长久的。使用后擦洗干净，做好防锈工作，保证使用寿命。铸铁平板如图 3.17 所示。

大理石精密平板是岩石经长期天然时效形成的，组织结构均匀，线膨胀系数极小，内应力完全消失，不变形。刚性好，硬度高，耐磨性强，温度变形小。不怕酸和侵蚀，不会生锈，不必涂油，不易粘微尘，维护保养方便简单，使用寿命长。不易出现划痕，不受恒温条件限制，在常温下也能保持测量精度。不磁化，测量时能平滑移动，无滞涩感，不受潮湿影响，平面稳定好。主要应用于精密测量或由计量部门使用。

(6)“V”形铁。“V”形架主要用来安放轴、套筒、圆盘等圆形工件，以便找出中心线与划出中心线。如图 3.18 所示。一般 V 形架都是一副两块，两块的平面与 V 形槽都是在一次安装中磨出的。精密 V 形架的尺寸相互表面间的平行度、垂直度误差均在 0.01mm 之内，V 形槽的中心线必须在 V 形架的对称平面内并与底面平行，同心度、平行度的误差也在 0.01mm 之内，V 形槽半角误差在±30～±1 范围内。精密 V 形架也可作为方箱使用，带有夹持弓架的 V 形架，可以把圆柱形工件牢固地夹持在 V 形架上，翻转到各个位置划线。V 形铁一般成对、配上检验平板同时使用。

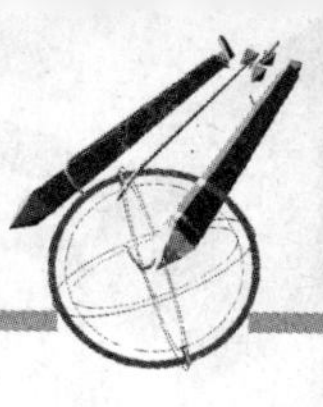

图 3.17 铸铁平板

图 3.18 V 形铁

(7) 宽座角尺。宽座角尺为 90°角尺，是检验直角用的非刻线量尺，用于检测工件的垂直度。当 90°角尺的一边与工件基准面放在检验平板上，工件的另一面与工件被测面之间透出缝隙时，根据缝隙大小判断角度的误差情况，宽座角尺如图 3.19 所示。

2. 测量原则

形位误差的项目很多，为能正确合理地选择检测方案，国家标准 GB/T 1958—1980 规定了形位误差的 5 个检测原则。通过这 5 个检测原则的学习，将有助于理解不同零件的检测方法。

(1) 与理想要素比较原则。与理想要素比较原则是指将被测实际要素与其理想要素进行比较，在比较(直接或间接)过程中获得数据，由这些数据来评定误差。运用该检测原则时，必须有理想要素作为测量的标准。理想要素可以用精度较高的实物，如刀口尺的刃口、拉紧的钢丝可以作为理想直线；铸铁或大理石平板可以作为理想平面；标准样板(如半径规等)可以作为特定曲线等。如图 3.20 所示，就是用刀口尺测量直线度误差，以刃口为理想直线与被测要素进行比较，根据光隙的大小判断直线度误差。

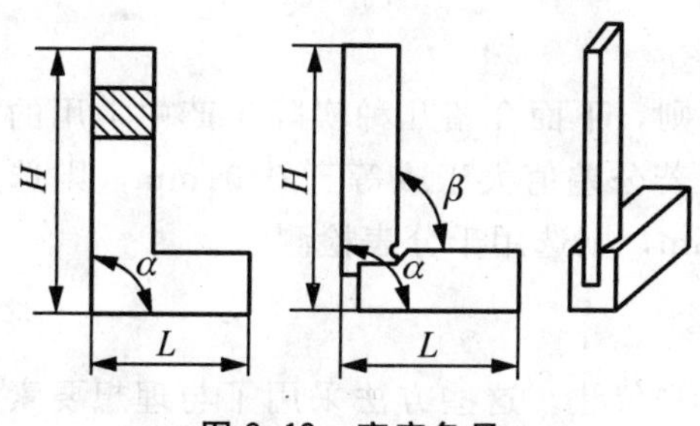

图 3.19 宽座角尺

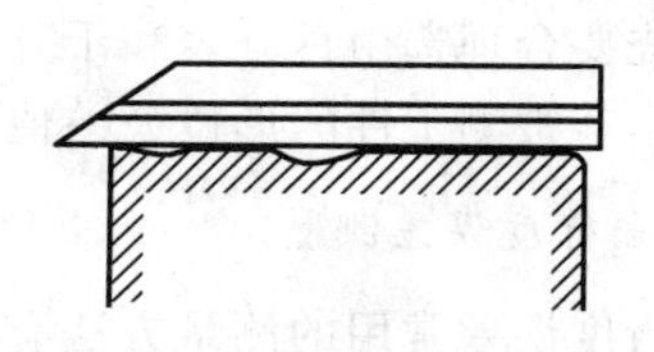

图 3.20 与理想要素比较

(2) 测量坐标值原则。几何要素的特征可以在坐标系中反映出来，用坐标测量装置

(如三坐标测量机或大型工具显微镜等)测得被测要素上各点的坐标值后，经数据处理可以获得其形位误差值。该原则被广泛应用于轮廓度、位置度的测量。图 3.21 所示为用测量坐标值原则测量位置度误差的示例。由坐标测量机测得各孔实际位置的坐标值(x_1，y_1)、(x_2，y_2)、(x_3，y_3)、(x_4，y_4)，计算出相对理论正确尺寸的偏差。

$$\Delta x_i = x_i - \boxed{x_i}$$

$$\Delta y_i = y_i - \boxed{y_i}$$

各孔的位置度误差值可按下式求得：

$$\phi f_i = 2\sqrt{(\Delta x_i)^2 + (\Delta y_i)^2}$$

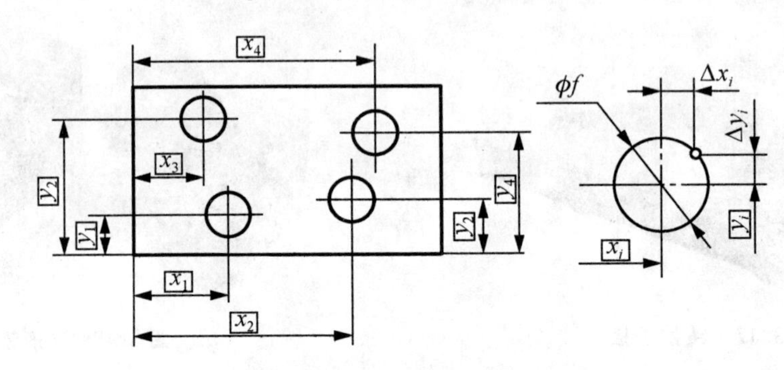

图 3.21 测量坐标值

(3) 测量特征参数原则。被测要素上具有代表性的参数即特征参数，它是指能近似反映形位误差的参数。应用该原则测得的形位误差能近似于理论定义上的形位误差。例如，用两点法测量圆度误差，在一个横截面内的几个方向上测量直径，取最大和最小直径之差的 1/2，作为该截面的圆度误差；以曲面上任意方向的最大线轮廓度误差来近似表示该曲面的面轮廓度误差。该原则可以简化测量过程和设备，也不需要复杂的数据处理，易在生产中实现，是一种在生产现场应用较为普遍的测量原则。

(4) 测量跳动原则。当在图样上标注圆跳动和全跳动公差时，采用测量跳动原则，见表 3-6。

(5) 控制实效边界原则。按相关要求给出形位公差时，就给出了一个理想边界，要求被测要素的实体不得超越该理想边界，即要求作用尺寸不超过最大实体尺寸(遵守包容要求时)或实效尺寸(遵守最大实体要求时)，进行此判断的有效方法是使用光滑极限量规(详见项目 2)或位置量规检验。

二、测量方法

前面介绍了形位公差的相关知识及测量原则，下面介绍几种实际生产中常用的测量方法，首先要合理选用百分表和千分表，原则上若公差值大于或等于 0.01mm，则选用百分表测量，若被测工件的形位公差值小于 0.01mm，则选用千分表检测。

1. 平行度误差测量

平行度误差常用的测量方法有打表法和水平仪法。这些方法采用了与理想要素比较的检测原则。

2. 垂直度误差测量

常用的方法有光隙法(透光法)、打表法、水平仪法、闭合测量法等。用光隙法测量垂直度误差简单快捷，也能保证一定的测量精度。

3. 跳动误差测量

跳动误差是指被测表面基准轴线回转时，测头与被测面作法向接触的指示表上最大值与最小值的差值。

4. 平面度误差测量

其具体方法和测量直线度的方法基本相同，主要有间隙法、打表法、光轴法和干涉法。本次实训主要以打表法测量平面度误差。

三、测量步骤

1. 平行度误差测量

(1) 测量前，擦净检验平板2和被测零件1，然后按图3.22将被测零件基准放在平板2上，并使被测零件图3.22的基准面C或附图3的基准面B与平板工作面贴合(以最薄的厚薄规不能塞入两面之间为准)。

这样，平板的工作面既是被测零件的模拟基准，又是测量基准，以减少测量误差。

(2) 将百分表装入磁性表座，把百分表测量头放在被测平面上，预压百分表为0.3～0.5mm，并将指示表指针调至零。

(3) 移动表座3，沿被测平面的多个方向移动，此时，被测平面对基准的平行度由百分表(千分表)读出，记录百分表(千分表)在不同位置的读数。

(4) 用所有读数中的最大值减去最小值，即为平行度误差。

(5) 判断零件的合格性，完成实训报告3。

2. 垂直度误差测量

(1) 如图3.23所示，将图3被测零件基准A和宽座角尺放在检验平板上，并用塞尺(厚薄规)检查其是否接触良好(以最薄的塞尺不能插入为准)。由于该零件的被测表面无法直接与角尺接触，所以用标准量块的测量面将角尺垫高至测量部位。

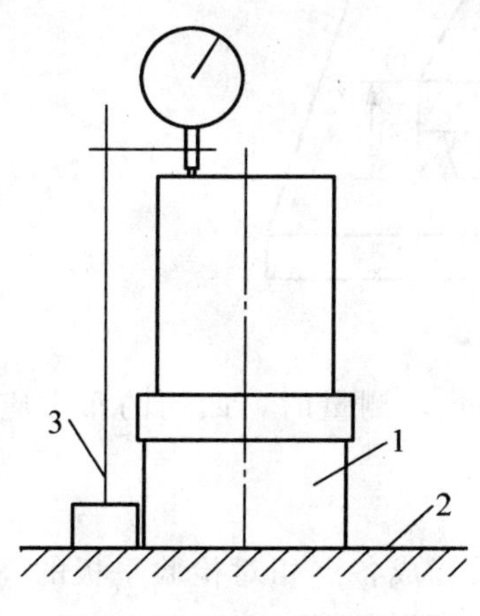

图3.22　平行度误差测量

1—被测零件；2—平板；3—表座

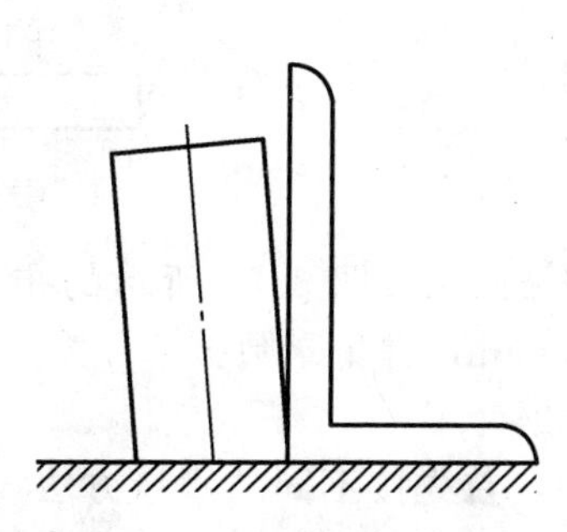

图3.23　垂直度误差测量

(2) 移动宽座角尺，对着被测表面轻轻靠近，观察光隙部位的光隙大小，或用厚薄规检查最大和最小光隙尺寸值，也可以用目测方法估计出最大和最小光隙值，并将其值记录下来。

(3) 用最大光隙值减去最小光隙值即为垂直度误差。

(4) 判断零件的合格性，完成实训报告表 3。

3. 跳动误差测量

(1) 擦干净被测表面、基准、检验平板、V 形铁、偏摆仪顶尖等。

(2) 根据图 3.1 零件的跳动要求，将零件的 A 和 B 基准($\Phi35\pm0.008$)放在 V 形铁上或者利用该零件的中心孔，将其装在偏摆仪顶尖中，锁紧偏摆仪的紧定螺钉。此时被测零件不能轴向窜动但能转动自如。如果是图 3.2，将 $\Phi19_{-0.021}^{\ 0}$ 表面直接放在 V 形铁上。

(3) 将百分表或千分表装在磁性表座上，把百分表或千分表的测量头轻轻放在零件的被测面 $\Phi35\pm0.008$、$\Phi30\pm0.0065$ 或图 3.2 中的 $\Phi11.5$ 表面上，并压表 0.2～0.4mm，然后将指示表指针调到零。

(4) 轻轻转动被测零件一圈，从指示表中读出最大值和最小值并记录，其最大和最小值代数差即为该截面的跳动误差。

(5) 移动磁性表座，测量被测表面的不同截面，重复步骤(3)。完成实训报告表 3。

注：测量时，测量头要和回转轴线垂直。

4) 平面度误差测量

(1) 如图 3.24 所示，将被测工件放在检验平板上，用对角线法，调节被测平面下的螺母，将被测件平面两对角线的对角点分别调平(即指示表示值相同)；也可以用三远点法，即选择平面上 3 个较远的点，调平这三点，即三点指示表读数相同。

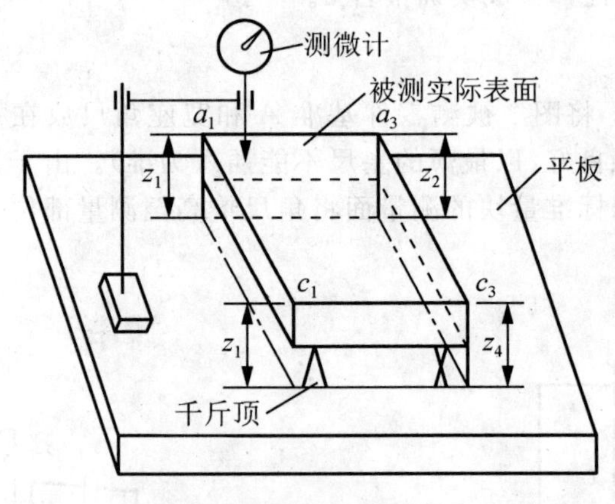

图 3.24 平面度测量

(2) 在被测面按图 3.25 所示的布点形式进行测量，测量时，四周的布点应偏离被测平面边缘 10mm，并记录数据。

(3) 数据处理。

方法一：首先按不同的测量方法，将测得数据换算成各点相对检验平板的高度值；然后根据最小条件准则确定评定基准平面，计算出平面度误差值。

方法二：测量所得数据是相对测量基准而言的，为了评定平面度的误差值，还需要进行

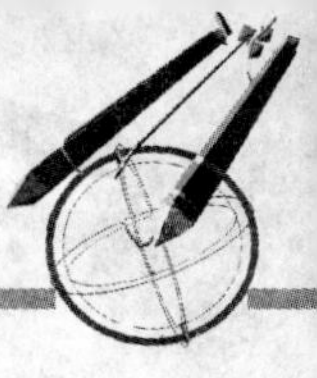

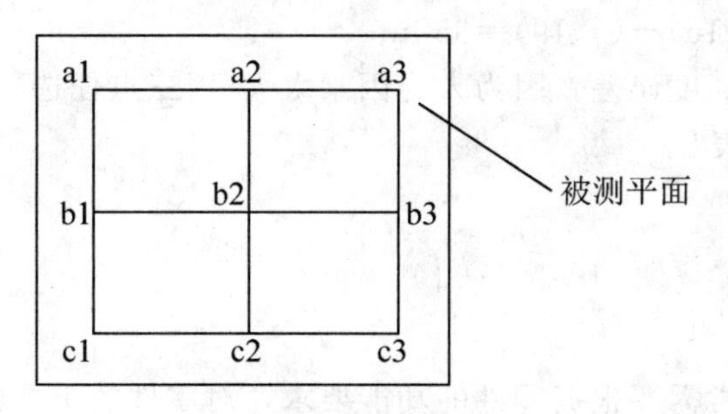

图 3.25 平面度测量布点

坐标变换，将测得值转换为与评定方法相应的评定基准的坐标值。其平面坐标值可按图 3.26 所示的规律，不影响实际被测平面的真实情况。然后根据判断准则列方程，求出 P、Q 值。

0	P	$2P$	…	nP
Q	$P+Q$	$2P+Q$	…	$nP+Q$
$2Q$	$P+2Q$	$2P+2Q$	…	$nP+2Q$
⋮	⋮	⋮	⋮	⋮
nQ	$P+nQ$	$2P+nQ$…	…	$nP+nQ$

图 3.26 平面度测量坐标规律

举例说明：图 3.27 为一平面相对检验平板的坐标值，按上述方法评定平面度误差。

解 1：三点法

任取三点+4、−9、−10，按图 3.27 所示的规律列出三点等值方程，如图 3.28 所示：

$$+4+P=-9+2P+Q$$
$$-10+2Q=+4+P$$

0	+4	+6
−5	+20	−9
−10	−3	+8

图 3.27 平面误差测得值

0	$+4+P$	$+6+2P$
$-5+Q$	$+20+P+Q$	$-9+2P+Q$
$-10+2Q$	$-3+P+2Q$	$+8+2P+2Q$

图 3.28 平面度误差测量坐标变换

由上式解出 $P=+4$，$Q=+9$，按图 3.26 所示规律和 P、Q 值转换被测平面的坐标值，得到图 3.28 的形式，同时可以按三点法计算测量结果，如图 3.29 所示。

所以，平面度误差＝(+34)−0＝34μm

解 2：对角线法

按图 3.28 所示规律列出两等值对角点的等值方程：

$$0=+8+2P+2Q$$
$$+6+2P=-10+2Q$$

解得 $P=-6$，$Q=+2$。按图 3.26 所示规律和 P、Q 值转换被测平面的坐标值得到图 3.30所示的结果。

[0]	+8	+14
+4	+33	+8
+8	+19	[+34]

图 3.29 三点法

0	+2	−6
−3	[+16]	[−19]
−6	−5	0

图 3.30 对角线法

其平面度误差=(+16)-(-19)=35μm

注：用三点法求平面度误差，因为人为因素太大(因三点任选)，一般不采用。

(4) 完成实训报告表3。

一、公差原则

在设计零件时，常常需要根据零件的功能要求，对零件的重要几何要素给定必要的尺寸公差和形位公差来限制误差。确定尺寸公差与形位公差之间的相互关系所遵循的原则称为公差原则。

1. 常用术语

1) 作用尺寸

单一要素的作用尺寸简称作用尺寸(MS)，是实际尺寸和形状误差的综合结果。

(1) 体外作用尺寸：是指在被测要素的给定长度上，与实际内表面(孔)外接的最大理想表面，或与实际外表面(轴)外接的最小理想面的直径或宽度。

对于单一被测要素，内表面(孔)的(单一)作用尺寸以 D_{fe} 表示；外表面(轴)的(单一)作用尺寸以 d_{fe} 表示。

(2) 体内作用尺寸：是指在被测要素的给定长度上，与实际内表面(孔)内接的最小理想面，或与实际外表面(轴)内接的最大理想面的直径或宽度。

对于单一被测要素，内表面(孔)的(单一)体内作用尺寸以 D_{fi} 表示，外表面(轴)的(单一)体内作用尺寸以 d_{fi} 表示，如图3.31所示。

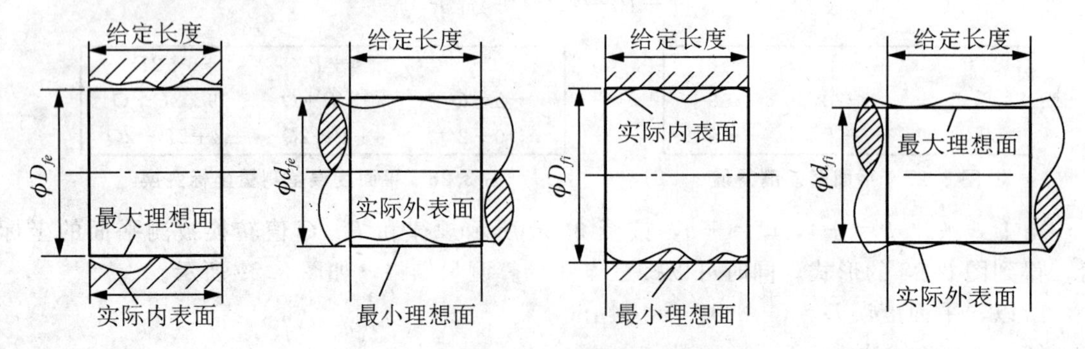

图3.31 体外作用尺寸和体内作用尺寸

2) 关联作用尺寸

关联要素的作用尺寸简称关联作用尺寸，是实际尺寸和位置误差的综合结果。它是指假想在结合面的全长上与实际孔内接(或与实际轴外接)的最大(或最小)理想轴(或理想孔)的尺寸，且该理想轴(或理想孔)必须与基准保持图样上给定的几何关系。

(1) 最大实体状态(MMC)：指实际要素在给定长度上处处位于尺寸极限内并具有实体最大的状态。

最大实体尺寸是实际要素在最大实体状态下的极限尺寸。内表面(孔)为最小极限尺寸；外表面(轴)为最大极限尺寸(MMC=D_{min}；d_{max})。

(2) 最小实体状态(LMC)：指实际要素在给定长度上处处位于尺寸极限之内并具有实

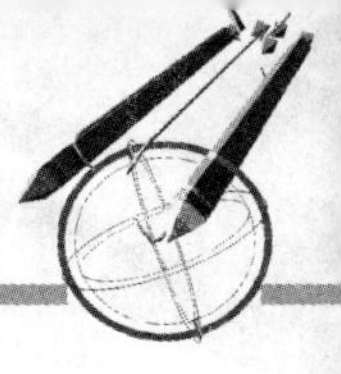

体最小的状态。

最小实体尺寸是实际要素在最小实体状态下的极限尺寸。内表面(孔)为最大极限尺寸；外表面(轴)为最小极限尺寸(LMC＝D_{max}；d_{min})。

(3) 最大实体实效状态(MMVC)：是指在给定长度上，实际要素达到最大实体尺寸且形位或位置误差达到给出的公差值时的综合极限状态。

最大实体实效尺寸(MMVS)：在最大实体实效状态下的体外作用尺寸。

(4) 最小实体实效状态(LMVC)：是指在给定长度上，实际要素处于最小实体状态，且形状或位置误差达到给出的公差值时的综合极限状态。

(5) 最小实体实效尺寸(LMVS)：最小实体实效状态下的体内作用尺寸。

3) 理想边界

理想边界是指设计时给定的，具有理想形状的极限边界，如图 3.32 所示。

(1) 最大实体边界(MMB 边界)：当理想边界的尺寸等于最大实体尺寸时，该理想边界称为最大实体边界。

(2) 最大实体实效边界(MMVB 边界)：当理想边界尺寸等于最大实体实效尺寸时，该理想边界称为最大实体实效边界。

(3) 最小实体边界(LMB 边界)：当理想边界的尺寸等于最小实体尺寸时，该理想边界称为最小实体边界。

(4) 最小实体实效边界(LMVB 边界)；当理想边界尺寸等于最小实体实效尺寸时，该理想边界称为最小实体实效边界。

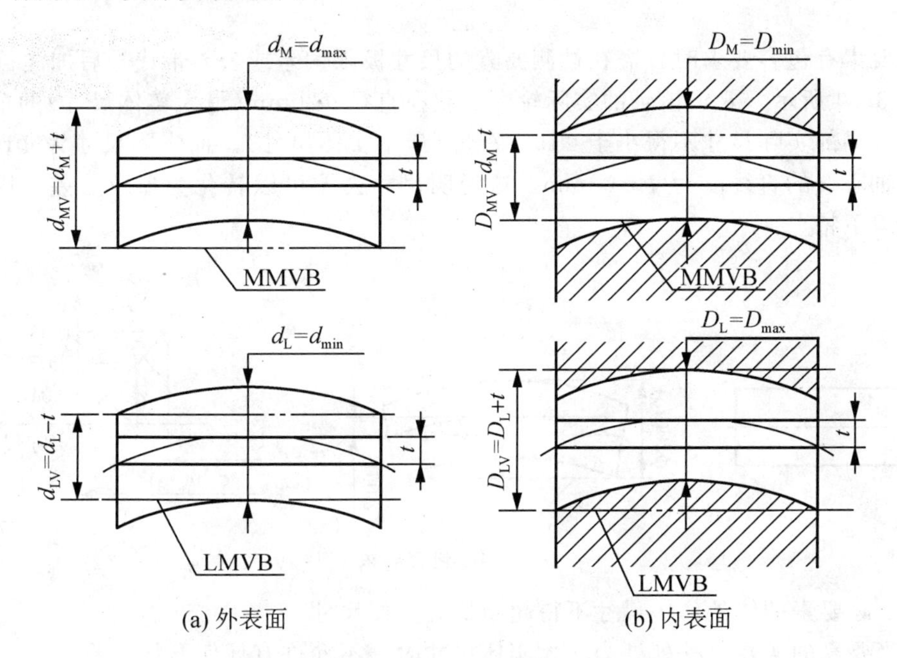

图 3.32　最大、最小实体实效尺寸及边界

单一要素的实效边界没有方向或位置的约束；关联要素的实效边界应与图样上给定的基准保持正确的几何关系。

2. 独立原则

独立原则是指图样上给定的形位公差与尺寸公差相互无关，分别满足各自公差要求。标注时不需要附加任何表示相互关系的符号。

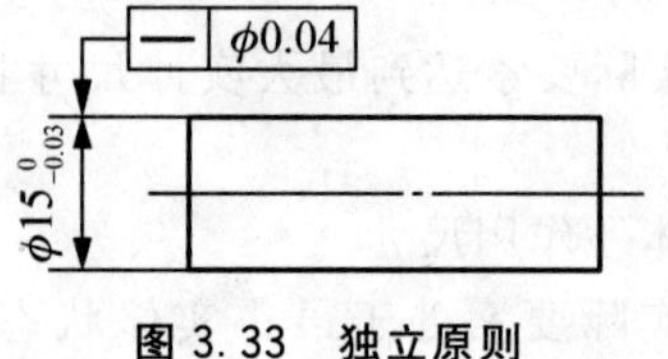

图 3.33 独立原则

如图 3.33 所示，无论轴的轴线直线度误差为多少，轴的任意位置的直径尺寸必须在 Φ14.97mm～Φ15mm 范围内。Φ0.04mm 只限制轴线的直线度误差，不论实际尺寸为多少，轴线的直线度误差不允许大于 0.04mm。

3. 相关要求

相关要求是指图样上给定的形位公差与尺寸公差相互有关的原则。它分为包容要求、最大实体要求、最小实体要求和可逆要求。可逆要求不能单独使用，只能与最大实体要求或最小实体要求一起应用。

1）包容要求

包容要求是指既要求实际要素处处不得超越最大实体边界，又要求实际要素的局部实际尺寸不得小于最小实体尺寸。即当被测要素的局部实际尺寸处处加工到最大实体尺寸时，形位误差为零，具有理想形状。此要求仅用于形状公差。按包容要求，图样上只给出尺寸公差，但这种公差具有双重职能，即综合控制被测要素的实际尺寸变动量和形状误差的职能。包容要求主要应用于有配合要求，且其极限间隙或极限过盈必须严格得到保证的场合。

被测要素有包容要求时，需在被测要素的尺寸极限偏差或公差带代号后加注符号Ⓔ。

如图 3.34 所示，要求该轴的实际轮廓必须在直径 Φ20mm(最大实体尺寸)的最大实体边界内，其局部实际尺寸不得小于 Φ19.97mm(最小实体尺寸)。而实际尺寸为 Φ19.97mm 时，允许轴心线的直线度为 Φ0.03mm。这说明尺寸公差可以转化为形位公差，因而包容要求具有以下特点。

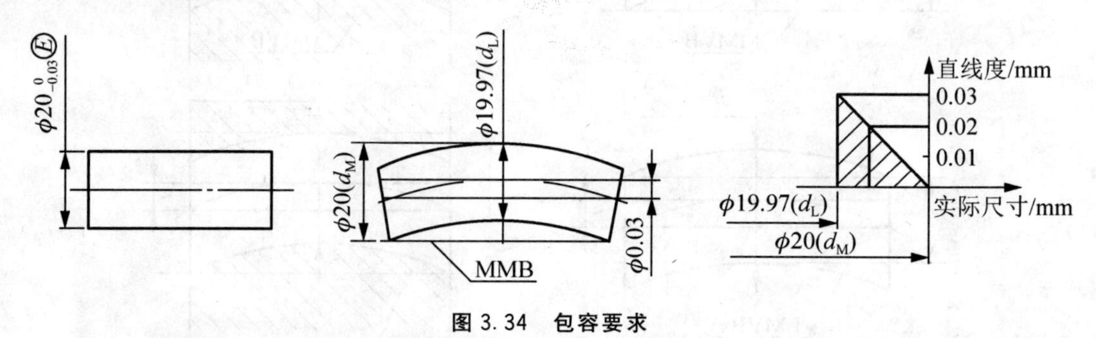

图 3.34 包容要求

(1) 实际要素的体外作用尺寸不得超越最大实体尺寸。

(2) 当要素的实际尺寸处处为最大实体尺寸时，不允许有任何形状误差。

(3) 当要素的实际尺寸偏离最大实体尺寸时，其偏离量可补偿给形位误差。

(4) 要素的局部实际尺寸不得超出最小实体尺寸。

2）最大实体要求(MMR)

最大实体要求是指要求被测要素的实际轮廓应遵守其最大实体实效边界，当其实际尺寸偏离最大实体尺寸时，允许其形位误差值超出在最大实体状态下给出的公差值的要求。

换句话说，最大实体要求是被测要素或基准要素偏离最大实体状态，而其形状、定向、定位公差获得补偿的一种公差原则。最大实体要求仅用于中心要素。对于平面、直线等轮廓要素，由于不存在尺寸公差对形位公差的补偿问题，因而不具备应用条件。采用最大实体要求的目的是保证装配互换。

被测要素遵循最大实体要求时，需要在被测要素的尺寸极限偏差或公差带代号后加注符号Ⓜ。将最大实体要求应用于被测要素时，被测要素的实际轮廓应遵守其最大实体实效边界，即在给定长度上处处不得超出最大实体实效边界。也就是说，其体外作用尺寸不得超出最大实体实效尺寸。而且，其局部实际尺寸不得超出最大和最小实体尺寸。

对于内表面(孔)　　$D_{fe} \geqslant D_{MV}$　且 $D_M = D_{\min} \leqslant D_a \leqslant D_L = D_{\max}$

对于外表面(轴)　　$d_{fe} \leqslant d_{MV}$　且 $d_M = d_{\max} \geqslant d_a \geqslant d_L = d_{\min}$

最大实体要求的特点如下。

(1) 被测要素遵守最大实体实效边界，即被测要素的体外作用尺寸不超过最大实体实效尺寸。

(2) 当被测要素的局部实际尺寸处处均为最大实体尺寸时，允许的形位误差为图样上给定的形位公差值。

(3) 当被测要素的实际尺寸偏离最大实体尺寸后，其偏离量可补偿给形位公差，允许的形位误差为图样上给定的形位公差值与偏离量之和。

(4) 实际尺寸必须在最大实体尺寸和最小实体尺寸之间变化。

3) 最小实体要求(LMR)

这是与最大实体要求相对应的另一种相关要求。最小实体要求是指要求被测要素的实际轮廓应遵守其最小实体实效边界，当其实际尺寸偏离最小实体尺寸时，允许其形位误差值超出在最小实体状态下给出的公差值的一种公差要求。最小实体要求仅用于中心要素。应用最小实体要求的目的是保证零件的最小壁厚和设计强度。

最小实体要求应用于被测要素时，被测要素的实际轮廓应遵守其最小实体实效边界，即在给定长度上处处不得超出最小实体实效边界。也就是说，其体内作用尺寸不得超出最小实体实效尺寸。而且，其局部实际尺寸不得超出最大和最小实体尺寸。

对于内表面(孔)$D_{fi} \leqslant D_{LV}$且 $D_M = D_{\min} \leqslant D_a \leqslant D_L = D_{\max}$

对于外表面(轴)$d_{fi} \geqslant d_{LV}$且 $d_M = d_{\max} \geqslant d_a \geqslant d_L = d_{\min}$

将最小实体要求应用于被测要素时，被测要素的形位公差值是在该要素处于最小实体状态时给出的。当被测要素的实际轮廓偏离其最小实体状态，即实际尺寸偏离最小实体尺寸时，形位误差值可以超出最小实体状态下给出的形位公差值，此时的形位公差值可以增大。

被测要素遵循最小实体要求时，需在被测要素的尺寸极限偏差或公差带代号后加注符号Ⓛ。图 3.35 所示的轴采用了最小实体要求，当轴的实体尺寸为最小实体尺寸 Φ19.7mm 时，轴心的直线度公差为给定值 Φ0.1mm，如图 3.35(b)所示，轴的最小实体实效尺寸

$$d_{LV} = d_{\min} - t = \Phi(19.7 - 0.1)\text{mm} = \Phi 19.6\text{mm}$$

当轴的实际尺寸偏离最小实体尺寸时，直线度误差允许增大，即尺寸公差补偿给形位公差。当轴的实际尺寸为最大实体尺寸 Φ20mm 时，直线度误差允许达到的最大值 Φ0.1mm＋0.3mm＝Φ0.4mm。图 3.35(c)为其补偿的动态公差图。

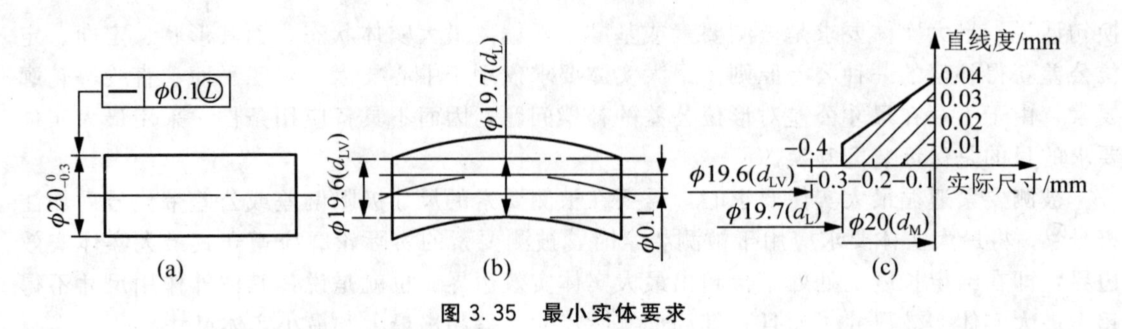

图 3.35　最小实体要求

4）可逆要求(RR)

可逆要求是当中心要素的形位误差小于给出的形位公差时，允许在满足零件功能要求的前提下扩大尺寸公差的一种公差要求。前面分析的最大实体要求和最小实体要求是说当实际尺寸偏离最大实体尺寸或最小实体尺寸时，允许其形位误差值增大，即可获得一定的补偿量，而实际尺寸受其极限尺寸控制，不得超出。但可逆要求反过来用形位公差可以补偿给尺寸公差，即允许相应的尺寸公差增大。

可逆要求可以用于最大实体要求，也可以用于最小实体要求，但可逆要求不能单独使用。当可逆要求用于最大实体要求或最小实体要求时，并没有改变它们原来所遵守的极限边界，只是在原有尺寸公差补偿形位公差关系的基础上，增加形位公差补偿尺寸公差的关系，为加工时根据需要分配尺寸公差和形位公差提供方便。可逆要求用于最大实体要求时主要应用于公差及配合无严格要求，仅要求保证装配互换的场合。可逆要求一般很少用于最小实体要求。

可逆要求用于最大实体要求时，在符号Ⓜ后加注符号Ⓡ。用于最小实体要求时，在符号Ⓛ后加注符号Ⓡ。

二、形位公差的选择

形位误差对零部件的加工和使用性能有很大的影响。因此，正确合理地选择形位公差对保证机器及零件的功能要求和提高经济效益十分重要。形位公差的选择主要包括形位公差项目、基准、公差值(公差等级)的选择和公差原则的选择等。

1. 形位公差项目的选择

形位公差项目一般是根据零件的几何特征、使用要求和经济性等方面因素，综合考虑确定的。在保证零件的功能要求的基础上，应尽量使形位公差项目减少，检测方法简单并能获得较好的经济效益。选用形位公差项目时主要从以下几点进行考虑。

1）零件的几何结构特征

它是选择被测要素公差项目的基本依据。例如，轴类零件的外圆可能出现圆度、圆柱度误差；零件平面要素会出现平面度误差；阶梯轴(孔)会出现同轴度误差；槽类零件会出现对称度误差；凸轮类零件会出现轮廓度误差等。

2）零件的功能使用要求

着重从要素的形位误差对零件在机器中的使用性能所产生的影响角度考虑，确定所需的形位公差项目，如对活塞两销孔的轴线提出了同轴度的要求，同时对活塞外圆柱面提出了圆柱度公差、用以控制圆柱体表面的形状误差。

3）形位公差项目的综合控制职能

各形位公差项目的控制功能都不尽相同，选择时要尽量发挥它们综合控制的职能，以便减少形位公差的项目，如圆柱度可综合控制圆度、直线度等误差。

4）检测的方便性

选择的形位公差项目要与检测条件相结合，同时考虑检测的可行性和经济性。如果同样能满足零件的使用要求，应选择检测简便的项目。如对于轴类零件，可用径向圆跳动或径向全跳动代替圆度、圆柱度以及同轴度公差。跳动公差的检测方便，具有较好的综合性能。

2. 基准要素的选择

基准要素的选择包括基准部位的选择、基准数量的确定、基准顺序的合理安排等。

1）基准部位的选择

主要根据设计和使用要求、零件的结构特点，并综合考虑基准的统一等原则，在满足功能要求的前提下，一般选用加工或装配中精度较高的表面作为基准，力求使设计和工艺基准重合，消除基准不统一产生的误差，同时简化夹具、量具的设计与制造。基准要素应具有足够的刚度和尺寸，确保定位稳定可靠。

2）基准数量的确定

一般根据公差项目的定向、定位几何功能要求来确定基准的数量。定向公差大多只需要一个基准，而定位公差则需要一个或多个基准。

3）基准顺序的安排

当选择两个或两个以上的基准要素时，必须确定基准要素的顺序，并按顺序填入公差框格中。基准顺序的安排主要考虑零件的结构特点以及装配和使用要求。

3. 形位公差值的选择

形位公差等级的选择原则与尺寸公差的选用原则基本相同。在满足零件的功能要求的前提下选取最经济的公差值，即尽量选用低的公差等级。确定形位公差值的方法常采用类比法。类比法是指参考现有的手册和资料，参照经过验证的类似产品的零、部件，通过对比分析，确定其公差值。采用类比法确定形位公差值时应考虑以下几个因素。

（1）零件的结构特点，对于结构复杂、刚性差(如细长轴、薄壁件等)或不易加工和测量的零件，在满足零件功能要求的情况下，适当选择低的公差等级。

（2）通常在同一要素上给定的形状公差值应小于位置公差值，对于圆柱形零件的形状公差值(轴线直线度除外)一般应小于其尺寸公差值。平行度公差值应小于其相应的尺寸公差值。

（3）有配合要求时形状公差与尺寸公差的关系。

（4）在通常情况下，表面粗糙度的 R_a 值约占形状公差值的 20%～25%。

按照国家标准，除了线轮廓度、面轮廓度以及位置度未规定公差等级外，其余形位公差项目均已划分了公差等级。一般分为 12 级，即 1 级、2 级、……、12 级，精度依次降低。其中圆度和圆柱度划分为 13 级，增加了一个 0 级，以便适应精密零件的需要。各个公差项目的等级公差值见表 3－7 至表 3－10。

表 3-7 直线度和平面度

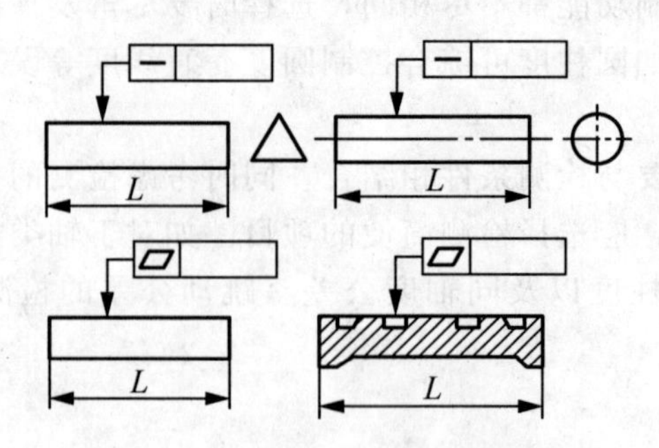

主要参数 L/mm	公差等级/μm											
	1	2	3	4	5	6	7	8	9	10	11	12
≤10	0.2	0.4	0.8	1.2	2	3	5	8	12	20	30	60
>10~16	0.25	0.5	1	1.5	2.5	4	6	10	15	25	40	80
>16~25	0.3	0.6	1.2	2	3	5	8	12	20	30	50	100
>25~40	0.4	0.8	1.5	2.5	4	6	10	15	25	40	60	120
>40~63	0.5	1	2	3	5	8	12	20	30	50	80	150
>63~100	0.6	1.2	2.5	4	6	10	15	25	40	60	100	200

表 3-8 圆度和圆柱度

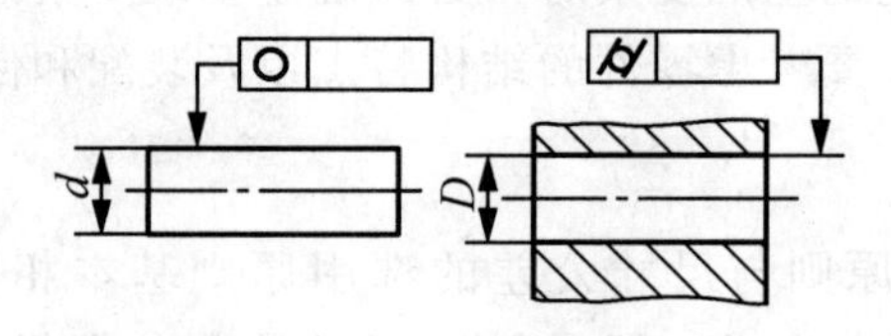

主要参数 D(d)/mm	公差等级/μm												
	0	1	2	3	4	5	6	7	8	9	10	11	12
≤3	0.1	0.2	0.3	0.5	0.8	1.2	2	3	4	6	10	14	25
>3~6	0.1	0.2	0.4	0.6	1	1.5	2.5	4	5	8	12	18	30
>6~10	0.12	0.25	0.4	0.6	1	1.5	2.5	4	6	9	15	22	36
>10~18	0.15	0.25	0.5	0.8	1.2	2	3	5	8	11	18	27	43
>18~30	0.2	0.3	0.6	1	1.5	2.5	4	6	9	13	21	33	52
>30~50	0.25	0.4	0.6	1	1.5	2.5	4	7	11	16	25	39	62
>50~80	0.3	0.5	0.8	1.2	2	3	5	8	13	19	30	46	74

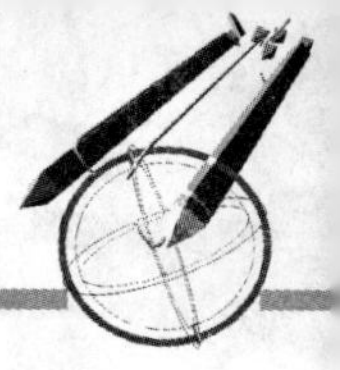

表 3-9　平行度、垂直度和倾斜度

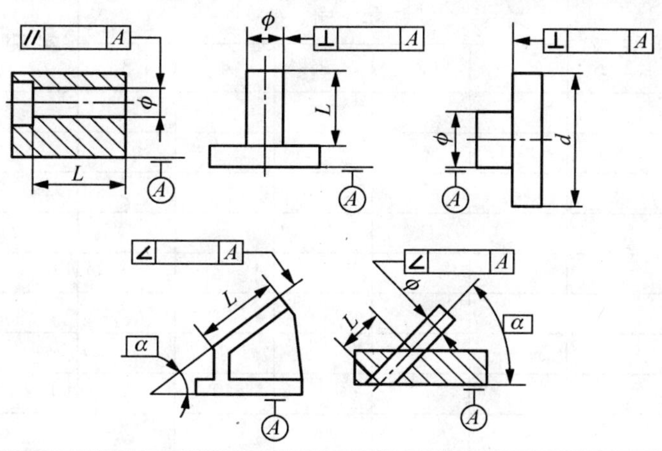

主要参数 L、D、d/mm	公差等级/μm											
	1	2	3	4	5	6	7	8	9	10	11	12
≤10	0.4	0.8	1.5	3	5	8	12	20	30	50	80	120
>10～16	0.5	1	2	4	6	10	15	25	40	60	100	150
>16～25	0.6	1.2	2.5	5	8	12	20	30	50	80	120	200
>25～40	0.8	1.5	3	6	10	15	25	40	60	100	150	250
>40～63	1	2	4	8	12	20	30	50	80	120	200	300
>63～100	1.2	2.5	5	10	15	25	40	60	100	150	250	400

表 3-10　同轴度、对称度、圆跳动和全跳动

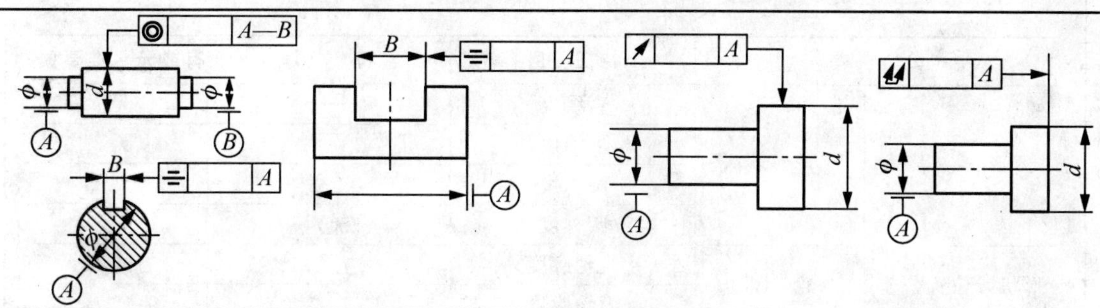

主要参数 D(d)/mm	公差等级/μm											
	1	2	3	4	5	6	7	8	9	10	11	12
≤1	0.4	0.6	1	1.5	2.5	4	6	10	15	25	40	60
>1～3	0.4	0.6	1	1.5	2.5	4	6	10	20	40	60	120
>3～6	0.5	0.8	1.2	2	3	5	8	12	25	50	80	150
>6～10	0.6	1	1.5	2.5	4	6	10	15	30	60	100	200
>10～18	0.8	1.2	2	3	5	8	12	20	40	80	120	250
>18～30	1	1.5	2.5	4	6	10	15	25	50	100	150	300
>30～50	1.2	2	3	5	8	12	20	30	60	120	200	400
>50～120	1.5	2.5	4	6	10	15	25	40	80	150	250	500

实训报告表3　形位公差的检测

项目测量	图样要求	实测值					实测结果	结论
		1	2	3	4	5		
平行度								
垂直度								
同轴度								
跳动								
平面度								

项目小结

1. 形位公差的定义

形位公差是指形状和位置公差，简称形位公差。

2. 形位公差的特征项目和符号

公差		特征项目	符号	有或无基准要素
形状公差	形状	直线度	—	无
		平面度	⏥	无
		圆度	○	无
		圆柱度	⌭	无
形状或位置公差	轮廓	线轮廓度	⌒	有或无
		面轮廓度	⌓	有或无
位置公差	定向	平行度	//	有
		垂直度	⊥	有
		倾斜度	∠	有
	定位	位置度	⌖	有或无
		同轴(同心)度	◎	有
		对称度	⌯	有
	跳动	圆跳动	↗	有
		全跳动	⌰	有

3. 形位公差的标注

在技术图样中，用形位公差代号标注零件的形位公差要求，能更好地表达设计意图，使工艺、检测有统一的理解，从而更好地保证产品的质量。形位公差代号由两格或多格的矩形方框组成，且在从左至右的格中依次填写形位公差特征项目符号、形位公差值、基准符号和其他附加符号等。

4. 公差原则

在设计零件时，常常需要根据零件的功能要求，对零件的重要几何要素给定必要的尺寸公差和形位公差来限制误差。确定尺寸公差与形位公差之间的相互关系所遵循的原则称为公差原则。

5. 形位公差的选择

形位误差对零部件的加工和使用性能有很大的影响。因此，正确合理地选择形位公差对保证机器及零件的功能要求和提高经济效益十分重要。

1）形位公差项目的选择

形位公差项目一般是根据零件的几何特征、使用要求和经济性等方面因素，综合考虑确定的。在保证零件的功能要求的基础上，应尽量使形位公差项目减少，检测方法简单并能获得较好的经济效益。

2）基准要素的选择

基准要素的选择包括基准部位的选择、基准数量的确定、基准顺序的合理安排等。

3）形位公差值的选择

形位公差等级的选择原则与尺寸公差的选用原则基本相同。在满足零件的功能要求的前提下选取最经济的公差值，即尽量选用低的公差等级。确定形位公差值的方法常采用类比法。

按照国家标准，除了线轮廓度、面轮廓度以及位置度未规定公差等级外，其余形位公差项目均已划分了公差等级。一般分为12级，即1级、2级、……12级，精度依次降低。其中圆度和圆柱度划分为13级，增加了一个0级，以便适应精密零件的需要。

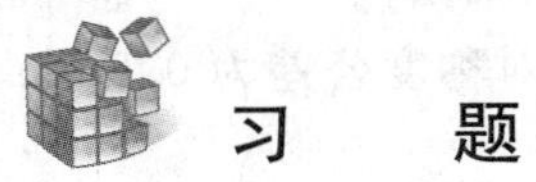

习　题

3.1　判断题

（1）形位公差用于限制几何要素的形状和位置误差，其研究对象是要素。（　）

（2）形状公差带不涉及基准，其公差带的位置是浮动的，与基准要素无关。（　）

（3）实际要素即为被测要素，基准要素即为中心要素。（　）

（4）圆度公差对于圆柱是在垂直于轴线的任一正截面上量取，而对于圆锥则是在法线方向测量。（　）

（5）被测要素为轮廓要素时，框格箭头应与被测要素的尺寸线对齐。（　）

(6) 位置公差就是位置度公差的简称，故位置度公差可以控制所有的位置误差。 ( )

(7) 对同一被测要素给定相同的公差值，全跳动比圆跳动要求高。 ( )

3.2 选择题

(1) 下面的直线度公差中，标注正确的是( )。

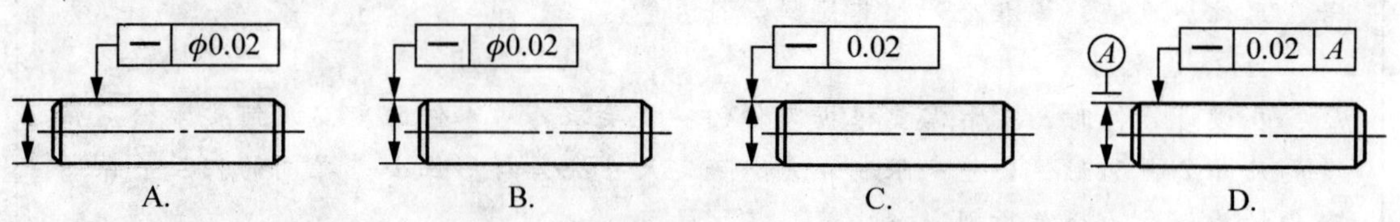

(2) 测量径向圆跳动误差时，指示表测头应( )。

A. 垂直于轴线　　B. 平行于轴线　　C. 倾斜于轴线　　D. 与轴线重合

(3) 在下面的同轴度公差中，( )标注正确。

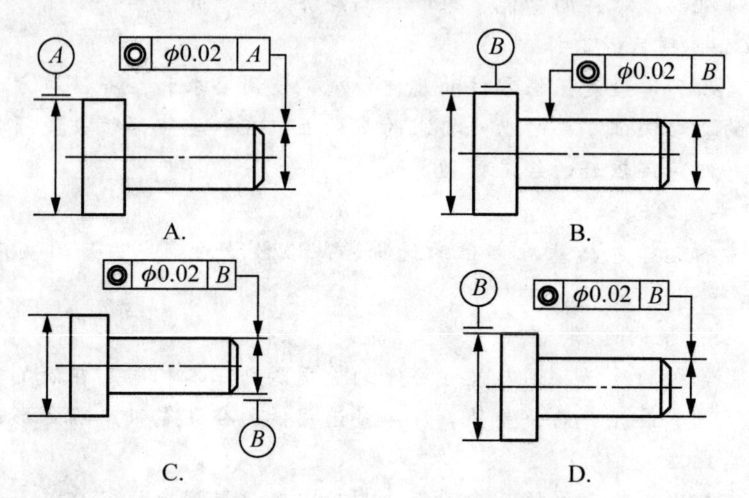

(4) 同轴度公差属于( )。

A. 形状公差　　B. 定位公差　　C. 定向公差　　D. 跳动公差

(5) 在图样上标注形位公差时，当公差值前面加注了 ϕ 时，该被测要素的公差带形状是( )。

A. 两同心圆或球形　　B. 两同轴圆柱　　C. 圆或圆柱　　D. 圆形或球形

(6) 某轴线对基准中心平面的对称度公差为 0.2mm，则允许该轴线对基准中心平面的偏离量为( )mm。

A. 0.2　　B. 0.05　　C. 0.1　　D. 0.12

(7) 一般说来，作用尺寸是( )综合的结果。

A. 实际尺寸与形位公差　　B. 实际偏差与形位公差

C. 实际偏差与形位误差　　D. 实际尺寸与形位误差

(8) 测得某圆轴相对于基准轴线的径向圆跳动为 0.05mm，若其形状误差(圆度)忽略不计，则该轴相对于同一基准的同轴度误差大约为( )mm。

A. 0.1　　B. 0.05　　C. 0.025

3.3 指出图 3.36 中形位公差标注的错误，并加以改正(不变更形位公差项目)。

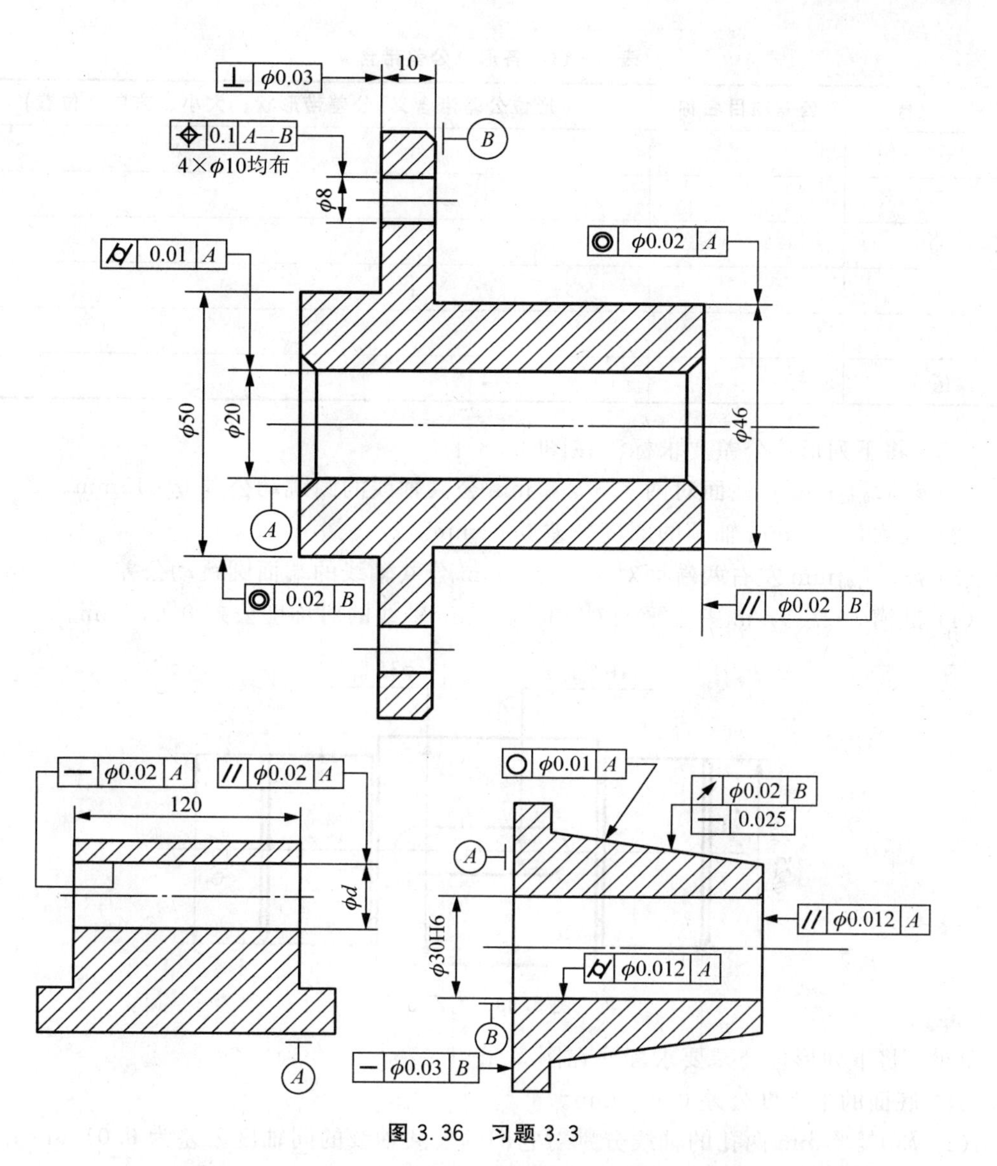

图 3.36　习题 3.3

3.4　用文字解释图 3.37 中各形位公差标注的含义并填写表 3-11。

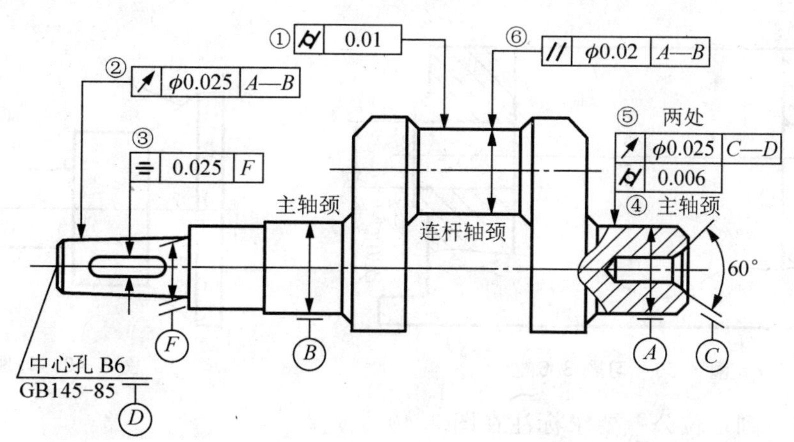

图 3.37　习题 3.4

表 3-11 各形位公差带含义

序号	公差项目名称	形位公差带含义(公差带形状、大小、方向、位置)
①		
②		
③		
④		
⑤		
⑥		

3.5 将下列形位公差要求标注在图 3.38 上。

(1) $\phi35_{-0.03}^{0}$ mm 圆柱面对两 $\phi25_{-0.021}^{0}$ mm 公共轴线的圆跳动公差 0.015mm。

(2) 两 $\phi25_{-0.021}^{0}$ mm 轴颈的圆度公差 0.01mm。

(3) $\phi35_{-0.03}^{0}$ mm 左右两端面对 $\phi25_{-0.021}^{0}$ mm 公共轴线的端面圆跳动公差 0.02mm。

(4) 键槽 $10_{-0.036}^{0}$ mm 中心平面对 $\phi35_{-0.03}^{0}$ mm 轴线的对称度公差 0.015mm。

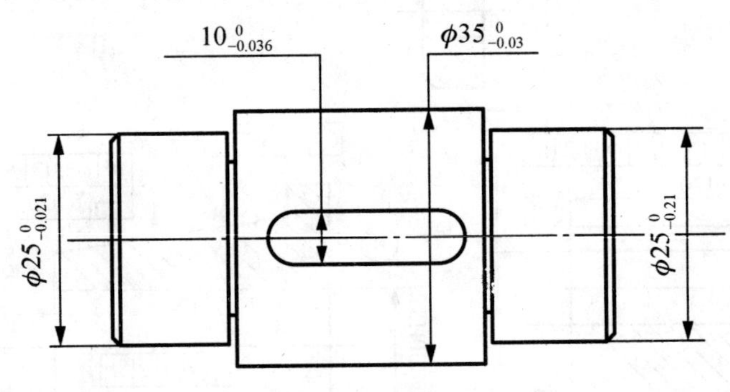

图 3.38 习题 3.5

3.6 将下列形位公差要求标注在图 3.39 上。

(1) 底面的平面度公差 0.012mm。

(2) $\phi30_{0}^{+0.021}$ mm 两孔的轴线分别对它们的公共轴线的同轴度公差为 0.015mm;

(3) 两 $\phi30_{0}^{+0.021}$ mm 孔的公共轴线对底面的平行度公差 0.01mm。

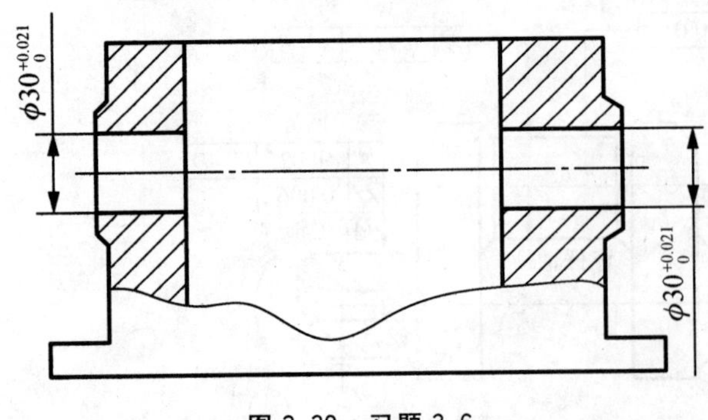

图 3.39 习题 3.6

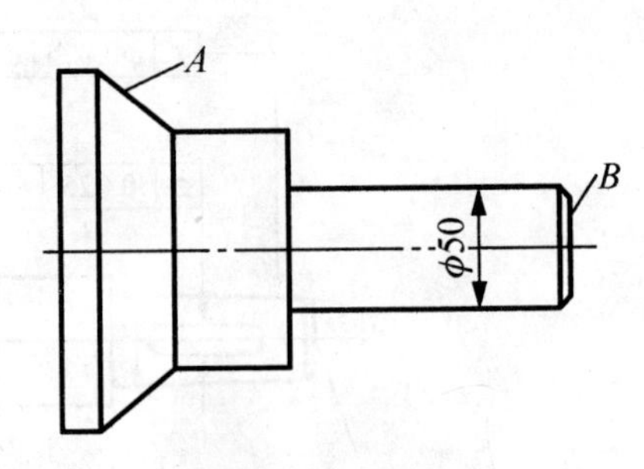

图 3.40 习题 3.7

3.7 将下列形位公差要求标注在图 3.40 上。

(1) 圆锥面 A 的圆度公差 0.01mm，素线的直线度公差 0.01mm，圆锥面 A 轴线对

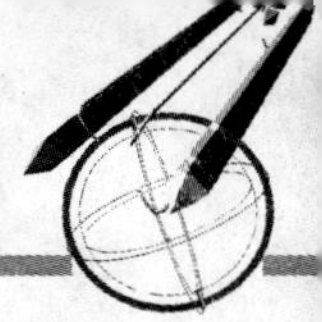

$\phi50$ 轴的同轴度公差 0.015mm。

(2) $\phi50$ 圆柱面的圆柱度公差 0.012mm，$\phi50$ 轴线的直线度公差为 0.008mm。

(3) 右端面 B 对 $\phi50$ 轴线的圆跳动公差 0.01mm。

3.8　将下列形位公差要求标注在图 3.41 上。

(1) 平面 A 对两个 $\phi25$mm 孔的公共轴线的平行度公差 0.015mm；

(2) 相距 60mm 的两平行平面的中心平面对平面 A 的垂直度公差 0.03mm。

(3) 宽度为 10mm 的槽相对于相距 60mm 的两平行平面中心的对称度公差 0.04mm。

(4) 平面 A 的平面度公差 0.01mm。

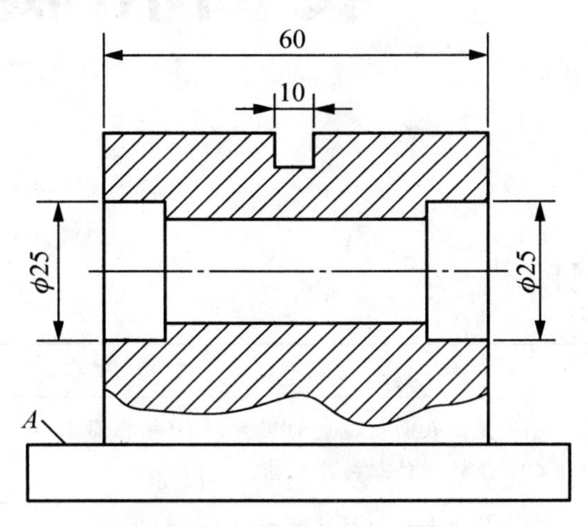

图 3.41　习题 3.8

3.9　标注形位公差时，作为基准的大写拉丁字母，哪几个不能采用？

3.10　标注圆锥面的圆度公差时，为什么公差框格的指引线箭头要垂直于圆锥轴线？

项目4

表面粗糙度测量

学习情境设计

序　号	情境(课时)	主 要 内 容
1	任务(0.2)	(1) 提出表面粗糙度的测量任务(根据图 4.1) (2) 分析零件粗糙度要求
2	信息(0.6)	(1) 介绍表面粗糙度的知识 (2) 双管光切显微镜的结构和使用方法 (3) 粗糙度样块的使用方法
3	计划(0.2)	(1) 根据被测要素，确定检测部位和测量次数 (2) 确定粗糙度的测量方案
4	实施(0.6)	(1) 洁净被测零件和计量器具的测量面 (2) 选择合适的计量器具，调整与校正计量器具 (3) 记录数据，数据处理
5	检查(0.2)	(1) 任务的完成情况 (2) 复查，交叉互检
6	评估(0.2)	(1) 分析整个工作过程，对出现的问题进行修改并优化 (2) 判断零件粗糙度的合格性 (3) 出具检测报告，资料存档。

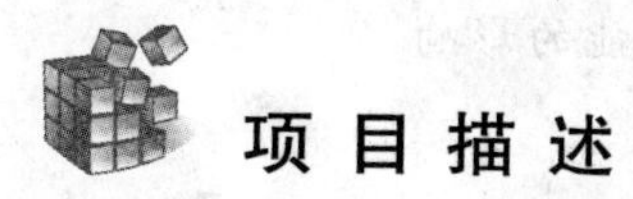

项 目 描 述

图 4.1 是一螺纹连接套，图中有“$\overset{1.6}{\surd}$”，其余“$\overset{3.2}{\surd}$”等标注，本项目将从以下几个方面进行学习。

(1) 要检测零件的表面粗糙度通常在生产实际中采用什么样的计量器具，辅助装置。

(2) 通常采用什么规格的计量器具，并就采用的计量器具阐述其使用方法。

(3) 若用粗糙度量块来检测，那么其使用方法又如何。

(4) 如何对计量器具进行保养与维护。

(5) 填写检测报告与数据处理。

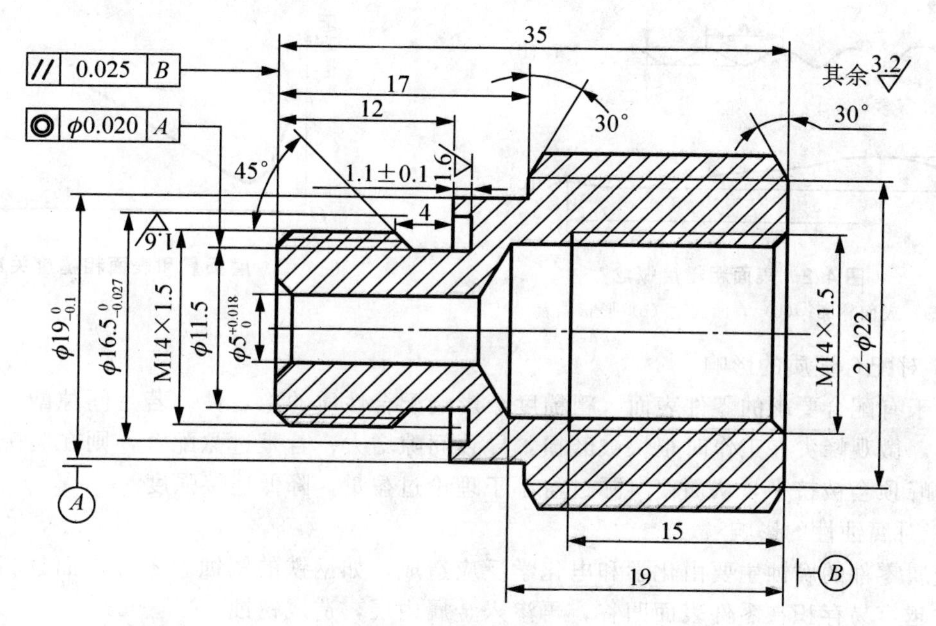

图 4.1　螺纹连接套

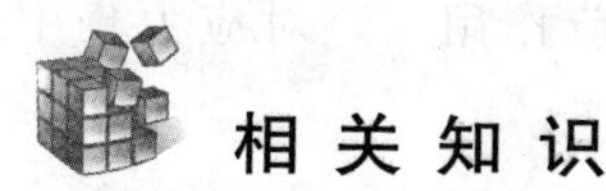

相 关 知 识

一、表面粗糙度的概念

1. 概念

经过机械加工的零件表面不可能是绝对平整和光滑的，实际上存在着一定程度宏观和微观几何形状误差。表面粗糙度是反映微观几何形状误差的指标，即微小的峰谷高低程度及其间距状况。

表面粗糙度和宏观几何形状误差(形状误差)、波度误差的区别，一般以波距小于1mm 为表面粗糙度；波距在 1～10mm 为波度；波距大于 10mm 属于形状误差，(国家尚无此划分标准，也有按波距 λ 和波峰高度 h 比值划分的，$\lambda/h<40$ 属于表面粗糙度；$\lambda/h=40\sim1\ 000$ 属于波度误差；$\lambda/h>1\ 000$ 为形状误差)，如图 4.2 所示。

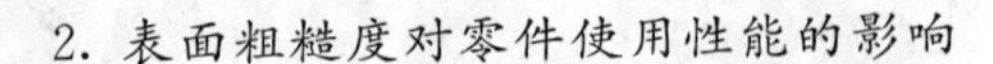

2. 表面粗糙度对零件使用性能的影响

1）对摩擦、磨损的影响

表面越粗糙，零件表面的摩擦系数就越大，两相对运动的零件表面磨损越快；若表面过于光滑，磨损下来的金属微粒的刻画作用、润滑油被挤出、分子间的吸附作用等，也会加快磨损。实践证明，磨损程度和表面粗糙度关系如图 4.3 所示。

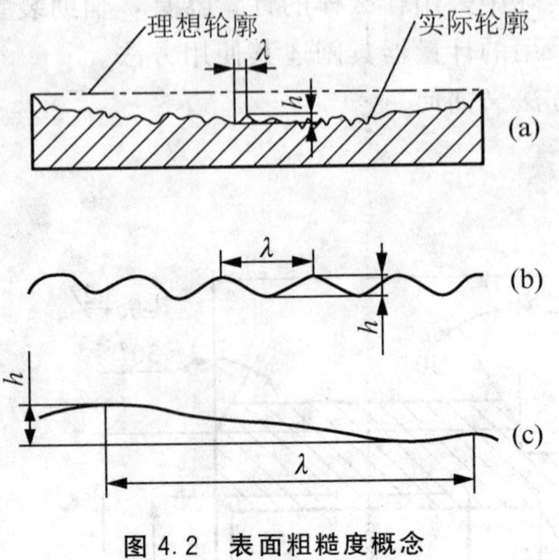

图 4.2　表面粗糙度概念

（a）表面轮廓；（b）表面波度（c）形状误差

图 4.3　磨损量和表面粗糙度关系

2）对配合性质的影响

对于有配合要求的零件表面，粗糙度会影响配合性质的稳定性。若是间隙配合，表面越粗糙，微观峰尖在工作时很快被磨损，导致间隙增大；若是过盈配合，则在装配时零件表面的峰顶会被挤平，从而使实际过盈小于理论过盈量，降低连接强度。

3）对腐蚀性的影响

金属零件的腐蚀主要由化学和电化学反应造成，如钢铁的锈蚀。零件表面越粗糙，腐蚀介质越容易存积在零件表面凹谷，再渗入金属内层，造成锈蚀。

4）对强度的影响

粗糙的零件表面，在交变载荷作用下，对应力集中很敏感，因而降低零件的疲劳强度。

5）对结合面密封性的影响

粗糙表面结合时，两表面只在局部点上接触，中间存在缝隙，降低密封性能。由此可见，在保证零件尺寸精度、形位公差的同时，应控制表面粗糙度。

二、表面粗糙度基本术语及评定

1. 取样长度 l

测量和评定表面粗糙度时所规定的一段基准长度，称为取样长度 l，如图 4.4 所示。规定取样长度是为了限制和减弱宏观几何形状误差，特别是波度对表面粗糙度测量结果的影响。一般取样长度至少包含 5 个轮廓峰和轮廓谷，表面越粗糙，取样长度应越大。

国家标准 GB/T 1031—1995《表面粗糙度、参数及其数值》规定的取样长度和评定长度见表 4-1。

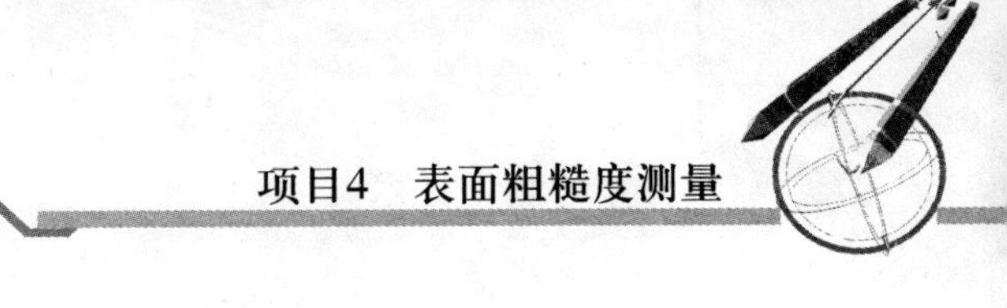

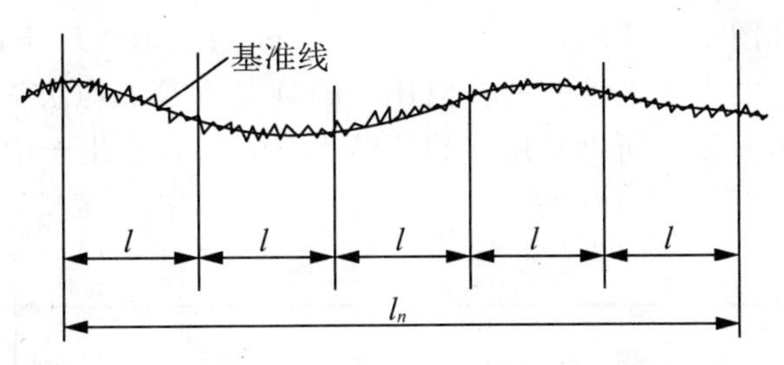

图 4.4　取样长度和评定长度

表 4－1　取样长度和评定长度的选用值　（摘自 GB/T 1031—1995）

R_a/μm	R_z、R_y/μm	l/mm	l_n/mm ($l_n=5l$)
≥0.008～0.02	≥0.025～0.10	0.08	0.4
＞0.02～0.10	＞0.10～0.50	0.25	1.25
＞0.10～2.0	＞0.50～10.0	0.8	4.0
＞2.0～10.0	＞10.0～50.0	2.5	12.5
＞10.0～80.0	＞50.0～320	8.0	40.0

注：R_a、R_z、R_y 为粗糙度评定参数。

2. 评定长度 l_n

评定长度是指评定轮廓表面所必需的一段长度。由于被加工表面粗糙度不一定很均匀，为了合理、客观地反映表面质量，往往评定长度包含几个取样长度。

如果加工表面比较均匀，可取 $l_n<5l$，若表面不均匀，则取 $l_n>5l$，一般取 $l_n=5l$。具体数值见表 4－1。

3. 轮廓中线(基准线)

轮廓中线是评定表面粗糙度参数值大小的一条参考线。下面介绍两种轮廓中线。

1）轮廓最小

二乘中线具有几何轮廓形状并划分轮廓的基准线，在取样长度内使轮廓上各点的轮廓偏距的平方和最小，如图 4.5 所示。

轮廓偏距是指轮廓线上的点到基准线的距离，如 y_1、y_2、y_3、…、y_n。

轮廓最小二乘中线的数学表达式为：

$$\int_0^l y^2 \mathrm{d}x = 最小值$$

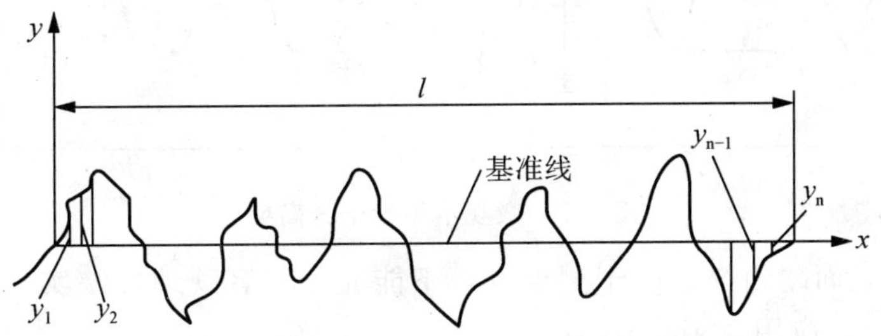

图 4.5　轮廓最小二乘中线示意图

2）轮廓算术平均中线

具有几何轮廓形状，在取样长度内与轮廓走向一致的基准线，该线划分轮廓并使上下两部分的面积相等，如图 4.6 所示，即：$F_1+F_3+\cdots+F_{2n-1}=F_2+F_4+\cdots+F_{2n}$。

用最小二乘法确定的中线是唯一的，但比较困难。算术平均法常用目测确定中线，是一种近似的图解，较为简便，所以常用它替代最小二乘法，在生产中得到广泛应用。

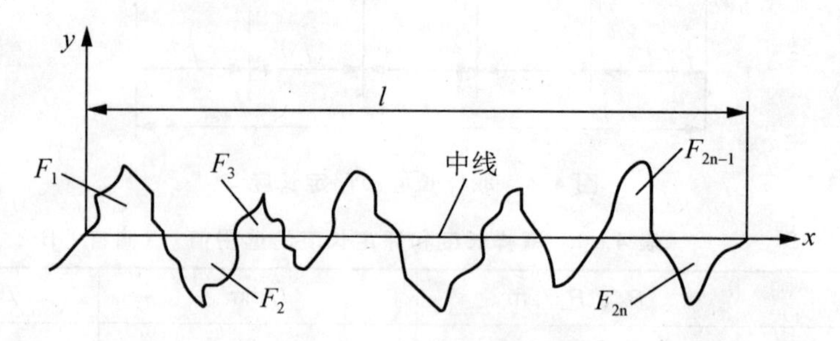

图 4.6　轮廓算术平均

三、表面粗糙度的评定参数

1. 轮廓算术平均偏差 Ra

在取样长度内，轮廓偏距绝对值的算术平均值，如图 4.5 所示。

$$R_a=\frac{1}{l}\int_0^l |y|\,dx$$

或近似为

$$R_a=\frac{1}{n}\sum_{i=1}^{n}|y_i|$$

R_a参数能较充分地反映表面微观几何形状，其值越大，表面越粗糙。

2. 微观不平度十点高度 R_z

在取样长度内，5 个最大的轮廓峰高的平均值与 5 个最大的轮廓谷深的平均值之和，如图 4.7 所示，R_z 的数学表达式为：

$$R_z=\frac{1}{5}\left(\sum_{i=1}^{5} y_{\mathrm{p}i}+\sum_{i=1}^{5} y_{\mathrm{v}i}\right)$$

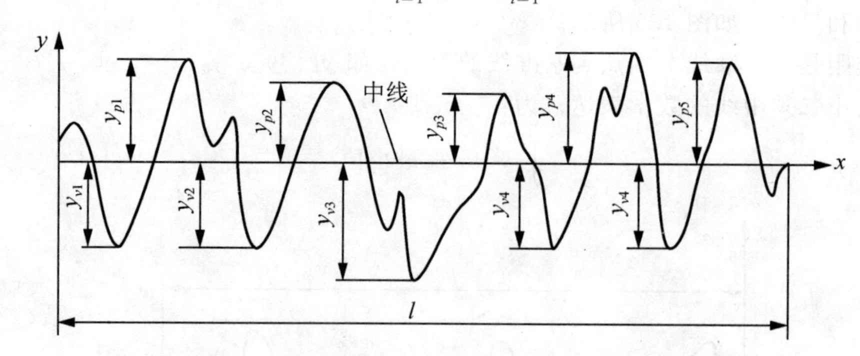

图 4.7　微观不平度十分高度

R_z 值越大，表面越粗糙。由于测点少，不能充分、客观地反映实际表面状况，但测量、计算方便，所以应用较多。

3. 轮廓最大高度 R_y

在取样长度内，轮廓峰顶线和轮廓谷底线之间的距离，如图 4.8 所示。图中 R_p 为轮

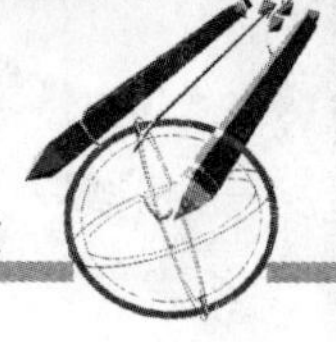

廓最大峰顶，R_m 为轮廓最大谷深，则轮廓最大高度：

$$R_y=R_p+R_m$$

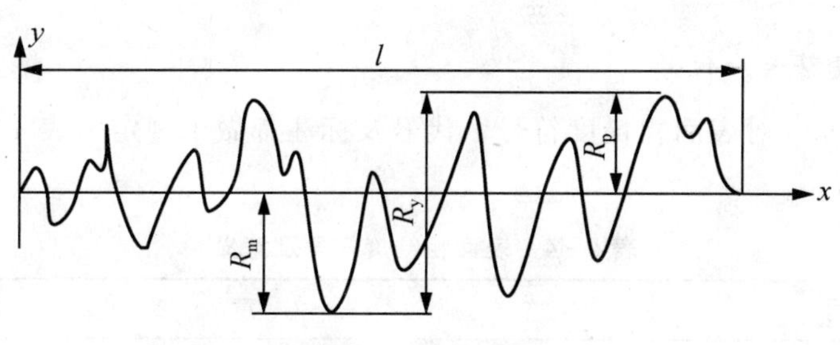

图 4.8 轮廓最大高度

R_y 常用于不可以有较深加工痕迹的零件，或被测表面很小，不宜用 R_a、R_z 评定的表面。

四、一般规定

在常用的参数值范围内，优先选用 R_a。国家标准规定采用中线制评定表面粗糙度，粗糙度特征参数外，还可选用附加的评定参数如间距特征参数(轮廓单峰平均间距、轮廓微观不平度平均间距)和形状特征参数等。由于篇幅有限，在此不作介绍。R_a、R_z、R_y 参数见表 4-2、表 4-3。

表 4-2 轮廓算术平均偏差 单位：μm

系列值	补充系列	系列值	补充系列	系列值	补充系列	系列值	补充系列
	0.008						
	0.010						
0.012			0.125		1.25	12.5	
	0.016		0.160	1.6			
							16.0
	0.020				2.0		
		0.20					20
0.025			0.25		2.5	25	
	0.032		0.32	3.2			
							32
	0.040				4.0		
		0.40					40
0.050			0.50		5.0	50	
	0.063		0.63	6.3			
							63
	0.080				8.0		
		0.80					80
0.100			1.00		10.0	100	

表 4-3 微观不平度十点高度 R_z、轮廓最大高度 R_y 的数值 单位：μm

系列值	补充系列	系列值	补充系列	系列值	补充系列	系列值	补充系列	系列值	补充系列
			0.125		1.25	12.5			125
			0.160	1.6			16.0		160
		0.20			2.0		20		
								200	
0.025			0.25		2.5	25			250
	0.032		0.32	3.2			32		320
	0.040				4.0				
							40	400	
0.050		0.40	0.50		5.0	50			500
	0.063		0.63						630
							63		
	0.080			6.3	8.0				
							80	800	
0.100		0.8	1.0		10.0	100			1000

注：优先选用系列值。

五、表面粗糙度符号及标注

1. 表面粗糙度符号和代号

GB/T 131—1993 对表面粗糙度符号、代号及标注都做了规定。表 4-4 是表面粗糙度符号、意义及说明。

表 4-4 表面粗糙度符号及意义

符号	意义
	基本符号，表示表面用任何方法获得。当不加注粗糙度参数值或有关说明(如表面处理、局部热处理状况等)时，仅适用于简化代号标注
	基本符号加一短划，表示表面是用去除材料的方法获得。如车、铣、刨、磨、钻、剪切、抛光、腐蚀、电火花加工、气割等
	基本符号加一小圆，表示表面是用不去除材料方法获得。如铸、锻、冲压变形、热轧、粉末冶金等。或者是用于保持原供应状况的表面(包括保持上道工序的状况)
	在上述 3 个符号的长边上加一横线，用于标注有关参数和说明
	在上述 3 个符号的长边上加一小圆，表示所有表面具有相同的表面粗糙度要求

2. 表面粗糙度的标注

对零件有表面粗糙度要求时，须同时给出表面粗糙度参数值和取样长度的要求。如果取样长度按表 4-1 标准值时，则可省略标注。

表面粗糙度数值及其有关规定在符号中的注写位置如图 4.9 所示。

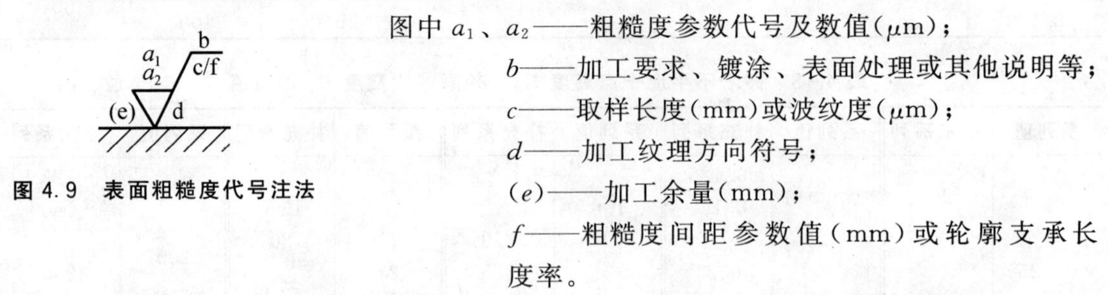

图 4.9 表面粗糙度代号注法

图中 a_1、a_2——粗糙度参数代号及数值(μm)；

b——加工要求、镀涂、表面处理或其他说明等；

c——取样长度(mm)或波纹度(μm)；

d——加工纹理方向符号；

(e)——加工余量(mm)；

f——粗糙度间距参数值(mm)或轮廓支承长度率。

表面粗糙度高度特征参数是基本参数，R_a值在标注时，只需标数值而不需标代号。而标注 R_z、R_y值时，应在数值前加代号，见表 4-5。表 4-5 中有关表面粗糙度参数的“上限值”（或“下限值”）和“最大值”（或“最小值”）的含义是不同的。“上限值”表示所有实测值中，允许有 16%的实测值可以超过规定值；而“最大值”表示不允许任何实测值超过规定值。

表 4－5　表面粗糙度高度参数值的标注示例及意义

代　号	意　　义	代　号	意　　义
6.3	用任何方法获得的表面粗糙度，R_a 的上限值为 6.3μm	6.3max	用任何方法获得的表面粗糙度，R_a 的最大值为 6.3μm
6.3	用去除材料方法获得的表面粗糙度，R_a 的上限值为 6.3μm	6.3max	用去除材料方法获得的表面粗糙度，R_a 的最大值为 6.3μm
6.3 3.2	用去除材料方法获得的表面粗糙度，R_a 的上限值为 6.3μm，R_a 的下限值为 3.2μm	6.3max 3.2mix	用去除材料方法获得的表面粗糙度，R_a 的最大值为 6.3μm，R_a 的最小值为 3.2μm
Ry100	用不去除材料方法获得的表面粗糙度，R_y 的上限值为 100μm	Ry100max	用不去除材料方法获得的表面粗糙度，R_y 的最大值为 100μm
6.3 Rz100	用去除材料方法获得的表面粗糙度，R_a 的上限值为 6.3μm，R_z 的上限值为 100μm	6.3max Rz100max	用去除材料方法获得的表面粗糙度，R_a 的最大值为 6.3μm，R_z 的最大值为 100μm

3. 表面粗糙度在图样上的标注方法

图样上表面粗糙度符号一般标注在可见轮廓线、尺寸线或其引出线上；对于镀涂表面，可以标注在表示线(粗点划线)上；符号的尖端必须从材料外面指向实体表面，数字及符号的方向必须按图 4.10(a)、(b)及图 4.11 规定要求标注。

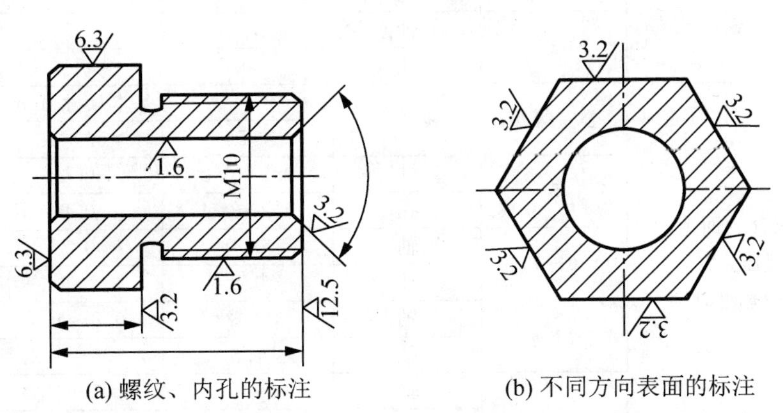

(a) 螺纹、内孔的标注　　(b) 不同方向表面的标注

图 4.10　表面粗糙度标注

六、表面粗糙度数值的选择

零件表面粗糙度不仅对其使用性能的影响是多方面的，而且关系到产品质量和生产成本。因此在选择粗糙度数值时，应在满足零件使用功能要求的前提下，同时考虑其工艺性和经济性。在确定零件表面粗糙度时，除了有特殊要求的表面外，一般采用类比法选取。

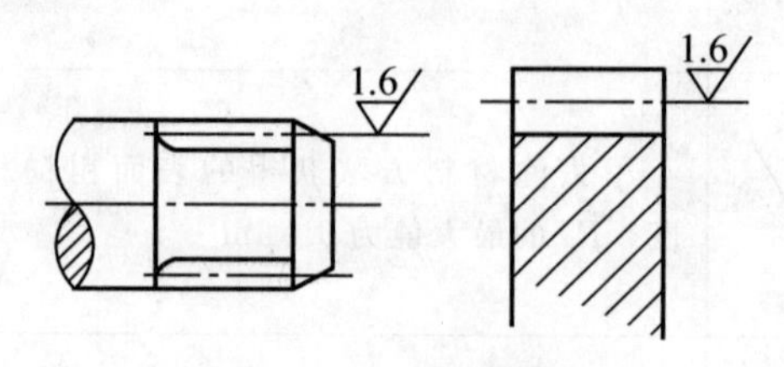

图 4.11　花键、齿轮粗糙度

在选取表面粗糙度数值时，在满足使用要求的情况下，尽量选择大的数值，此外，应考虑以下几个方面。

（1）同一零件，配合表面、工作表面的数值小于非配合表面、非工作表面的数值。

（2）摩擦表面、承受重载荷和交变载荷表面的粗糙度数值应选小值。

（3）配合精度要求高的结合面、尺寸公差和形位公差精度要求高的表面，粗糙度选小值。

（4）同一公差等级的零件，小尺寸比大尺寸，轴比孔的粗糙度值要小。

（5）要求耐腐蚀的表面，粗糙度值应选小值。

（6）有关标准已对表面粗糙度要求作出规定的应按相应标准确定表面粗糙度数值。

表 4－6、表 4－7 是常用表面粗糙度数值及加工和应用，以供参考。

表 4－6　常用表面粗糙度推荐值

<table>
<tr><th colspan="3">表　面　特　征</th><th colspan="4">R_a/μm　　不大于</th></tr>
<tr><td rowspan="10">经常拆卸零件的配合表面
（如挂轮、滚刀等）</td><td rowspan="2">公差等级</td><td rowspan="2">表　面</td><td colspan="4">基本尺寸/mm</td></tr>
<tr><td colspan="2">到 50</td><td colspan="2">大于 50～500</td></tr>
<tr><td rowspan="2">5</td><td>轴</td><td colspan="2">0.2</td><td colspan="2">0.4</td></tr>
<tr><td>孔</td><td colspan="2">0.4</td><td colspan="2">0.8</td></tr>
<tr><td rowspan="2">6</td><td>轴</td><td colspan="2">0.4</td><td colspan="2">0.8</td></tr>
<tr><td>孔</td><td colspan="2">0.4～0.8</td><td colspan="2">0.8～1.6</td></tr>
<tr><td rowspan="2">7</td><td>轴</td><td colspan="2">0.4～0.8</td><td colspan="2">0.8～1.6</td></tr>
<tr><td>孔</td><td colspan="2">0.8</td><td colspan="2">1.6</td></tr>
<tr><td rowspan="2">8</td><td>轴</td><td colspan="2">0.8</td><td colspan="2">1.6</td></tr>
<tr><td>孔</td><td colspan="2">0.8～1.6</td><td colspan="2">1.6～3.2</td></tr>
<tr><td rowspan="10">过盈配合的配合表面装配
（a）按机械压入法
（b）装配按热处理法</td><td rowspan="2">公差等级</td><td rowspan="2">表　面</td><td colspan="4">基本尺寸/mm</td></tr>
<tr><td>≤50</td><td colspan="2">>50～120</td><td>>120～500</td></tr>
<tr><td rowspan="2">5</td><td>轴</td><td>0.1～0.2</td><td colspan="2">0.4</td><td>0.4</td></tr>
<tr><td>孔</td><td>0.2～0.4</td><td colspan="2">0.8</td><td>0.8</td></tr>
<tr><td rowspan="2">6～7</td><td>轴</td><td>0.4</td><td colspan="2">0.8</td><td>1.6</td></tr>
<tr><td>孔</td><td>0.8</td><td colspan="2">1.6</td><td>1.6</td></tr>
<tr><td rowspan="2">8</td><td>轴</td><td>0.8</td><td colspan="2">0.8～1.6</td><td>1.6～3.2</td></tr>
<tr><td>孔</td><td>1.6</td><td colspan="2">1.6～3.2</td><td>1.6～3.2</td></tr>
<tr><td rowspan="2">—</td><td>轴</td><td colspan="4">1.6</td></tr>
<tr><td>孔</td><td colspan="4">1.6～3.2</td></tr>
</table>

续表

表 面 特 征		R_a/μm				不大于	
精密定心用配合的零件表面		径向跳动公差/mm					
	表 面	2.5	4	6	10	16	25
		R_a/μm					
	轴	0.05	0.1	0.1	0.2	0.4	0.8
	孔	0.1	0.2	0.2	0.4	0.8	1.6
滑动轴承的配合表面	表 面	公差等级				液体湿摩擦条件	
		6～9		10～12			
		R_a/μm			不大于		
	轴	0.4～0.8		0.8～3.2		0.1～0.4	
	孔	0.8～1.6		1.6～3.2		0.2～0.8	

表 4-7 表面粗糙度参数、加工方法和应用举例

R_a/μm	加 工 方 法	应 用 举 例
12.5～25	粗车、粗铣、粗刨、钻、毛锉、锯断等	粗加工非配合表面。如轴端面、倒角、钻孔、齿轮和带轮侧面、键槽底面、垫圈接触面及不重要的安装支承面
6.3～12.5	车、铣、刨、镗、钻、粗绞等	半精加工表面。如轴上不安装轴承、齿轮等处的非配合表面，轴和孔的退刀槽、支架、衬套、端盖、螺栓、螺母、齿顶圆、花键非定心表面等
3.2～6.3	车、铣、刨、镗、磨、拉、粗刮、铣齿等	半精加工表面。箱体、支架、套筒、非传动用梯形螺纹等及与其他零件结合而无配合要求的表面
1.6～3.2	车、铣、刨、镗、磨、拉、刮等	接近精加工表面。箱体上安装轴承的孔和定位销的压入孔表面及齿轮齿条、传动螺纹、键槽、皮带轮槽的工作面、花键结合面等
0.8～1.6	车、镗、磨、拉、刮、精绞、磨齿、滚压等	要求有定心及配合的表面。如圆柱销、圆锥销的表面、卧式车床导轨面、与P0、P6级滚动轴承配合的表面等
0.4～0.8	精绞、精镗、磨、刮、滚压等	要求配合性质稳定的配合表面及活动支承面。如高精度车床导轨面、高精度活动球状接头表面等
0.2～0.4	精磨、珩磨、研磨、超精加工等	精密机床主轴锥孔、顶尖圆锥面、发动机曲轴和凸轮轴工作表面、高精度齿轮齿面、与P5级滚动轴承配合面等
0.1～0.2	精磨、研磨、普通抛光等	精密机床主轴轴颈表面、一般量规工作表面、汽缸内表面、阀的工作表面、活塞销表面等
0.025～0.1	超精磨、精抛光、镜面磨削等	精密机床主轴轴颈表面、滚动轴承套圈滚道、滚珠及滚柱表面，工作量规的测量表面，高压液压泵中的柱塞表面等
0.012～0.025	镜面磨削等	仪器的测量面、高精度量仪等
≤0.012	镜面磨削、超精研等	量块的工作面、光学仪器中的金属镜面等

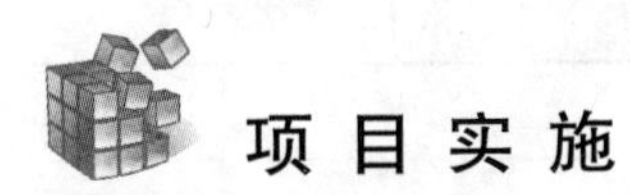

项目实施

一、比较法

比较法是指被测表面与标有数值的粗糙度标准样板(图 4.12)相比较，通过视觉、触感或其他方法进行比较后，对被测表面的粗糙度作出评定的方法。比较时，所用的粗糙度样板的材料、形状和加工方法尽可能与被测表面相同。这种方法虽然不能准确地得出被测表面粗糙度数值，但由于计量器具简单，评定方便且也能满足一般的生产要求，所以广泛应用于生产现场。

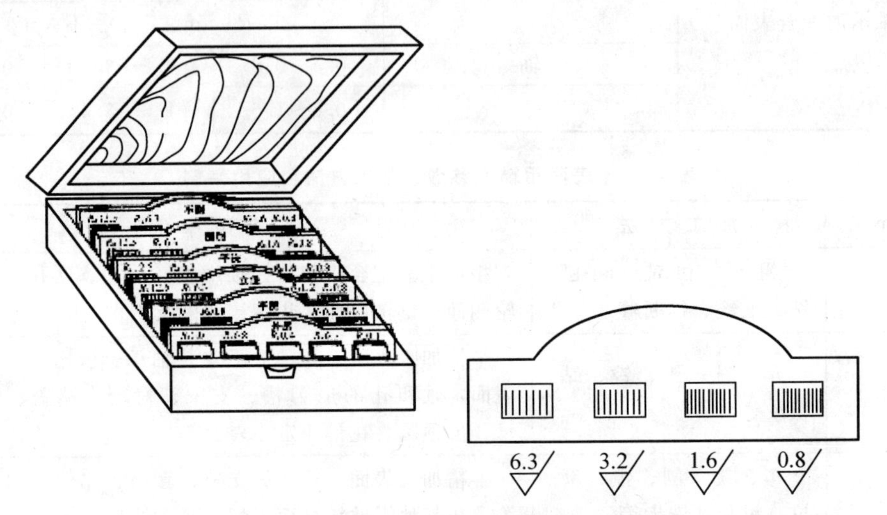

图 4.12　粗糙度样块

二、针描法

针描法又称感触法，是一种接触式测量表面粗糙度的方法，常用的测量仪器是电动轮廓仪(图 4.13)。测量时，将金刚石针尖 2 和被测零件 1 接触，当针尖以一定的速度沿着被测表面移动时，由于被测表面的微小峰谷，使触针水平移动的同时还沿轮廓的垂直方向上下运动。触针的上下运动通过传感器 3 转换为电信号，并经计算加以处理。可对仪器上的记录数据进行分析计算，或直接从仪器的指示表 5 中获得 R_a 值。

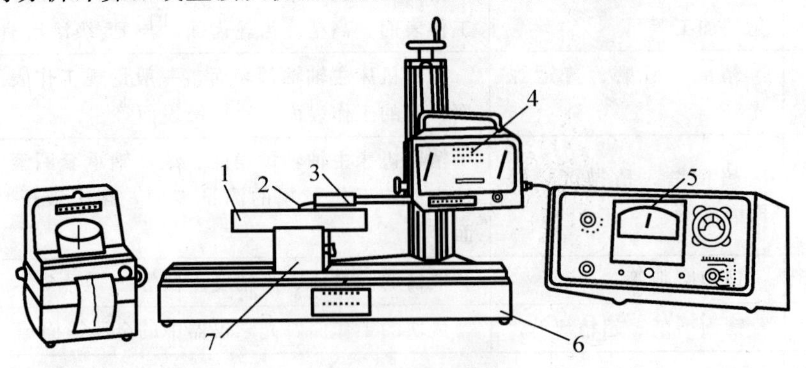

图 4.13　电动轮廓仪

三、光切法

光切法是利用“光切原理”测量表面粗糙度的方法。它一般用于测定 R_z 和 R_y 值，参数测量范围视显微镜的型号不同而不同。

1. 仪器说明及测量原理

(1) 双管光切显微镜是利用光切原理测量表面粗糙度的光学仪器。它的外形如图 4.14 所示。

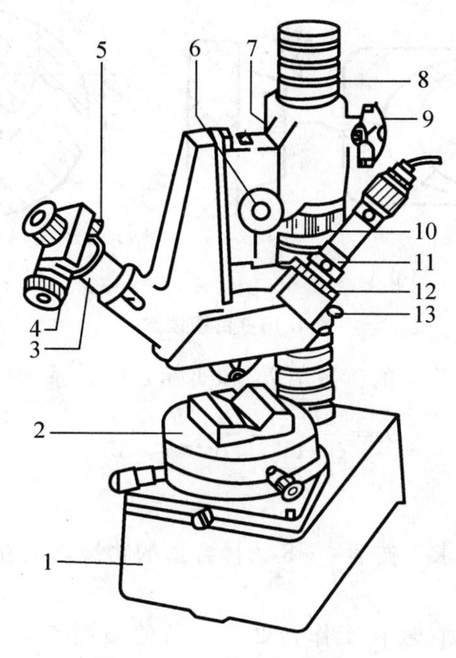

图 4.14 双管光切显微镜

(2) 光切法测量原理：在图 4.15(1)中，P_1、P_2 阶梯面表示被测表面的不平度，其阶梯高度为 h。A 为一扁平光束，当它从 45°方向投射在阶梯表面上时，就被折射成 S_1''和 S_2 两段，经 B 方向反射后，可在显微镜内看到 S_1 和 S_2 两段光带的放大像 S_1''和 S_2''，如图 4.15(2)所示；同样 S_1 和 S_2 之间距离也被放大为 S_1''和 S_2''之间的距离 h''，只要用测微目镜测出 h''值，就可以根据放大关系算出 h 值。

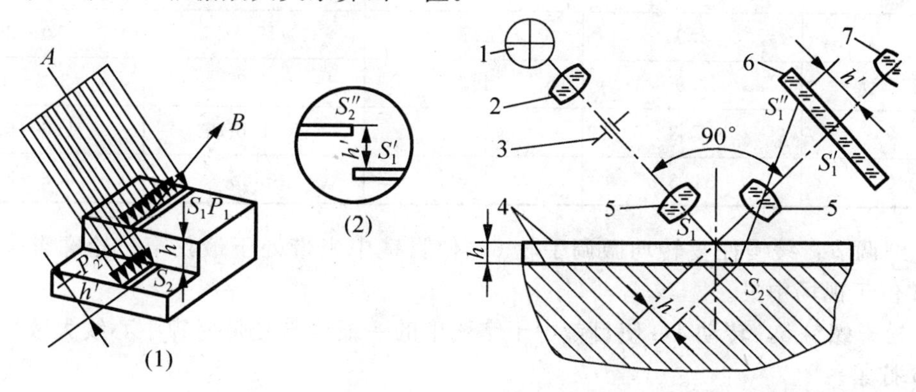

图 4.15 光学系统图

根据光学系统原理得出被测表面的不平度高度值 h：

$$h=h'\times\cos45°=\frac{h''\times\cos45°}{N}$$

式中：N——物镜放大倍数。

为测量和计算方便，测微目镜中十字线的移动方向和被测量光带边缘宽度 h'' 成 45°，如图 4.16 所示。

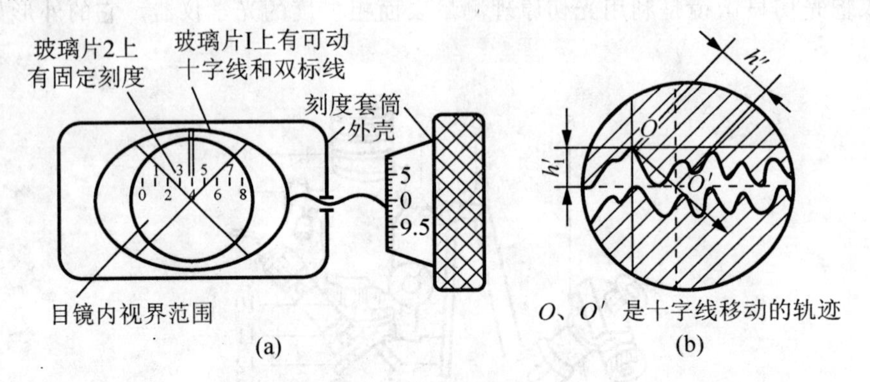

图 4.16　目镜读数

所以目镜测微器刻度套筒上的读数值 h_1 和实际 h 的关系为：

$$h=\frac{h''}{\cos45°}=\frac{N\times h_1}{\cos^2 45°}=\frac{h_1}{2N}$$

2. 测量步骤

(1) 根据表面粗糙度要求，按表 4-8 选择合适的物镜，装在观察光管的下端。

(2) 接通电源。

(3) 擦净被测工件，把它放在工作台 2 上，并使被测表面的切削痕迹方向和光带垂直。若测量轴类零件的表面时，应放在 V 型架上。

(4) 粗调节：在图 4.14 中，用手托住横臂 7，松开紧定螺钉 9，缓慢旋转横臂调节螺母 10，使 7 上下移动，直到能从目镜中观察到被测表面轮廓的绿色光带，然后将螺钉 9 固紧。(注：调节时，防止物镜和工件表面接触。)

表 4-8　物镜

可换物镜放大倍数	物镜组放大倍数 N_1	视场直径/mm	物镜工作距离/mm	测量范围 R_z/μm
7×	3.9	2.5	17.8	10～80
14×	7.9	1.3	6.8	3.2～10
30×	17.3	0.6	1.6	1.6～6.3
60×	31.3	0.3	0.65	0.8～3.2

(5) 细调节：缓慢往复转动微调手轮 6，使目镜中光带处于最狭窄、轮廓影像最清晰状态，并位于视场中央。

(6) 松开螺钉 5，转动 4，使目镜中十字线中的一根线与光带轮廓中心线大致平行，并将螺钉 5 拧紧。

(7) 旋转目镜测微器的刻度套筒，使目镜中十字线的一根与光带轮廓一边的峰(谷)相

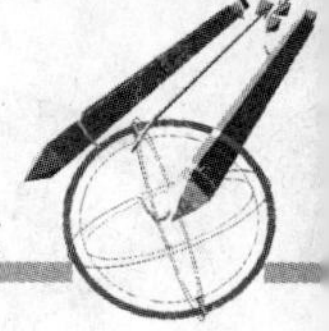

切，从测微器中读出该峰(谷)的数值 $h_{峰}$($h_{谷}$)，在测量长度内分别测出 5 个峰和 5 个谷的数值，按下式算出 R_z。

$$(\sum_{i=1}^{5} h_{峰} - \sum_{i=1}^{5} h_{谷})/(5 \times N_1) = R_z$$

(8) 纵向移动工作台，按步骤 6 测量，共测出几个取样长度上的 R_z 值，计算其平均值。

(9) 根据计算结果，判定被测表面的粗糙度 R_z 值。

(10) 目测工件的粗糙度：根据粗糙度标准样块，目测被测工件的表面粗糙度的值。

(11) 完成实训报告 4。

拓展知识

1. 其他常用的粗糙度测量方法

(1) 由于"样块比较法"适用参数及范围为，直接目测：R_a＞2.5μm；用放大镜：R_a＞0.32～0.5μm。对于粗糙度精度要求稍高的零件可采用显微镜比较法，该方法的测量参数及范围为 R_a＜0.32。该方法具体说明：将被测表面与表面粗糙度比较样块靠近在一起，用比较显微镜观察两者被放大的表面，以样块工作面上的粗糙度为标准，观察比较被测表面是否达到相应样块的表面粗糙度，从而判定被测表面粗糙度是否符合规定。但是，此方法不能测出粗糙度参数值。

(2)"光切显微镜测量法"适用参数及范围 Rz：0.8～100μm。可采用干涉显微镜测量法测量粗糙度要求 R_z 为 0.032～0.8μm 的零件。干涉显微镜是利用光波干涉原理，以光波波长为基准来测量表面粗糙度的。被测表面有一定的粗糙度就呈现出凸凹不平的峰谷状干涉条纹，通过目镜观察、利用测微装置测量这些干涉条纹的数目和峰谷的弯曲程度，即可计算出表面粗糙度的 R_a 值。必要时还可将干涉条纹的峰谷拍照下来进行评定。干涉法适用于精密加工的表面粗糙度测量，适合在计量室使用。

2. 其他粗糙度评定参数

1) 轮廓单峰平均间距 S

两相邻轮廓单峰的最高点在中线上的投影长度 S_i，称为轮廓单峰间距，在取样长度内，轮廓单峰间距的平均值，就是轮廓单峰平均间距。

2) 轮廓微观不平度的平均间距 S_m

含有一个轮廓峰和相邻轮廓谷的一段中线长度 S_{mi}，称轮廓微观不平间距。

3) 轮廓支承长度率 t_p

轮廓支承长度率就是轮廓支承长度 n_p 与取样长度 l 之比。

4) 轮廓的支承长度率 R_{mr}

轮廓的支承长度率 $R_{mr}(c)$是指在给定水平位置 C 上轮廓的实体材料长度，即在一个给定水平位置 C 上用一条平行于 X 轴的线与轮廓单元相截所获得的各段线长之和 $Ml(c)$与评定长度 l_n 的比率，计算公式为：

$$R_{mr} = \frac{\sum_{i=1}^{n} Ml_i}{l_n} = \frac{Ml\ (c)}{l_n}$$

在旧国家标准中也有轮廓支承长度率，用参数 t_p 表示，不仅所用符号不同，而且定义也不一样：t_p 为取样长度内的支承长度与取样长度之比，而 $R_{mr}(c)$ 是在评定长度上定义的，而且定义更为确切，并提供更稳定的曲线和相关参数。轮廓支承长度是各截线长度之和。

3. 参数 R_t

参数 R_t 为评定长度内最大的峰谷垂直距离，如图 4.17 所示。

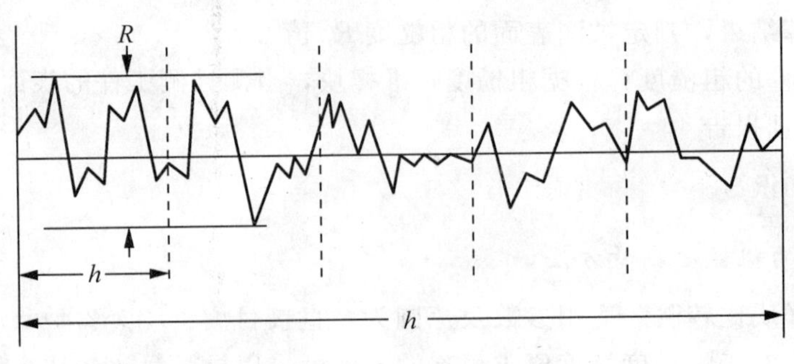

图 4.17　参数 R_t

4. 各种粗糙度检测仪器

(1) 便携式表面粗糙度测量仪如图 4.18 所示。

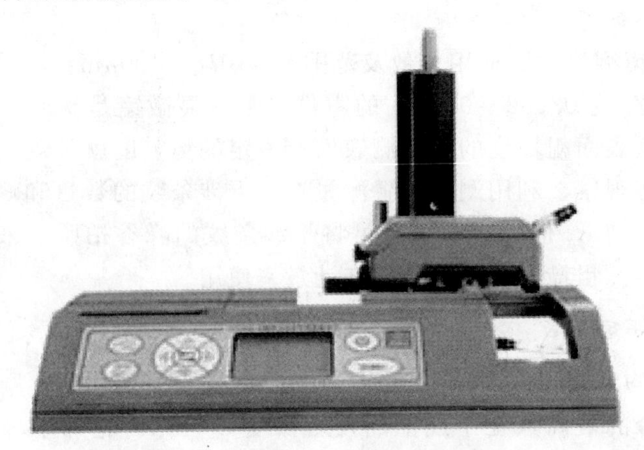

图 4.18　便携式表面粗糙度测量仪

(2) 手持式粗糙度仪如图 4.19 所示。

可用平台辅助测量

图 4.19　手持式粗糙度仪

(3) 表面粗糙度仪如图 4.20 所示。

图 4.20　表面粗糙态仪

(4) 粗糙度样板如图 4.21 所示。

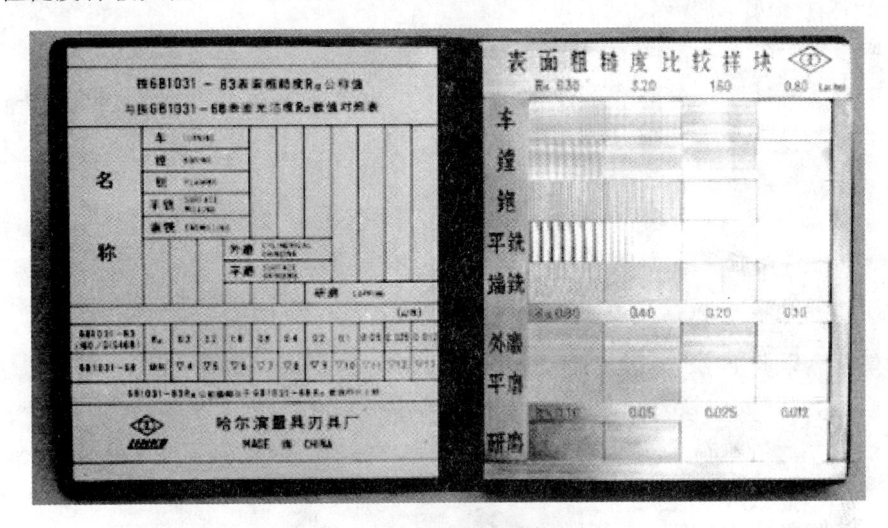

图 4.21　粗糙度样板

实训报告表 4　表面粗糙度的测量

项目名称	实测值(1)					实测值(2)					平均值
$h_{峰}$											
$h_{谷}$											
$h_{峰}/2N$											
$h_{谷}/2N$											
N											
Rz											
目测工件											
结论											

项目小结

1. 表面粗糙度的概念

表面粗糙度是反映微观几何形状误差的指标，即微小的峰谷高低程度及其间距状况。宏观几何形状误差为形状误差，介于两者之间的为波度误差。

2. 表面粗糙度基本术语及评定

1) 取样长度 l

测量和评定表面粗糙度时所规定的一段基准长度，称为取样长度 l。规定取样长度是为了限制和减弱宏观几何形状误差，特别是波度对表面粗糙度测量结果的影响。一般取样长度至少包含5个轮廓峰和轮廓谷，表面越粗糙，取样长度应越大。

2) 评定长度 l_n

评定长度是指评定轮廓表面所必需的一段长度。由于被加工表面粗糙度不一定很均匀，为了合理、客观地反映表面质量，往往评定长度包含几个取样长度。

如果加工表面比较均匀，可取 $l_n<5l$，若表面不均匀，则取 $l_n>5l$，一般取 $l_n=5l$。

3) 轮廓中线(基准线)

轮廓中线是评定表面粗糙度参数值大小的一条参考线。

3. 常用的表面粗糙度评定参数

有轮廓算术平均偏差 R_a、微观不平度十点高度 R_z、轮廓最大高度 R_y。

其中 R_a 参数能较充分地反映表面微观几何形状，其值越大，表面越粗糙。R_z 值越大，表面越粗糙。由于测点少，不能充分、客观地反映实际表面状况，但测量、计算方便，所以应用较多。R_y 常用于不可以有较深加工痕迹的零件，或被测表面很小不宜用 R_a、R_z 来评定的表面。

如果零件表面有功能要求时，除选用上述高度特征参数外，还可选用附加的评定参数如间距特征参数和形状特征参数等。

4. 表面粗糙度在图样上的标注方法

图样上表面粗糙度符号一般标注在可见轮廓线、尺寸线或其引出线上；对于镀涂表面，可以标注在表示线(粗点划线)上；符号的尖端必须从材料外面指向实体表面，数字及符号的方向必须按图4.10(a)、(b)及图4.11规定要求标注。

5. 表面粗糙度数值的选择

零件表面粗糙度不仅对其使用性能的影响是多方面的，而且关系到产品质量和生产成本。因此在选择粗糙度数值时，应在满足零件使用功能要求的前提下，同时考虑其工艺性和经济性。在确定零件表面粗糙度时，除了有特殊要求的表面外，一般采用类比法选取。

6. 常用的表面粗糙度检测方法

有比较法、针描法和光切法。其中比较法广泛应用于生产现场。

习　　题

4.1　判断题

(1) 测量表面粗糙度时，取样长度过短不能反映表面的真实情况，因此越长越好。（　　）

(2) 设计时，对于同一尺寸精度等级的表面，轴的粗糙度值应比孔的小。（　　）

(3) 零件表面粗糙度数值越小，一般其尺寸公差和形位公差要求越高。（　　）

(4) 表面粗糙度值越大，越有利于零件耐磨性和抗腐蚀性的提高。（　　）

(5) 若零件承受交变载荷，表面粗糙度应选择较小值。（　　）

(6) 粗糙度符号的尖端可以从材料的外面或里面指向被标注表面。（　　）

4.2　选择题

(1) 表面粗糙度是指波距 λ 和波高 h 的比值为(　　)。

A. <40　　B. 40～1 000

C. >1 000　　D. >3 000

(2) 表面粗糙度代号 $\overset{0.8}{\bigtriangledown}$ 表示(　　)。

A. $R_a0.8\mu m$　　B. 小于等于 $R_a0.8\mu m$

C. 大于 $R_a0.8\mu m$　　D. 上限值为 $R_a0.8\mu m$

(3) 下面论述不正确的是(　　)。

A. 介于表面宏观形状误差与微观形状误差之间的是表面波度。

B. 表面粗糙度属于表面微观形状误差。

C. 表面粗糙度属于表面宏观形状误差。

D. 磨削加工所得表面比车削加工所得表面的表面积粗糙度大。

(4) 双管光切显微镜是根据(　　)原理制成的。

A. 针描　　B. 印模　　C. 光切　　D. 干涉

(5) 表面粗糙度的基本评定参数是(　　)。

A. S_m　　B. R_a　　C. t_p　　D. S

(6) 用以判断具有表面粗糙度特征的一段基准线长度是(　　)。

A. 基本长度　　B. 评定长度

C. 取样长度　　D. 标称长度

(7) 车间生产中评定表面粗糙度最常用的方法是(　　)。

A. 光切法　　B. 针描法　　C. 干涉法　　D. 比较法

4.3　国家标准 GB 1031—83 规定表面粗糙度的评定参数有哪些?

4.4　评定表面粗糙度时，为什么要规定取样长度？有了取样长度，为何还要规定评定长度?

4.5　图 4.22 是测量零件表面粗糙度的曲线放大图，坐标纸上的每一小格标定为 $0.2\mu m$，根据曲线确定 R_z、R_y 值。

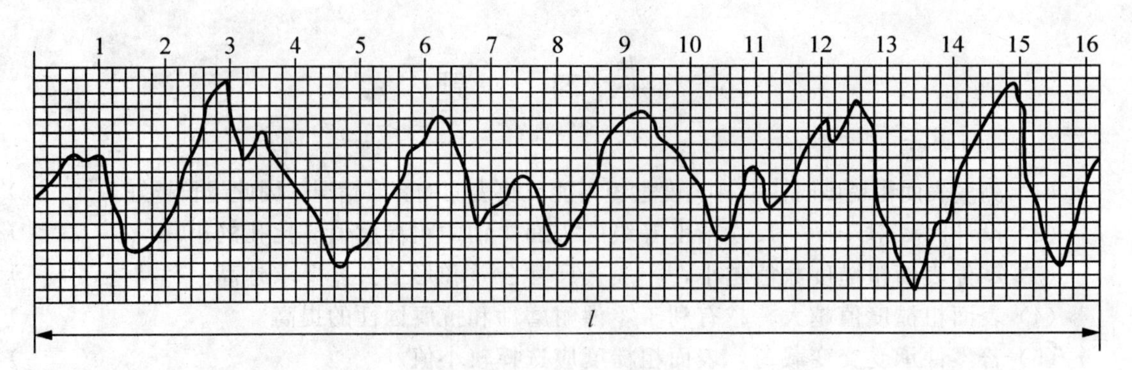

图 4.22　习题 4.5

项目5

角度、锥度测量

学习情境设计

序　号	情境(课时)	主 要 内 容
1	任务(0.1)	(1) 提出 1.5±6′和莫氏 3#的测量任务(根据图 5.1) (2) 分析零件角度和锥度的公差要求
2	信息(0.7)	(1) 熟悉测量任务 (2) 圆锥公差知识 (3) 测量锥度仪器(万能角尺、正弦尺、莫氏等)结构、读数原理、使用方法
3	计划(0.2)	(1) 根据被测要素，确定检测部位和测量次数 (2) 确定用万能角尺测量角度、正弦尺测量外锥度、莫氏塞规测量内锥度的测量方案
4	实施(1.5)	(1) 洁净被测零件和计量器具的测量面 (2) 选择合适的计量器具，计量器具的安装 (3) 调整与校正计量器具 (4) 记录数据，数据处理
5	检查(0.3)	(1) 任务的完成情况 (1) 复查，交叉互检
6	评估(0.2)	(1) 分析整个工作过程，对出现的问题进行修改并优化 (2) 判断被测要素的合格性 (3) 出具测量报告，资料存档

项目描述

图 5.1 是被测零件，图中有“1：5±6′”、“莫氏 3＃” 等标注，本项目将从以下几个方面进行学习。

(1) 分析图纸，搞清楚精度要求。

(2) 查阅相关国家计量标准，理解 1：5±6′、莫氏 3＃等标注的含义。

(3) 选择计量器具，确定测量方案。

(4) 使用哪些计量器具测量零件角度和锥度误差。

(5) 如何对计量器具进行保养与维护。

(6) 填写检测报告与数据处理。

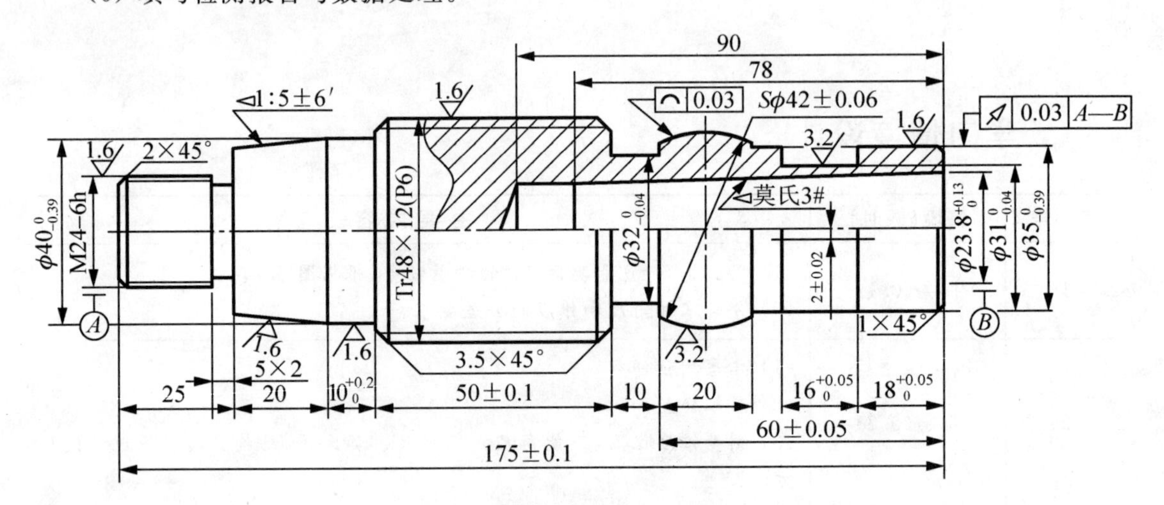

图 5.1　被测零件

相关知识

圆锥配合是机器、仪器及工具结构中常用的配合。如工具圆锥与机床主轴的配合是最典型的实例。如图 5.2 所示，在圆柱体间隙配合中，孔与轴的轴线间有同轴度误差，但在圆锥体结合中，只要使内外圆锥沿轴线做相对移动，就可以使间隙减小，甚至产生过盈，从而消除同轴度误差。圆锥配合与圆柱配合相比较，前者具有良好的同轴度，而且装拆方便，配合的间隙或过盈可以调整，密封性好等优点。但是，圆锥配合在结构上比较复杂，影响其互换性的参数较多，加工和检测也较困难。为了满足圆锥配合的使用要求，保证圆锥配合的互换性，我国发布了一系列有关圆锥公差与配合及圆锥公差标注方法的标准，它们分别是《圆锥的锥度和角度系列》(GB/T 157—2001)、《圆锥公差》(GB/T 11334—2005)及《圆锥配合》(GB/T 12360—2005)等国家标准。

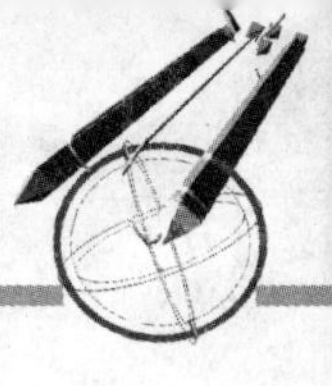

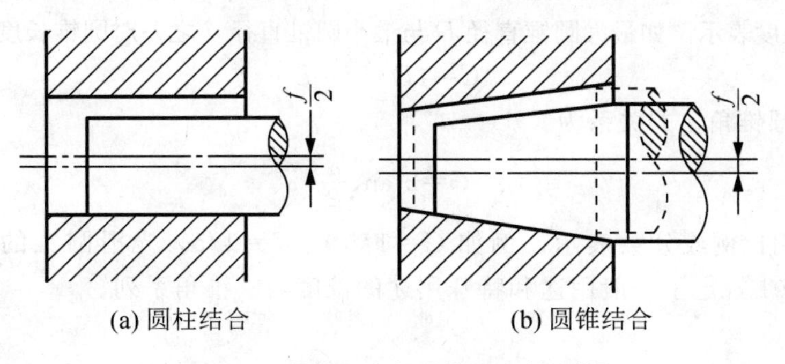

(a) 圆柱结合　　(b) 圆锥结合

图 5.2　圆柱配合与圆锥配合的比较

一、圆锥及其配合的主要几何参数

圆锥有内圆锥(圆锥孔)和外圆锥(圆锥轴)两种，其主要几何参数为圆锥角 α、圆锥直径、圆锥长度 L 和锥度 C 等，如图 5.3 和图 5.4 所示。

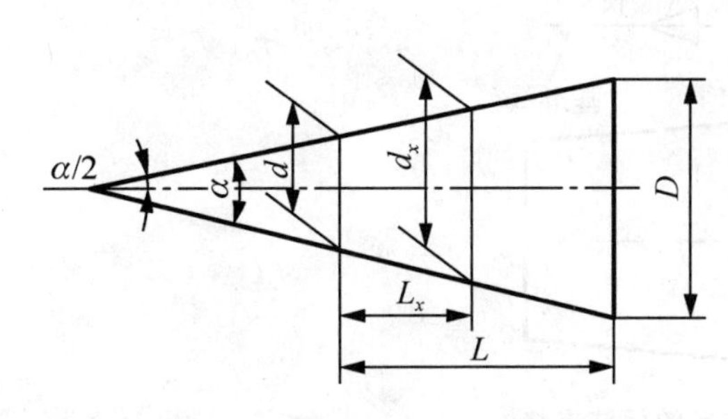

图 5.3　圆锥的主要几何参数

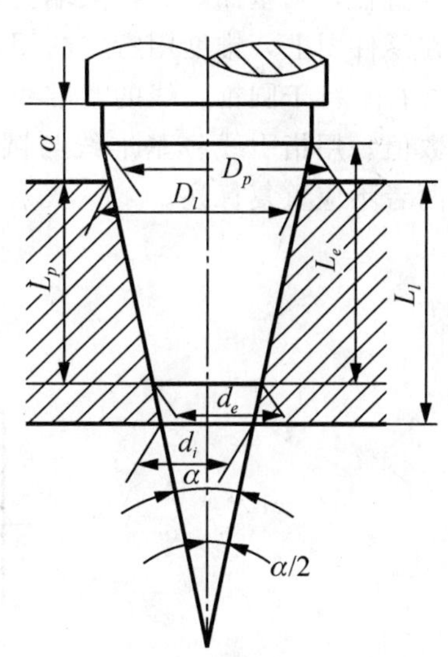

图 5.4　圆锥配合

1. 圆锥角 α

是指在通过圆锥轴线的截面内，两条素线间的夹角。

2. 圆锥直径

是指在垂直于其轴线的截面上的直径，圆锥大端直径用 D 表示，圆锥小端直径用 d 表示，给定截面上的圆锥直径用 d_x 表示。

3. 圆锥长度

是指最大圆锥直径截面与最小圆锥直径截面之间的轴向距离，用 L 表示，给定截面的圆锥长度用 L_x 表示，结合长度用 L_p 表示。

4. 锥度 C

是指两个垂直于圆锥轴线的截面上的圆锥直径之差与该两截面间的轴向距离之比，圆锥角

的大小常常用锥度表示。如最大圆锥直径 D 与最小圆锥直径 d 之差对圆锥长度 L 之比，即

$$C=(D-d)/L$$

锥度 C 与圆锥角 α 的关系为

$$C=2\tan(\frac{\alpha}{2})$$

锥度一般用比例或分数表示，例如 $C=1:5$ 或 $C=1/5$。光滑圆锥的锥度已标准化，GB/T 157—2001 规定了一般用途和特殊用途的锥度与圆锥角系列。

5. 基面距 a

是指内、外圆锥基准平面之间的距离。基面距用来确定内、外圆锥之间最终的轴向相对位置，基面距 a 的位置取决于所选的圆锥配合的基本直径。

圆锥配合的基本直径是指外圆锥小端直径 d_e 与内圆锥大端直径 D_1。若以外圆锥小端直径 d_e 为圆锥配合的基本直径，则基面距 a 在小端；若以内圆锥大端直径 D_1 为圆锥配合的基本直径，则基面距 a 在大端。

在零件图上，锥度用特定的图形符号和比例(或分数)来标注，如图 5.5 所示。图形符号配置在平行于圆锥轴线的基准线上，并且其方向与圆锥方向一致，在基准线上面标注锥度的数值。用指引线将基准线与圆锥素线相连。在图样上标注了锥度，就不必标注圆锥角，两者不应重复标注。

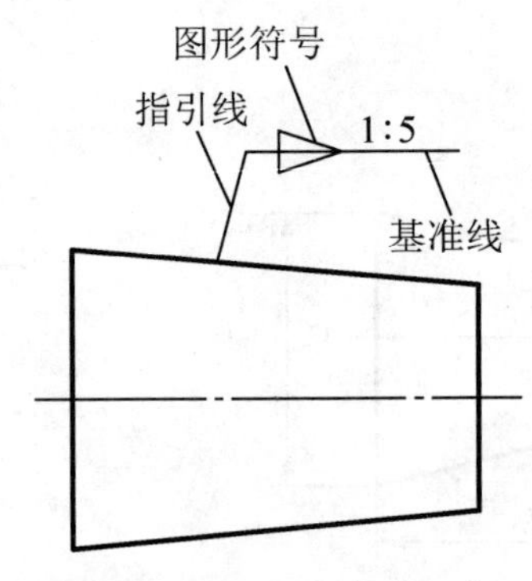

图 5.5　锥度的标注方法

此外，对圆锥只要标注了最大圆锥直径 D 和最小圆锥直径 d 中的一个直径及圆锥长度 L、圆锥角 α(或锥度 C)，则该圆锥就完全确定。

二、锥度与锥角

为了尽可能减少生产圆锥零件所需要的定值刀具、量具的种类和规格，在设计圆锥零件时应选择标准锥度或标准锥角。

表 5-1 为一般用途的锥度和锥角系列，其锥角 α 从 120°到 0°或锥度 C 从 1:0.288 675 到 1:500。它适用于一般机械工程中的光滑圆锥，不适用于棱锥、锥螺纹和锥齿轮等。选用时应优先选用第一系列，然后选用第二系列。表 5-2 为特殊用途的锥度和锥角系列，仅适用于某些特殊行业。

莫氏圆锥共有 7 种，从 0 号～6 号，其中，0 号尺寸最小，6 号尺寸最大。每个莫氏号的圆锥不但尺寸不同，而且锥度虽然都接近 1:20，也都不相同，所以，只有相同号的内、外莫氏圆锥才能配合。

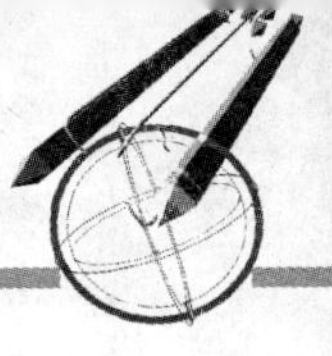

表5-1 一般用途圆锥的锥度和锥角系列

基本值		推算值			应用举例
系列1	系列2	圆锥角α		锥度C	
120°				1∶0.288 675	节气阀、汽车，拖拉机阀门
90°				1∶0.500 000	重型顶尖、重型中心孔、阀的阀销锥体
	75°			1∶0.651 613	埋头螺钉、小于10mm的丝锥
60°				1∶0.866 025	顶尖、中心孔、弹簧夹头、埋头钻、埋头与半埋头铆钉
45°				1∶1.207 107	摩擦轴节、弹簧卡头、平衡块
30°				1∶1.866 025	受力方向垂直于轴线易拆开的连接
1∶3		18°55′28.7″	18.924 644°		受力方向垂直于轴线的连接
	1∶4	14°15′0.1″	14.250 033°		
1∶5		11°25′16.3″	11.421 186°		锥形摩擦离合器、磨床主轴重型机床主轴
	1∶6	9°31′38.2″	9.527 283°		
	1∶7	8°10′16.4″	8.171 234°		
	1∶8	7°9′9.6″	7.152 669°		
1∶10		5°43′29.3″	5.724 810°		受轴向力和扭转力的连接处。主轴承受轴向力、调节套筒
	1∶12	4°46′18.8″	4.771 888°		
	1∶15	3°49′5.9″	3.818 305°		主轴齿轮连接处，受轴向力之机件连接处，如机车十字头轴
1∶20		2°51′51.1″	2.864 192°		机床主轴、刀具刀杆的尾部、锥形铰刀芯轴
1∶30		1°54′34.9″	1.906 82°		锥形铰刀套式铰刀、扩孔钻的刀杆，主轴颈
	1∶40	1°25′56.4″	1.432 320°		
1∶50		1°8′45.2″	1.145 877°		锥销、手柄端部，锥形铰刀、量具尾部
1∶100		0°34′22.6″	0.572 953°		受震及静变负载不拆开的连接件，如芯轴等
1∶200		0°17′11.3″	0.286 478°		导轨镶条，受震及冲击负载不拆开的连接件
1∶500		0°6′52.5″	0.114 592°		

表 5-2 特殊用途的锥度和锥角系列

基本值	推算值			备注
	圆锥角 α		锥度 C	
7∶24	16°35′39.4″		1∶3.428 571	机床主轴，工具配合
1∶16.666				医疗设备
1∶19.002		3.014 554°		莫氏锥度 №5
1∶19.180	2°59′11.7″	2.986 590°		莫氏锥度 №6
1∶19.212	2°58′53.8″	2.981 618°		莫氏锥度 №0
1∶19.254	2°58′30.4″	2.975 117°		莫氏锥度 №4
1∶19.922	2°52′31.4″	2.875 402°		莫氏锥度 №3
1∶20.020	2°51′40.8″	2.861 332°		莫氏锥度 №2
1∶20.047	2°51′26.9″	2.857 480°		莫氏锥度 No1

三、圆锥公差及其应用

1. *有关圆锥公差的术语*

(1) 基本圆锥。基本圆锥是指设计时给定的理想圆锥。它所有的尺寸分别为基本圆锥直径、基本圆锥长度 L、基本锥度 C 和基本圆锥角(或基本锥度)等。

(2) 极限圆锥、圆锥直径公差和圆锥直径公差带。极限圆锥是指与基本圆锥共轴线且圆锥角相等、直径分别为最大极限尺寸和最小极限尺寸的两个圆锥，如图 5.6 所示。在垂直于圆锥轴线的所有截面上，这两个圆锥的直径差都相等，且等于圆锥直径公差 T_D。直径为最大极限尺寸(D_{max}、d_{max})的圆锥称为最大极限圆锥，直径为最小极限尺寸(D_{min}、d_{min})的圆锥称为最小极限圆锥。

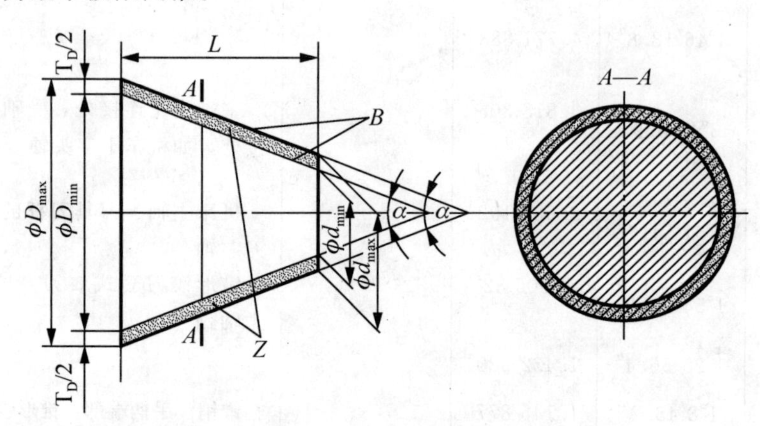

图 5.6 极限圆锥 B 和圆锥直径公差带 Z

圆锥直径公差 T_D 是指圆锥直径允许的变动量，圆锥直径公差在整个圆锥长度内都适用。以基本圆锥的大端直径为基本尺寸，按 GB/T 1800.3—1998 规定的标准公差选取。其数值适用于圆锥长度范围内的所有圆锥直径。为了使圆锥结合的基面距变动量不致太大，有配合要求的圆锥直径公差等级不能太低，一般为 IT5～IT8。

两个极限圆锥所限定的区域称为圆锥直径公差带 Z。

(3) 极限圆锥角、圆锥角公差和圆锥角公差带。极限圆锥角是指允许的最大圆锥角和最小圆锥角，它们分别用符号 α_{max} 和 α_{min} 表示，如图 5.7 所示。圆锥角公差是指圆锥角的允许变动量。当圆锥角公差以弧度或角度为单位时，用代号 AT_α 表示；以长度为单位时，用代号 AT_D 表示。极限圆锥角 α_{max} 和 α_{min} 所限定的区域称为圆锥角公差带 Z_α。

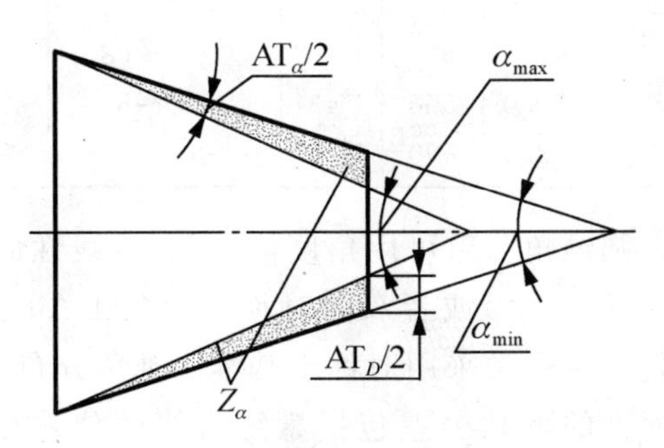

图 5.7　极限圆锥角和圆锥角公差带

2. 圆锥公差

(1) 圆锥角公差及其应用。圆锥角公差 AT 共分 12 个公差等级，它们分别用 AT1、AT2、…、AT12 表示，其中 AT1 精度最高，等级依次降低，AT12 精度最低。GB/T 11334—2005《圆锥公差》规定的圆锥角公差的数值见表 5-3。常用的锥角公差等级 AT4～AT12 的应用举例如下。

AT4～AT6 用于高精度的圆锥量规和角度样板。

AT7～AT9 用于工具圆锥、圆锥销、传递大转矩的摩擦圆锥。

AT10、AT11 用于圆锥套、圆锥齿轮之类的中等精度零件。

AT12 用于低精度的零件。

各个公差等级所对应的圆锥角公差值的大小与圆锥长度有关，由表 5-1 可以看出，圆锥角公差值随着圆锥长度的增加反而减小，这是因为圆锥长度越大，加工时其圆锥角精度越容易保证。圆锥角公差值的线性值 AT_D 在圆锥长度的每个尺寸分段中，其数值是一个范围值，每个 AT_D 首尾两端的值分别对应尺寸分段的最大值和最小值。若需要知道每个尺寸分段对应的 AT_D 值，可用与 AT_D 的换算关系计算而得。

$$AT_D = AT_\alpha \times L \times 10^{-5}$$

式中，AT_D、AT_α 和圆锥长度 L 的单位分别为 μm、μrad 和 mm。

表 5-3　圆锥角公差　　（摘自 GB/T 11334—1989）

基本圆锥长度	AT5			AT6			AT7		
	AT_α		AT_D	AT_α		AT_D	AT_α		AT_D
L/mm	μrad		μm	μrad		μm	μrad		μm
>25～40	160	33″	>4.0～6.3	250	52″	>6.3～10.0	400	1′22″	>10.0～16.0
>40～63	125	26″	>5.0～8.0	200	41″	>8.0～12.5	315	1′05″	>12.5～20.0
>63～100	100	21″	>6.3～10.0	160	33″	>10.0～16.0	250	52″	>16.0～25.0
>100～160	80	16″	>8.0～12.5	125	26″	>12.5～20.0	200	41″	>20.0～32.0
>160～250	63	13″	>10.0～16.0	100	21″	>16.0～25.0	160	33″	>25.0～40.0

续表

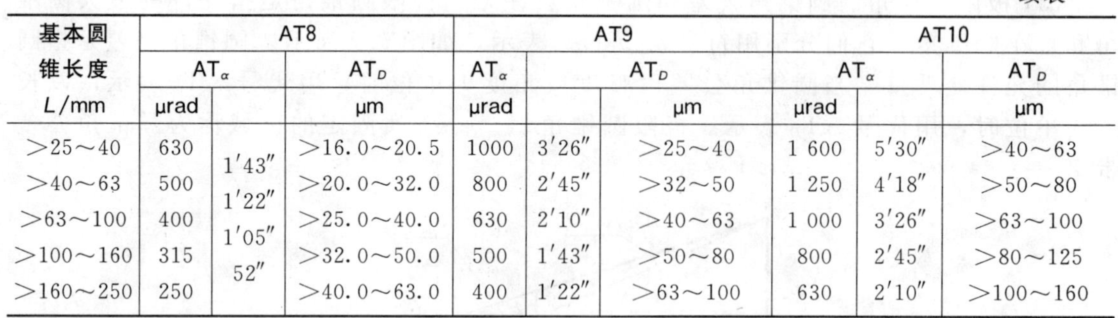

基本圆锥长度 L/mm	AT8			AT9			AT10		
	AT_α		AT_D	AT_α		AT_D	AT_α		AT_D
	μrad		μm	μrad		μm	μrad		μm
>25～40	630		>16.0～20.5	1000	3′26″	>25～40	1 600	5′30″	>40～63
>40～63	500	1′43″	>20.0～32.0	800	2′45″	>32～50	1 250	4′18″	>50～80
>63～100	400	1′22″	>25.0～40.0	630	2′10″	>40～63	1 000	3′26″	>63～100
>100～160	315	1′05″	>32.0～50.0	500	1′43″	>50～80	800	2′45″	>80～125
>160～250	250	52″	>40.0～63.0	400	1′22″	>63～100	630	2′10″	>100～160

为了加工和检测方便，圆锥角公差可用角度值 AT_D 或线性值 AT_α 给定，圆锥角的极限偏差可按单向取值($\alpha_0^{+AT_\alpha}$ 或 $\alpha^{0}_{-AT_\alpha}$)或者双向对称取值($\alpha \pm AT_D/2$)。为了保证内、外圆锥接触的均匀性，圆锥角公差带通常采用对称于基本圆锥角分布。

(2) 圆锥形状公差。圆锥的形状公差包括素线直线度公差和任意横截面上的圆度公差。在图样上可以标注圆锥的这两项形状公差或其中某一项公差，或者标注圆锥的面轮廓度公差。对于要求不高的圆锥零件，其形状误差一般由圆锥直径公差 T_D 加以限制。

3. 圆锥公差的给定和标注

只有具有相同的基本圆锥角(或基本锥度)，同时标注直径公差的圆锥直径也具有相同的基本尺寸的内、外圆锥才能相互配合。在图样上标注配合内、外圆锥的尺寸和公差的方法有下列 3 种。

(1) 如图 5.8 所示，给出圆锥的理论正确圆锥角 $\boxed{\alpha}$[图 5.8(a)](或锥度 $\boxed{C}$)[图 5.8(b)]、理论正确圆锥直径($\boxed{D}$ 或 $\boxed{d}$)和圆锥长度 L，并标注面轮廓度公差值。必要时，还可以给出附加的形位公差值，但只占面轮廓度公差的一部分，形位误差在面轮廓度公差带内浮动。此法适用于有配合要求的结构型内、外圆锥。它是常用的圆锥公差给定方法，由面轮廓度公差带确定最大与最小极限圆锥，将圆锥的直径偏差、圆锥角偏差、素线直线度误差和横截面圆度误差等都控制在面轮廓度公差带内。

(2) 如图 5.9 所示，给出圆锥的理论正确圆锥角 $\boxed{\alpha}$ 和圆锥长度 L，标注基本圆锥直径(D 或 d)及其极限偏差(按相对于该直径对称分布取值)。其特征是按圆锥直径为最大和最小实体尺寸构成的同轴圆锥面来形成两个具有理想形状的包容面公差带。实际圆锥处处不得超越这两个包容面。此法适用于有配合要求的结构型和位移型内、外圆锥。

(3) 如图 5.10 所示，同时给出最大(或最小)圆锥直径的极限偏差和圆锥角极限偏差，并标注圆锥长度。它们各自独立，分别满足各自的要求。此法适用于非配合圆锥；也适用于对某给定截面直径有较高要求的圆锥。

特别提示

无论采用哪种标注方法，若有需要，可附加给出更高的素线直线度、圆度公差要求；对于轮廓度法和基本锥度法，还可附加给出严格的圆锥角公差。

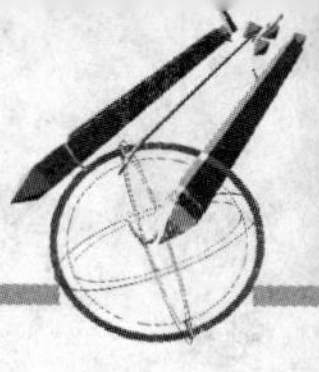

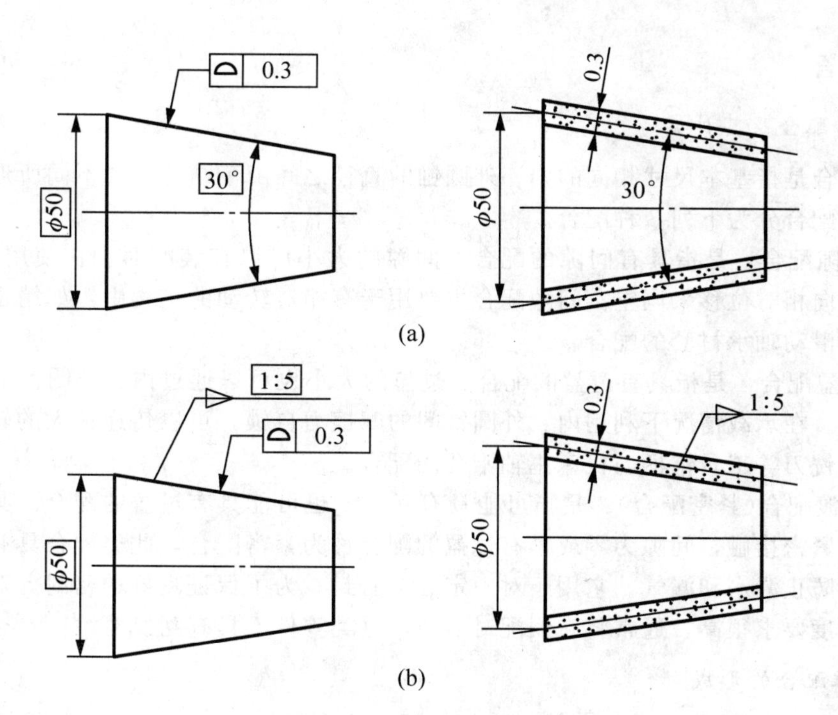

图 5.8　标注圆锥公差的方法一

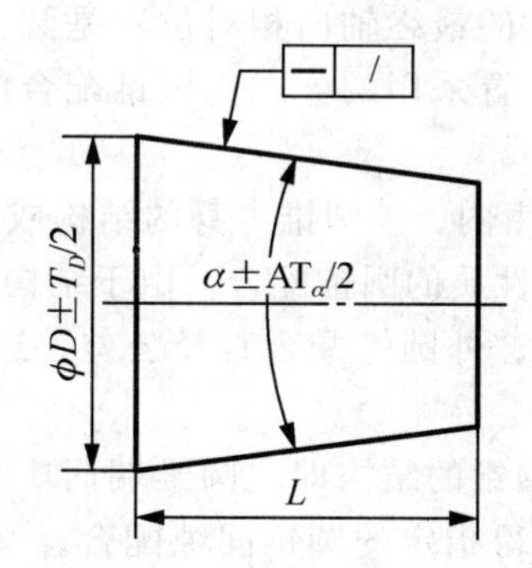

图 5.9　标注圆锥公差的方法二

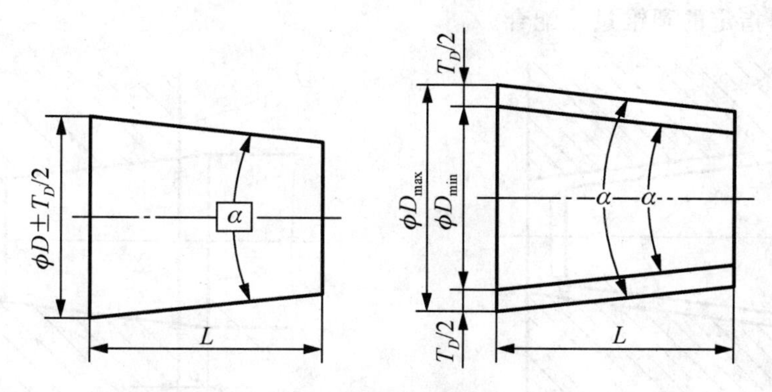

图 5.10　标注圆锥公差的方法三

四、圆锥配合

1. 圆锥配合及其种类

圆锥配合是指基本尺寸相同的内、外圆锥的直径之间由于结合松紧不同所形成的相互关系。圆锥配合分为下列3种配合。

(1) 间隙配合：是指具有间隙的配合。间隙的大小可以在装配时和在使用中通过内、外圆锥的轴向相对位移来调整。间隙配合主要用于有相对转动的机构中，如精密车床主轴轴颈与圆锥滑动轴承衬套的配合。

(2) 过盈配合：是指具有过盈的配合。过盈的大小也可以通过内、外圆锥的轴向相对位移来调整。在承载情况下利用内、外圆锥间的摩擦力自锁，可以传递很大的转矩，如钻头、铰刀和铣刀等工具锥柄与机床主轴锥孔的配合。

(3) 过渡配合(紧密配合)：是指可能具有间隙，也可能具有过盈的配合。其中，要求内、外圆锥紧密接触，间隙为零或稍有过盈的配合称为紧密配合，此类配合具有良好的密封性，可以防止漏水和漏气。它用于对中定心或密封。为了保证良好的密封，对内、外圆锥的形状精度要求很高，通常将它们配对研磨，这类零件不具有互换性。

2. 圆锥配合的形成

在实际应用中，圆锥配合的间隙或过盈的大小可通过改变内、外圆锥间的轴向相对位置来调整。因此，内、外圆锥的最终轴向相对位置是圆锥配合的重要特征。按照确定内、外圆锥间最终的轴向相对位置采用的方式，圆锥配合的形成可以分为下列两种形成方式。

(1) 结构型圆锥配合：是指由内、外圆锥本身的结构或基面距确定它们之间最终的轴向相对位置，从而获得指定配合性质的圆锥配合。由于结构型圆锥配合轴向相对位置是固定的，其配合性质主要取决于内、外圆锥配合直径公差。这种配合方式可获得间隙配合、过渡配合和过盈配合。

如图5.11所示，用内、外圆锥的结构即内圆锥端面1与外圆锥台阶2接触来确定装配时最终的轴向相对位置，以获得指定的圆锥间隙配合。又如图5.12所示，用内圆锥大端基准平面1与外圆锥大端基准圆平面2之间的距离a(基面距)确定装配时最终的轴向相对位置，以获得指定的圆锥过盈配合。

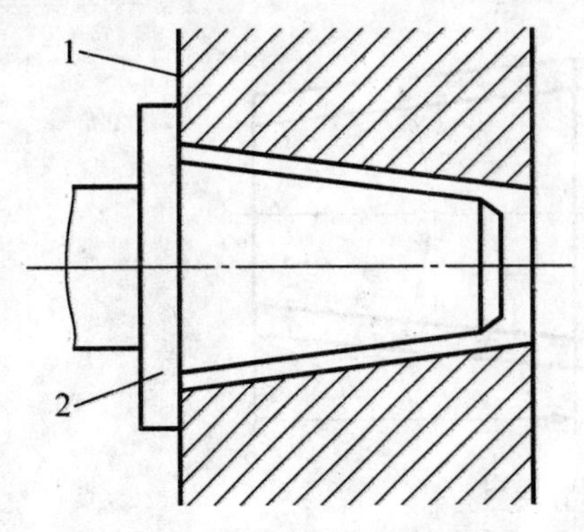

图5.11　由结构形成的圆锥间隙配合

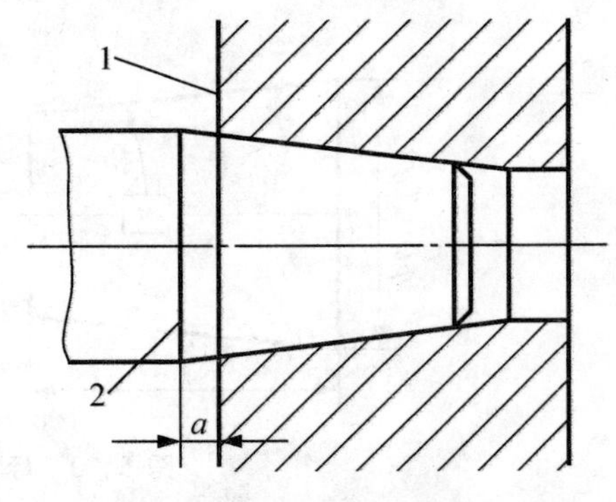

图5.12　由基面距形成的圆锥过盈配合

(2) 位移型圆锥配合：是指由规定内、外圆锥的轴向相对位移或规定施加一定的装配

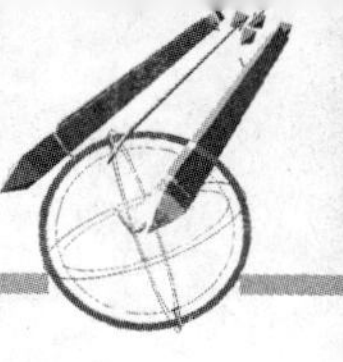

力(轴向力)产生轴向位移，确定它们之间最终的轴向相对位置，来获得指定配合性质的圆锥配合。前者可获得间隙配合和过盈配合，而后者只能得到过盈配合。位移型圆锥配合的配合性质是由轴向相对位移或轴向装配力决定的，因而圆锥直径公差不影响配合性质，但影响初始位置、位移公差(允许位置的变动量)、基面距和接触精度。因此，位移型圆锥配合的公差等级不能太低。

如图5.13所示，在不受力的情况下内、外圆锥相接触，由实际初始位置 P_a 开始，内圆锥向右做轴向位移 E_a，到达终止位置 P_f，以获得指定的圆锥间隙配合。又如图5.14所示，在不受力的情况下内、外圆锥相接触，由实际初始位置 P_a 开始，对内圆锥施加一定的装配力，使内圆锥向左做轴向位移 E_a(虚线位置)，达到终止位置 P_f，以获得指定的圆锥过盈配合。

轴向位移 E_a 与间隙 X(或过盈 Y)的关系如下：

$$E_a = X(\text{或}\ Y)/C$$

式中：C——内、外圆锥的锥度。

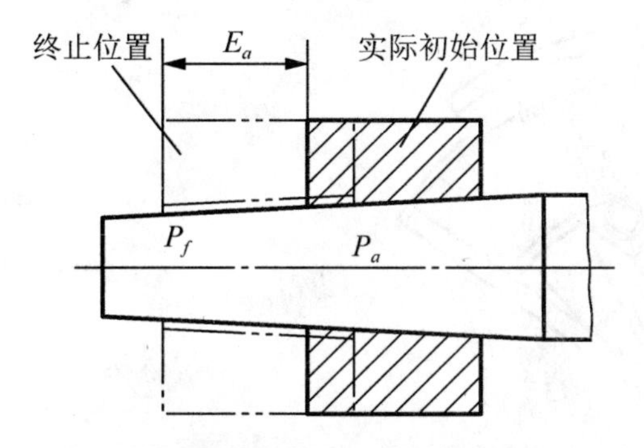

图5.13　由轴向位移形成圆锥间隙配合

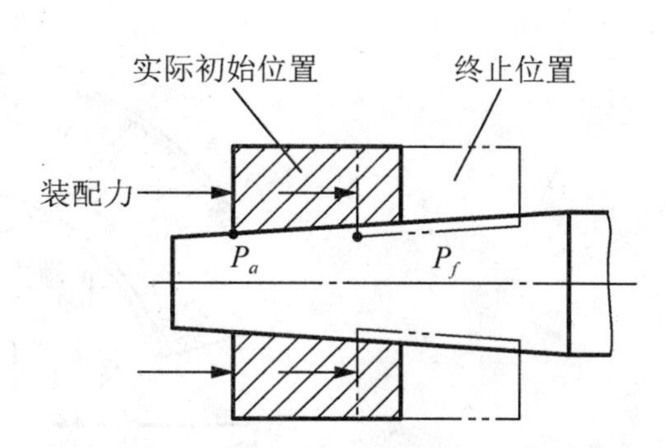

图5.14　由施加装配力形成圆锥过盈配合

五、未注圆锥公差角度的极限偏差

国家标准对金属切削加工工件的未注公差角度规定了极限偏差，即GB 11335—89《未注公差角度的极限偏差》将未注公差角度的极限偏差分为3个等级，见表5-4。以角度的短边长度查取。用于圆锥时，以圆锥素线长度查取。

未注公差角度的公差等级在图样或技术文件上用标准号和公差等级表示，如选用粗糙级时，表示为：GB 11335—c。

表5-4　未注圆锥公差角度的极限偏差

公差等级	长度/mm				
	≤10	>10～50	>50～120	>120～400	>400
m(中等级)	±1°	±30′	±20′	±10′	±5′
c(粗糙级)	±1°30′	±1°	±30′	±15′	±10′
v(最粗级)	±3°	±2°	±1°	±30′	±20′

项目实施

前面已经学过了相关的圆锥角知识，那么如何检测内外圆锥角度的误差呢？分析选择用什么规格的计量器具，确定测量部位、测量次数、数据处理办法及判断工件的合格与否。

测量锥度和角度的测量器具很多，其测量方法可分为直接量法和间接量法，直接量法又可分为相对量法和绝对量法。下面分别介绍锥度和角度的常用测量器具和测量方法。

一、仪器介绍

1. 游标万能角尺

游标万能角尺是一种结构简单的通用角度量具，其读数原理类同游标卡尺，结构如图 5.15所示，由主尺 1、游标尺 2、基尺 3、压板 4、直角尺 5、直尺 6 组成。利用基尺、角尺和直尺的不同组合，可以进行 0～320°角度的测量。

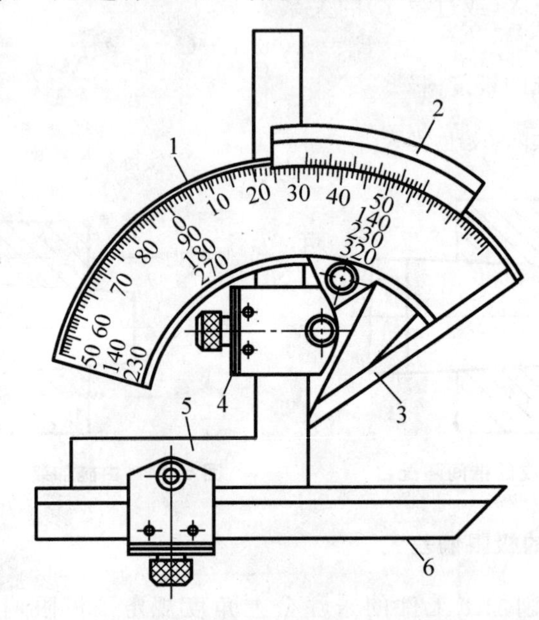

图 5.15　万能游标角尺

万能角尺的读数机构是根据游标原理制成的，以分度值为 2′的万能角尺为例，其主尺刻度线每格为 1°，而游标刻线每格为 58′，即主尺 1 格与游标的 1 格的差值为 2′，它的读数方法与游标卡尺完全相同。

测量时应先校对零位，当角尺与直尺均安装好，且 90°直角尺的底边及基尺均与直尺无间隙接触，主尺与游标的“0”线对准时即调好零位，使用时通过改变基尺、角尺、直尺的相互位置，可测量万能角尺测量范围内的任意角度。万能角尺测量工件时，应根据所测范围组合量尺。

2. 正弦尺

正弦尺是间接测量角度的常用计量器具之一，它需要和量块、千分表等配合使用。正弦尺的结构如图 5.16 所示。它由主体和两个圆柱等组成，分宽型和窄型两种。正弦尺测量角度误差的原理是以直角三角形的正弦函数为基础，如图 5.17 所示。

测量时，先根据被测圆锥的公称圆锥角 α，按下式计算出量块组的高度 h：

$$h=L\times\sin\alpha$$

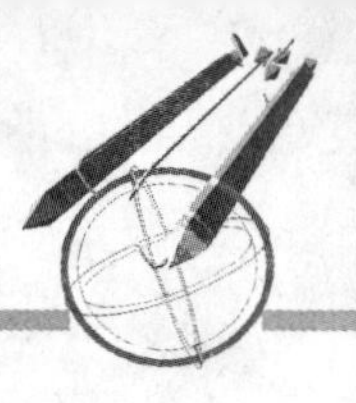

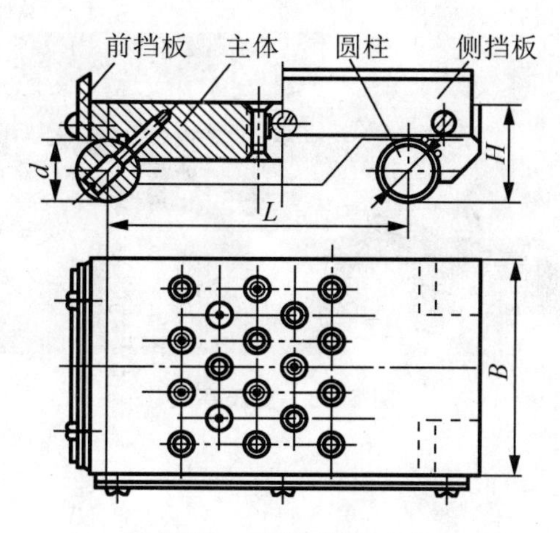

图 5.16　正弦尺外形结构

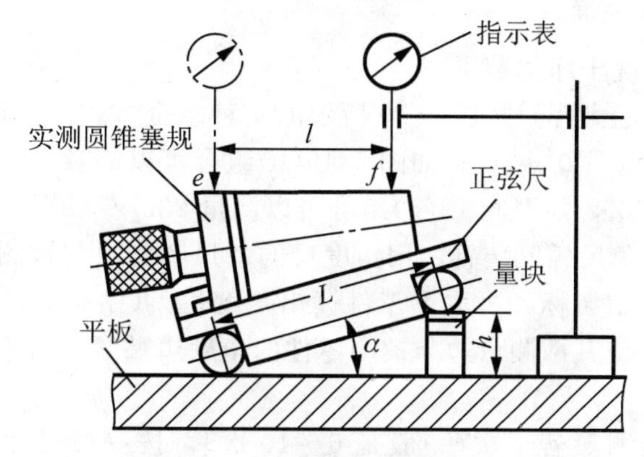

图 5.17　正弦尺测量圆锥角

L 为正弦尺两圆柱间的中心距(宽型和窄型的 L 分别为 100、200mm)，根据计算出的 h 值组合量块，垫在正弦尺圆柱的下方，此时正弦尺的工作面与平板的夹角为 α。然后将被测圆锥放在正弦尺的工作面上，如果被测圆锥角等于公称圆锥角 α，则指示表在 e、f 两点的示值相同。反之 e、f 两点的示值有一差值 A。当 $\alpha'>\alpha$ 时，$e-f=+A$，若 $\alpha'<\alpha$ 时，$e-f=-A$(α'为塞规实际圆锥角)

$$\tan\alpha=A\div l$$

式中：l——e、f 两点间距离。

3. 莫氏量规

图 5.18 所示为带扁尾的圆锥量规。如前所述，圆锥工件的直径偏差和角度偏差都将影响基面距变化。因此，用圆锥量规检验圆锥工件时，是按照圆锥量规相对于被检验的圆锥工件端面的轴向移动(基面距偏差)来判断是否合格，为此，在圆锥量规的大端或小端刻有两条相距为 m 的刻线或作距离为 m 值的小台阶，而 m 值等于圆锥工件的基面距公差。

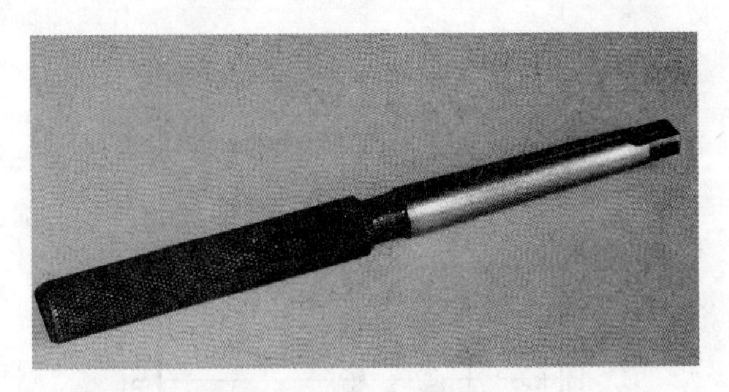

图 5.18　莫氏塞规

3＃莫氏锥度 $\alpha=2°52'32''$

二、测量步骤

1. 游标万能角尺测量角度

(1) 将被测工件清洗干净并擦干。

(2) 根据被测角度的大小，按图 5.19 所示的 4 种组合方式之一调整好游标万能角尺。如图 5.19(a)组合可以测量 0°～50°；如图 5.19(b)组合可以测量 50°～140°；如图 5.19(c)组合可以测量 140°～230°，如图 5.19(d)组合可以测量 230°～320°。

(3) 松开游标万能角尺锁紧装置，用角度尺的基尺和直尺与被测工件角度的两边贴合好，旋转制动头，以固定游标，再取下工件读出角度值。(贴合好的判定：将工件和角度尺同时对光测量观察，使其两测量边与被测零件的角度边贴紧，目测无可见光隙透过。锁紧后读数。

(4) 在不同的部位测量若干次(一般是 6～10 次)，按一般尺寸的判定原则判断其合格性。

(5) 完成实训报告表 5。

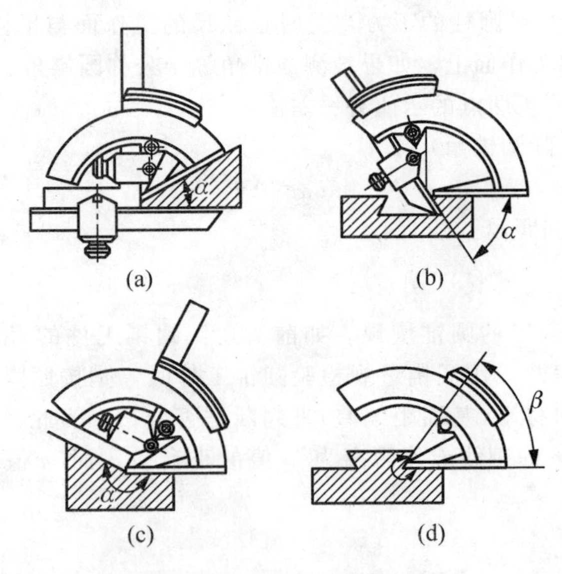

图 5.19　万能角尺测量组合

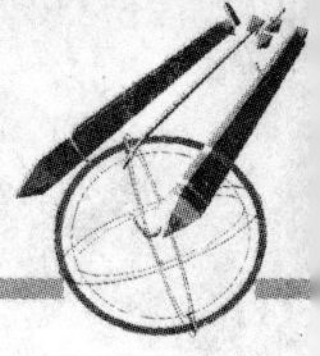

特别提示

① 测量顶尖圆锥角时，务必将尺边与锥角母线贴合。

② 万能角度尺是属于游标类的尺子，读数时一定要注意分度值。

③ 由于工件只给出公差等级，需查表找出公差值。若要查表，还需要基本参数，所以测量数据，取完以后，切忌不要忘记测量工件的基本参数。

④ 仪器测量范围应填写仪器整体的测量范围，即 0°～320°。

⑤ 角度偏差应为双向对称分布，且注意角度的进制。

⑥ 合格性的条件是：所测的数据均在两极限角度范围内。

⑦ 测量结果中的实际角度应为所测数据的平均值。

2. 正弦尺测量外圆锥角

(1) 根据被测圆锥塞规圆锥角 α，按公式 $h=L\times\sin\alpha$ 计算垫块的高度，选择合适的量块组合好作为垫块。

(2) 将组合好的量块组按图 5.17 所示放在正弦尺一端的圆柱下面，然后将被测塞规稳放在正弦尺的工作台上。

(3) 千分表装在磁性表座上，测量 e、f 两点(其距离尽量远些，但不小于 2mm)。测量时，应找到被测圆锥素线的最高点，记下读数。

特别提示

测量时，可将 e 或 f 读数调为零，再测 f 或 e 的读数。

(4) 按上述步骤，将被测量规转过一定角度，在 e、f 点分别测量 3 次，取平均值，求出 e、f 两点的高度差 A。然后测量 e、f 之间的距离。

(5) 记录并完成实训报告 5。

正弦规的维护与保养应注意以下事项。

① 不能用正弦规测量粗糙工件，被测工件表面不应有毛刺、灰尘，也不应带有磁性。

② 使用正弦规时，应注意轻拿轻放，不得在平板上长距离拖拉正弦规，以防两圆柱磨损。

③ 在正弦规上装卡工件时，应避免划伤工件面。

④ 两圆柱中心距的准确与否，直接影响测量精度，所以不能随意调整圆柱的紧固螺钉。

⑤ 不用时，应放在干燥缸中保存。

3. 莫氏塞规检测内圆锥

锥度和角度的相对量法是指用锥度或角度的定值量具与被测的锥度和角度相比较，用涂色法或光隙法估计被测锥度或角度的偏差。在成批生产中常用圆锥量规检验圆锥工件的锥度和基面距偏差。圆锥量规分为圆锥塞规和套规，其结构如图 5.20 所示。

由于进行圆锥配合时，通常锥角公差有较高要求，所以当用圆锥量规检验时，首先应以单项检验锥度，采用涂色法。

检验内锥孔时用莫氏塞规，也就是一个标准的外圆锥度量规，将红丹或蓝油在塞规上均匀涂抹2～4条线，然后将塞规插入内锥孔对研转动60°～120°，抽出锥度塞规看表面涂料的擦拭痕迹，来判断内圆锥的好坏，接触面积越多，锥度越好，反之则不好，一般用标准量规检验锥度接触要在75%以上，而且靠近大端，涂色法只能用于精加工表面的检验。

图5.20　莫氏量规

实训报告表5　角度和圆锥角测量

1. 游标万能角尺测量角度

检测项目	实测值								平均值	结论
	1	2	3	4	5	6	7	8		

2. 正弦尺正弦尺测量外圆锥角

检测项目	实测值				平均值
	1	2	3	4	
a点数值					
b点数值					
$A=a-b$					
$\tan\triangle\alpha=A/l$					
L					
l					
合格性结论					

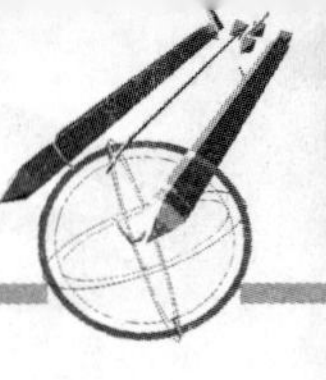

特别提示

莫氏量规的维护和保养

(1) 不准用手触摸量规的工作表面，以免引起生锈。

(2) 使用期间，要把量规放在适当的地方，如工具柜的台面上或机床不动部分的木垫板上，不要放在机床刀架上或机床导轨上，以免造成损坏。

(3) 不论是经常使用的量规还是不经常使用的量规，都要定期进行外部检查，看有没有损伤、锈蚀或变形。假如发现量规开始生锈，应及时放进汽油内浸泡一段时间，再取出仔细擦干净，并涂上防锈油。

(4) 不要把两个量规的工作表面配合在一起保存(如塞规和环规套在一起)，否则两个工作表面会相互胶合，加外力分开时会受到不必要的损伤。

(5) 量规使用完毕，要用清洁的棉纱或软布擦干净，放在专用木盒内，然后收存到工具柜里；片形量规也可以挂在工具柜里。如果天气潮湿或隔一段时间才能使用时，擦干净后应再涂上一层无酸凡士林或防锈油。保管量规的地方必须干燥。

项目小结

1. 圆锥配合特点

圆锥配合与圆柱配合相比较，前者具有良好的同轴度，而且装拆方便，配合的间隙或过盈可以调整，密封性好等优点。但是，圆锥配合在结构上比较复杂，影响其互换性的参数较多，加工和检测也较困难。

2. 圆锥主要参数

圆锥有内圆锥(圆锥孔)和外圆锥(圆锥轴)两种，其主要几何参数为圆锥角 α、圆锥直径、圆锥长度 L 和锥度 C 等，在图样上标注了锥度，就不必标注圆锥角，两者不应重复标注。

此外，对圆锥只要标注了最大圆锥直径 D 和最小圆锥直径 d 中的一个直径及圆锥长度 L、圆锥角 α(或锥度 C)，则该圆锥就完全确定。

3. 锥度与锥角

为了尽可能减少生产圆锥零件所需要的定值刀具、量具的种类和规格，在设计圆锥零件时应选择标准锥度或标准锥角。

莫氏圆锥共有7种，从0号至6号，其中，0号尺寸最小，6号尺寸最大。每个莫氏号的圆锥不但尺寸不同，而且锥度虽然都接近1∶20，也都不相同，所以，只有相同号的内、外莫氏圆锥才能配合。

4. 圆锥角公差

圆锥角公差AT共分12个公差等级，它们分别用AT1、AT2、…、AT12表示，其中AT1精度最高，等级依次降低，AT12精度最低。各个公差等级所对应的圆锥角公差值的大小与圆锥长度有关。

5. 圆锥形状公差

圆锥的形状公差包括素线直线度公差和任意横截面上的圆度公差。在图样上可以标注圆锥的这两项形状公差或其中某一项公差，或者标注圆锥的面轮廓度公差。对于要求不高的圆锥零件，其形状误差一般由圆锥直径公差 T_D 加以限制。

6. 圆锥公差的给定和标注

只有具有相同的基本圆锥角(或基本锥度)，同时标注直径公差的圆锥直径也具有相同的基本尺寸的内、外圆锥才能相互配合。在图样上标注配合内、外圆锥的尺寸和公差的方法有3种，示例如图5.8、图5.9、图5.10所示。

7. 圆锥配合

圆锥配合是指基本尺寸相同的内、外圆锥的直径之间由于结合松紧不同所形成的相互关系。圆锥配合分为间隙配合、过盈配合和过渡配合(紧密配合)3种配合。

8. 锥度和角度的常用的测量方法

有游标万能角尺测量角度、弦尺测量外圆锥角和莫氏塞规检测内圆锥3种。

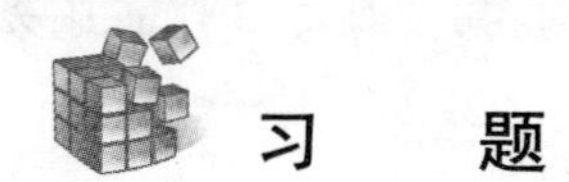

习　　题

5.1　判断题

(1) 在不同的轴截面，圆锥的实际圆锥角不一定相同。　(　　)

(2) 在圆锥的任意正截面上，最大极限圆锥和最小极限圆锥的直径之差都相等。　(　　)

(3) 圆锥配合时，可沿轴向进行相互位置的调整，从而获得间隙、过盈配合，所以比圆柱配合的互换性好。　(　　)

5.2　选择题

(1) 圆锥配合和圆柱配合相比较，其特点是(　　)。

A. 定心精度高　　B. 加工方便

C. 装拆不方便　　D. 密封性差

(2) 圆锥以(　　)作为基本尺寸。

A. 大端直径　　B. 小端直径

C. 长度　　D. 锥度

(3) 若圆锥的锥度 $C=1:10$，小端直径为30mm，圆锥长为70mm，则大端直径为(　　)mm。

A. 32.5　　B. 37

C. 31.4　　D. 44

5.3　如图5.21所示，已知大球直径 $D_0=20$mm，小球直径 $d_0=10$mm，用深度千分尺测得 $h=3.860$mm，$H=28.192$mm，若不计测量误差，求内锥体的锥角。

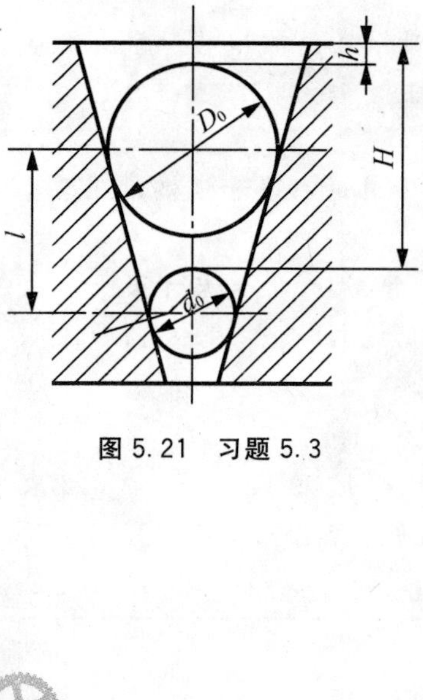

图5.21　习题5.3

项目6

螺纹误差测量

学习情境设计

序　号	情境(课时)	主要内容
1	任务(0.3)	(1) 提出螺纹中径、螺距及牙型半角的测量任务(根据图6.1) (2) 分析零件的公差要求
2	信息(1.5)	(1) 螺纹的种类及使用要求、普通螺纹的基本牙型和主要几何参数 (2) 公法线千分尺、工具显微镜等测量器具的规格及使用方法 (3) 螺纹中径、螺距及牙型半角的测量方法
3	计划(0.3)	(1) 根据被测要素，确定检测部位和测量次数 (2) 确定螺纹中径、螺距及牙型半角的测量方案
4	实施(1.5)	(1) 洁净被测零件和计量器具的测量面 (2) 选择合适的计量器具，计量器具的安装 (3) 调整与校正计量器具 (4) 记录数据，进行数据处理
5	检查(0.2)	(1) 任务的完成情况 (2) 复查，交叉互检
6	评估(0.2)	(1) 分析整个工作过程，对出现的问题进行修改并优化 (2) 判断被测要素的合格性 (3) 出具测量报告，将资料存档

项 目 描 述

(1) 分析图 6.1 中图纸上螺纹的精度要求。

(2) 查阅相关国家计量标准，理解 M24－6g、Tr40×7－7e 标注的含义。

(3) 选择适用于检测所给零件螺纹的计量器具和辅助工具。

(4) 填写检测报告与数据处理。

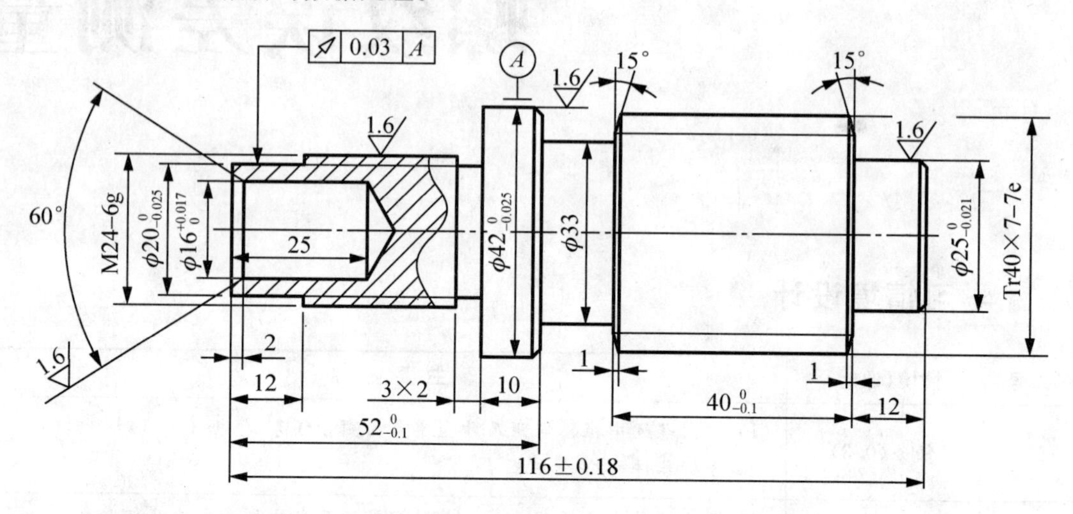

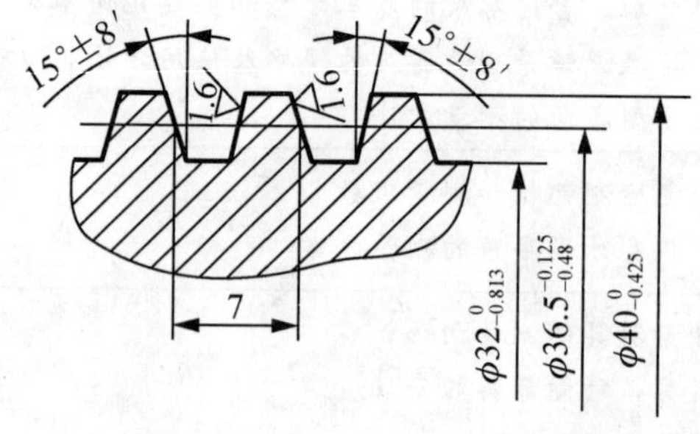

技术要求

(1) 螺纹部分不允许以螺母相配加工

(2) 倒角1×45°

(3) 倒钝锐边

(4) 未注尺寸公差按IT14加工

图 6.1　被测零件

相 关 知 识

一、螺纹的认识

图 6.1 所示图纸上的零件有两段螺纹，分别标有“M24－6g”、“Tr40×7－7e”。本项目将将说明这些螺纹标记的含义。

一个完整的螺纹标记由螺纹特征代号、尺寸代号、螺纹公差代号及其他有必要进一步说明的个别信息组成。图 6.1 中 M、Tr 是螺纹特征代号；M24 中的 24，Tr40×7 中的 40×7 是尺寸代号；6g、7e 是螺纹的公差代号。下面将首先介绍一下螺纹的基础知识。

二、螺纹的种类及使用要求

螺纹的种类繁多，常用螺纹按用途分为普通螺纹、传动螺纹和紧密螺纹。按牙型可分为三角形螺纹、梯形螺纹和矩形螺纹等。

1. 普通螺纹

普通螺纹通常又称为紧固螺纹。其作用是使零件相互连接或紧固成一体，并可拆卸。普通螺纹牙型是将原始三角形的顶部和底部按一定比例截取而得到的，有粗牙螺纹和细牙螺纹之分。普通螺纹类型很多，使用要求也有所不同，对于普通螺纹，如用螺栓连接减速器的箱座和箱盖、螺钉与机体连接等，对这类螺纹的要求主要是可旋合性及足够的连接强度。旋合性是指相同规格的螺纹易于旋入或拧出，以便于装配或拆卸。连接可靠性是指有足够的连接强度，接触均匀，螺纹不易松脱。

2. 传动螺纹

传动螺纹用于传递动力和位移。如千斤顶的起重螺杆和摩擦压力机的传动螺杆，主要用来传递动力，同时可以使物体产生位移，但对所移位置没有严格要求，这类螺纹连接需有足够的强度。而机床进给机构中的微调丝杠、计量器具中的测微丝杠，主要用来传递精确位移，故要求传动准确。传动螺纹的牙型常用梯形、锯齿形和矩形等。

3. 紧密螺纹

紧密螺纹又称为密封螺纹，主要用于水、油、气的密封，如管道连接螺纹。这类螺纹连接应具有一定的过盈，以保证具有足够的连接强度和密封性。

本项目将主要介绍普通螺纹及其公差标准。

三、普通螺纹的基本几何参数

1. 基本牙型

按 GB/T 192—2003 规定，普通螺纹的基本牙型如图 6.2 所示，它是在螺纹轴剖面上将高度为 H 的原始等边三角形的顶部截去 $H/8$ 和底部截去 $H/4$ 后形成的。内、外螺纹的大径、中径、小径和螺距等基本几何参数都在基本牙型上定义。

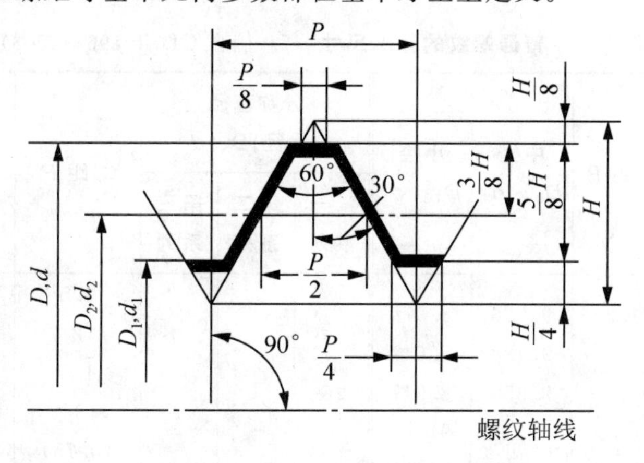

图 6.2　普通螺纹的基本牙型

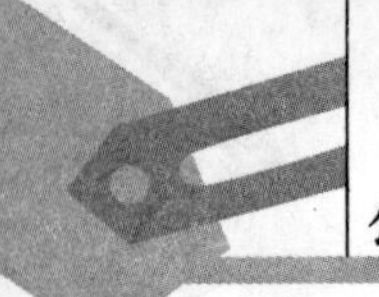

2. 几何参数

1）大径 D 或 d

大径是指与外螺纹牙顶或与内螺纹牙底相重合的假想圆柱面的直径。国家标准规定，大径的基本尺寸作为螺纹的公称直径。

2）小径 D_1 或 d_1

小径是指与外螺纹牙底或内螺纹牙顶相重合的假想圆柱面的直径。在强度计算中常作为螺杆危险剖面的计算直径。外螺纹的大径和内螺纹的小径统称为顶径，外螺纹的小径和内螺纹的大径统称为底径。

3）中径 D_2 或 d_2

中径是一个假想圆柱面的直径，该圆柱面的母线位于牙体和牙槽宽度相等处，即 $H/2$ 处。

4）单一中径 D_{2a} 或 d_{2a}

单一中径是一个假想圆柱面的直径，该圆柱面的母线位于牙槽宽度等于螺距基本尺寸一半处。单一中径用三针法测得，用来表示螺纹中径的实际尺寸。

5）螺距 P 和导程 L

螺距是指螺纹相邻两牙在中径线上对应两点间的轴向距离；导程是指同一条螺旋线上相邻两牙在中径线上对应两点间的轴向距离，螺距和导程的关系是：

$$L=nP$$

式中：n——螺纹的头数或线数。

6）牙型角 α 和牙型半角 $\alpha/2$

牙型角是指螺纹牙型上相邻两侧间的夹角；牙型半角是指牙侧与螺纹轴线的垂线之间的夹角。米制普通螺纹牙型角为60°，牙型半角为30°。

7）原始三角形高度 H

原始三角形高度是指原始三角形顶点到底边的垂直距离。

8）螺纹旋合长度 L

螺纹旋合长度是指两个相配合螺纹沿螺纹轴线方向相互旋合部分的长度。

GB/T 196—2003 规定了普通螺纹的基本尺寸，见表6-1。

表6-1 普通螺纹的基本尺寸 （摘自 GD/T 196—2003） 单位：mm

公称直径(大径)D、d			螺距 P	中径 D_2，d_2	小径 D_1，d_1	公称直径(大径)D、d			螺距 P	中径 D_2，d_2	小径 D_1，d_1
第一系列	第二系列	第三系列				第一系列	第二系列	第三系列			
10			1.5	9.026	8.376	20			2.5	18.376	17.294
			1.25	9.188	8.647				2	18.701	17.835
			1	9.350	8.917				1.5	19.026	18.376
			0.75	9.513	9.188				1	19.350	18.917
			(0.5)	9.675	9.459				(0.75)	19.613	19.188
									(0.5)	19.675	19.459

续表

公称直径(大径)D、d			螺距 P	中径 D_2，d_2	小径 D_1，d_1	公称直径(大径)D、d			螺距 P	中径 D_2，d_2	小径 D_1，d_1
第一系列	第二系列	第三系列				第一系列	第二系列	第三系列			
12			1.75 1.5 1.25 1 (0.75) (0.5)	10.863 11.026 11.188 11.350 11.513 11.675	10.106 10.376 10.647 10.917 11.188 11.459	24			3 2 1.5 1 (0.75)	22.051 22.701 23.026 23.350 23.513	20.752 21.835 22.376 22.917 23.188
16			2 1.5 1 (0.75) (0.5)	14.701 15.026 15.350 15.513 15.675	13.835 14.376 14.917 15.188 15.459	30			3.5 (3) 2 1.5 1 (0.75)	27.727 28.051 28.701 29.026 29.350 29.513	26.211 26.752 27.835 28.376 28.917 29.188

注：带括号的螺距尽量不用。

四、螺纹几何参数对互换性的影响

内、外螺纹加工后，外螺纹的大径和小径要分别小于内螺纹的大径和小径，才能保证旋合性。

由于螺纹旋合后主要依靠螺牙侧面工作，如果内、外螺纹的牙侧接触不均匀，就会造成负荷分布不均匀，势必会降低螺纹的配合均匀性和连接强度。因此对螺纹互换性影响较大的参数是中径、螺距和牙型半角。

1. 螺距偏差对互换性的影响

螺距偏差可分为单个螺距偏差和螺距累积偏差两种。

1）单个螺距偏差

单个螺距偏差是指单个螺距的实际值与其基本值的代数差，它与旋合长度无关。

2）螺距累积偏差

螺距累积偏差是指在规定的螺纹长度内，任意两同名牙侧与中径线交点间的实轴向距离与其基本值的最大差值，它与旋合长度有关。螺距累积偏差对互换性的影响更为明显。

如图 6.3 所示，假设内螺纹具有基本牙型，仅与存在螺距偏差的外螺纹结合。外螺纹 N 个螺距的累积误差为 ΔP_{Σ}。内、外螺纹牙侧产生干涉而不能旋合。为了防止干涉，使具有 ΔP_{Σ} 的外螺纹旋入理想的内螺纹，就必须使外螺纹的中径减小一个数值 f_p。

f_p 就是为补偿螺距累积误差而折算到中径上的数值，称为螺距误差的中径当量。为了讨论方便，设内、外螺纹的中径和牙型半角均为误差，内螺纹无螺距误差，仅外螺纹有螺距误差。此误差 ΔP_{Σ} 相当于使外螺纹中径增加了一个 f_p 值，此 f_p 值称为螺距误差的中径当量。从 Δabc 中可知：

$$f_p=|\Delta P_\Sigma|\cot\frac{\alpha}{2}$$

当 $\alpha=60°$ 时，则 $f_p=1.732|\Delta P_\Sigma|$

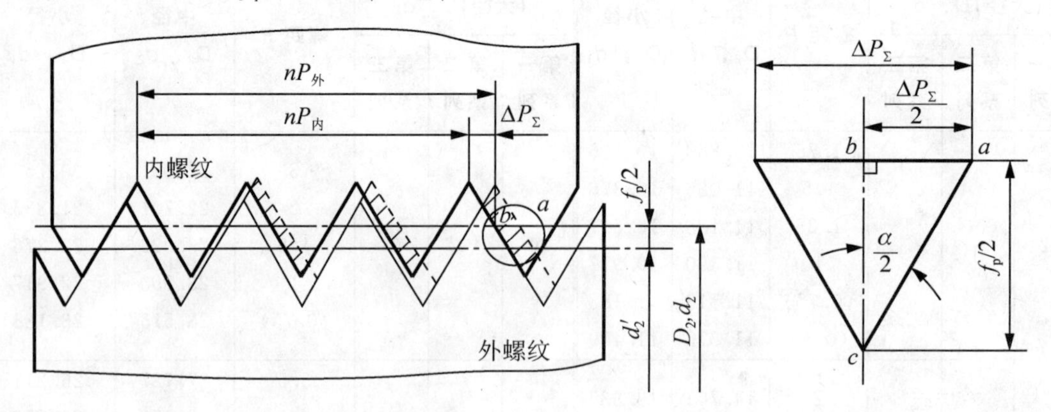

图 6.3　螺距累积偏差

2. 牙型半角误差对互换性的影响

牙型半角偏差是指牙型半角的实际值对公称值的代数差，是螺纹牙侧相对于螺纹轴线的位置误差，对螺纹的旋合性和连接强度均有影响。牙型半角偏差对旋合性的影响如图 6.4所示。

牙型半角误差可能是由于牙型角 α 本身不准确或由于它与轴线的相对位置不正确而造成的，也可能是两者综合作用的结果。

为了便于分析，设内螺纹具有理想牙型，外螺纹的中径和螺距与内螺纹相同，仅有半角误差，现分两种情况讨论。

1) 外螺纹牙型半角小于内螺纹牙型半角，如图 6.4(a)所示。

$\frac{\Delta\alpha}{2}=\frac{\alpha_外}{2}-\frac{\alpha}{2}<0$，剖线部分产生靠近大径处的干涉而不能旋合。

为了保证可旋合性，可把内螺纹的中径增加 $f_{\frac{\alpha}{2}}$，或把外螺纹中径减小 $f_{\frac{\alpha}{2}}$，由图中的 ΔABC，按正弦定理得到：

$$\frac{f_{\frac{\alpha}{2}}/2}{\sin\left(\Delta\frac{\alpha}{2}\right)}=\frac{AC}{\sin\left(\frac{\alpha}{2}-\Delta\frac{\alpha}{2}\right)}$$

因 $\Delta\frac{\alpha}{2}$ 很小，$AC=\frac{3H/8}{\cos\frac{\alpha}{2}}$，$\sin\left(\Delta\frac{\alpha}{2}\right)\approx\Delta\frac{\alpha}{2}$，$\sin\left(\frac{\alpha}{2}-\Delta\frac{\alpha}{2}\right)\approx\sin\frac{\alpha}{2}$

如 $\Delta\frac{\alpha}{2}$ 以“分”计，H、P 以毫米计得：

$$f_{\frac{\alpha}{2}}=(0.44H/\sin\alpha)\left|\Delta\frac{\alpha}{2}\right|\quad(\mu m)$$

当 $\alpha=60°$ 时，由 $H=0.866P$ 得到：

$$f_{\frac{\alpha}{2}}=0.44P\left|\Delta\frac{\alpha}{2}\right|\quad(\mu m)$$

2）当外螺纹牙型半角大于内螺纹牙型半角，如图 6.4(b)所示。

$\frac{\Delta\alpha}{2}=\frac{\alpha_{外}}{2}-\frac{\alpha_{内}}{2}>0$，剖线部分产生靠近小径处的干涉而不能旋合。

同理得出：

$$f_{\frac{\alpha}{2}}=(0.291H/\sin\alpha)\left|\Delta\frac{\alpha}{2}\right| \qquad (\mu m)$$

当 $\alpha=60°$时，由 $H=0.866P$ 得到：

$$f_{\frac{\alpha}{2}}=0.291P\left|\Delta\frac{\alpha}{2}\right| \qquad (\mu m)$$

一对内外螺纹，实际制造与结合通常左、右不相等，产生牙型歪斜。$\Delta\frac{\alpha}{2}$可能为正，也能为负，同时产生上述两种干涉，因此可按上述两式的平均值计算，即：

$$f_{\frac{\alpha}{2}}=0.36P\left|\Delta\frac{\alpha}{2}\right| \qquad (\mu m)$$

当左右牙型半角误差不相等时，$\Delta\frac{\alpha}{2}$可按 $\Delta\frac{\alpha}{2}=\left(\left|\Delta\frac{\alpha}{2_{左}}\right|+\left|\Delta\frac{\alpha}{2_{右}}\right|\right)/2$ 计算。

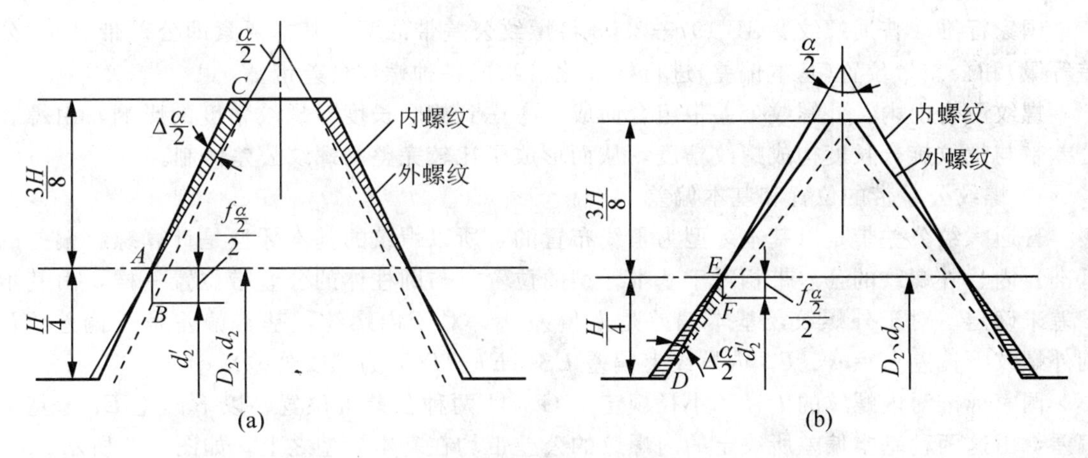

图 6.4 牙型半角误差与中径当量的关系

3. 单一中径误差对互换性的影响

制造中螺纹的中径误差 $\Delta D_{2单一}$或 $\Delta d_{2单一}$，将直接影响螺纹的旋合性和结合强度。若 $D_{2单一}>d_{2单一}$则结合过松而结合强度不够；若 $D_{2单一}<d_{2单一}$则因过紧而无法自由旋合。$\Delta d_{2单一}$或 $\Delta D_{2单一}$的大小随螺纹的实际中径大小而变化。

影响螺纹互换性的参数主要是中径、螺距和牙型半角。由于螺距误差和牙型半角误差对螺纹互换性的影响可以折算为中径当量，因此，可以不单独规定螺距公差和牙型半角公差，而仅规定一项中径公差，以控制中径偏差、螺距误差和牙型半角误差的综合结果。

4. 作用中径与螺纹中径合格性判断原则

由于螺距误差和牙型半角误差均用中径补偿，对于内螺纹来说相当于螺纹中径变小，对于外螺纹来说相当于螺纹中径变大，此变化后的中径称为作用中径，即螺纹配合中实际起作用的中径，即：

$$D_{2作用}=D_{2单一}-f_p-f_{\frac{\alpha}{2}}$$

$$d_{2作用}=d_{2单一}+f_p+f_{\frac{\alpha}{2}}$$

作用中径把螺距误差 ΔP_{Σ}、牙型半角误差 $\Delta\frac{\alpha}{2}$ 及单一中径误差三者联系在一起，它是保证螺纹互换性的最主要参数。米制普通螺纹仅用中径公差即可综合控制 3 项误差。

螺纹中径的合格性要根据螺纹的极限尺寸判断原则(泰勒原则)判断，即内螺纹的作用中径应不小于最小极限尺寸；单一中径应不大于最大极限尺寸，即：

$$D_{2作用}\geqslant D_{2\min}$$

$$D_{2单一}\leqslant D_{2\max}$$

外螺纹的作用中径应不大于中径最大极限尺寸，单一中径应不小于中径最小极限尺寸，即：

$$d_{2作用}\leqslant d_{2\max}$$

$$d_{2单一}\geqslant d_{2\min}$$

五、普通螺纹的公差与配合

1. 普通螺纹的公差带

国家标准《普通螺纹》GB 197—2003 将螺纹公差带的两个基本要素即公差带大小(公差等级)和公差带位置(基本偏差)进行标准化，组成各种螺纹公差带。

螺纹配合由内、外螺纹公差带组合而成。考虑到旋合长度对螺纹精度的影响，由螺纹公差带与螺纹旋合长度构成螺纹精度，从而形成了比较完整的螺纹公差体制。

1) 螺纹公差带的位置和基本偏差

普通螺纹公差带是以基本牙型为零线布置的，所以螺纹的基本牙型是计算螺纹偏差的基准。内、外螺纹的公差带相对于基本牙型的位置，与圆柱体的公差带位置一样，由基本偏差来确定。对于外螺纹，基本偏差是上偏差 es，对于内螺纹，基本偏差是下偏差 EI，则外螺纹下偏差 $ei=es-T$，内螺纹上偏差 $ES=EI+T$(T 为螺纹公差)。

国家标准对内螺纹的中径和小径规定了 G、H 两种公差带位置，以下偏差 EI 为基本偏差，由这两种基本偏差所决定的内螺纹的公差带均在基本牙型之上，如图 6.5 所示。

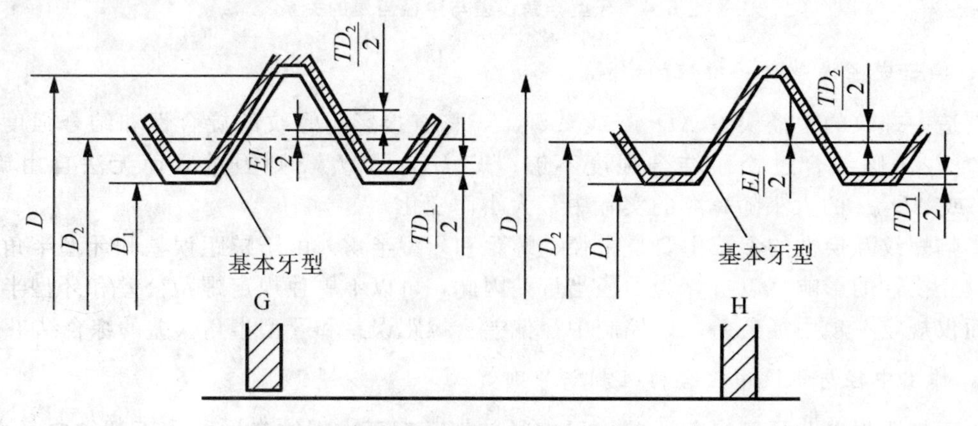

图 6.5　内螺纹的基本偏差

国家标准对外螺纹的中径和大径规定了 e、f、g、h 共 4 种公差带位置，以上偏差 es 为基本偏差，由这 4 种基本偏差所决定的外螺纹的公差带均在基本牙型之下，如图 6.6 所示。

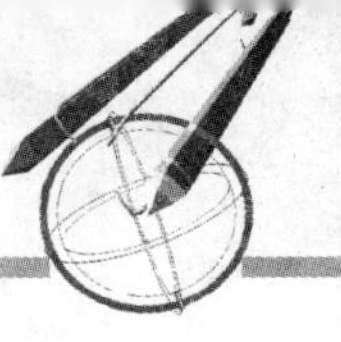

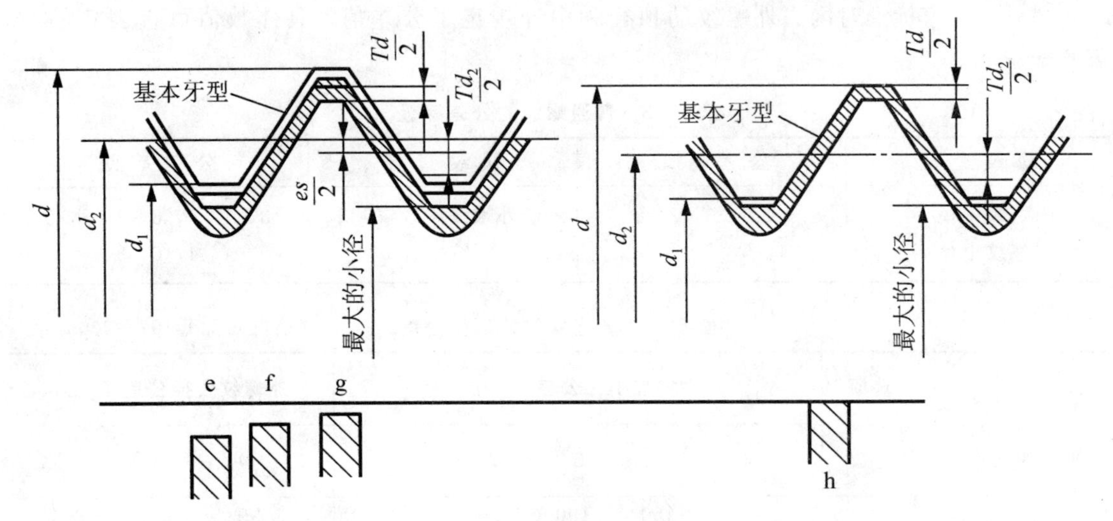

图 6.6　外螺纹的基本偏差

内、外螺纹基本偏差的含义和代号取自《公差与配合》标准中相对应的孔和轴，其值见表 6-2。标准中对内螺纹的中径和小径规定采用 G、H 两种公差带位置，对外螺纹大径和中径规定了 e、f、g、h 共 4 种公差带位置。

表 6-2　普通螺纹的基本偏差　　　　(摘自 GB/T 197—2003)

螺纹 / 基本偏差 / 螺距 P/mm	内螺纹		外螺纹			
	G	H	e	f	g	h
	EI/μm		es/μm			
0.75	+22		−56	−38	−22	
0.8	+24		−60	−38	−24	
1	+26		−60	−40	−26	
1.25	+28		−63	−42	−28	
1.5	+32	0	−67	−45	−32	0
1.75	+34		−71	−48	34	
2	+38		−71	−52	−38	
2.5	+42		−80	−58	−42	
3	+48		−85	−63	−48	

2）螺纹公差带的大小和公差等级

国家标准规定了内、外螺纹的公差等级，其值和孔、轴公差值不同，有螺纹公差的系列和数值。普通螺纹公差带的大小由公差值确定，公差值又与螺距和公差等级有关。GB/T 197—2003 规定的普通螺纹公差等级见表 6-3。各公差等级中 3 级最高，9 级最低，6 级为基本级。由于内螺纹较难加工，因此同样公差等级的内螺纹中径公差比外螺纹中径公差大 32%左右。对外螺纹的小径和内螺纹的大径不规定具体的公差数值，而只规定内、外螺纹牙底实际轮廓上的任何点均不得超越按基本偏差所确定的最大实体牙型，此外还规定了外螺纹的最小牙底半径。

另外，国家标准对内、外螺纹的顶径和中径规定了公差值，具体数值可查表 6－4 和表 6－5获得。

表 6－3　普通螺纹的公差等级

螺纹直径	公差等级	螺纹直径	公差等级
内螺纹中径 D_2	4，5，6，7，8	外螺纹中径 d_2	3，4，5，6，7，8，9
内螺纹小径 D_1	4，5，6，7，8	外螺纹大径 d_1	4，6，8

表 6－4　普通螺纹的顶径公差　　（摘自 GB/T 197—2003）

公差项目 / 公差等级 / 螺距 P/mm	内螺纹小径公差 T_{D1}/μm					外螺纹大径公差 T_d/μm		
	4	5	6	7	8	4	6	8
0.75	118	150	190	236	—	90	140	—
0.8	125	160	200	250	315	95	150	236
1	150	190	236	300	375	112	180	280
1.25	170	212	265	335	425	132	212	335
1.5	190	236	300	375	475	150	236	375
1.75	212	265	335	425	530	170	265	425
2	236	300	375	475	600	180	280	450
2.5	280	355	450	560	710	212	335	530
3	315	400	500	630	800	236	375	600

表 6－5　普通螺纹的中径公差　　（摘自 GB/T 197—2003）

公差直径 D/mm		螺距 P/mm	内螺纹中径公差 T_{D2}/μm					外螺纹中径公差 T_{d2}/μm						
			公差等级					公差等级						
>	≤		4	5	6	7	8	3	4	5	6	7	8	9
5.6	11.2	0.75	85	106	132	170	—	50	63	80	100	125	—	—
		1	95	118	150	190	236	56	71	95	112	140	180	224
		1.25	100	125	160	200	250	60	75	95	118	150	190	236
		1.5	112	140	180	224	280	67	85	106	132	170	212	295
11.2	22.4	1	100	125	160	200	250	60	75	95	118	150	190	236
		1.25	112	140	180	224	280	67	85	106	132	170	212	265
		1.5	118	150	190	236	300	71	90	112	140	180	224	280
		1.75	125	160	200	250	315	75	95	118	150	190	236	300
		2	132	170	212	265	335	80	100	125	160	200	250	315
		2.5	140	180	224	280	355	85	106	132	170	212	265	335

续表

公差直径 D/mm		螺距	内螺纹中径公差 T_{D2}/μm					外螺纹中径公差 T_{d2}/μm						
			公差等级					公差等级						
>	≤	P/mm	4	5	6	7	8	3	4	5	6	7	8	9
22.4	45	1	106	132	170	212	—	63	80	100	125	160	200	250
		1.5	125	160	200	250	315	75	95	118	150	190	236	300
		2	140	180	224	280	355	85	106	132	170	212	265	335
		3	170	212	265	335	425	100	125	160	200	250	315	400
		3.5	180	224	280	355	450	106	132	170	212	265	335	425
		4	190	236	300	375	415	112	140	180	224	280	355	450
		4.5	200	250	315	400	500	118	150	190	236	300	375	475

2. 螺纹旋合长度及其配合精度

1）螺纹旋合长度

国家标准以螺纹公称直径和螺距为基本尺寸，对螺纹连接规定了3组旋合长度：短旋合长度(S)、中等旋合长度(N)和长旋合长度(L)，其值可从表6-6中选取。一般采用中等旋合长度，其值往往取螺纹公称直径的0.5～1.5倍。

2）配合精度

GB/T 197—2003将普通螺纹的配合精度分为精密级、中等级和粗糙级3个等级，见表6-7。精密级用于配合性质要求稳定及保证定位精度的场合；中等级用于一般的螺纹连接，如应用在一般的机器、仪器和机构中；粗糙级用于精度要求不高(即不重要的结构)或制造较困难的螺纹(如在较深的盲孔中加工螺纹)，也用于工作环境恶劣的场合。

表6-6 普通螺纹推荐公差带 (摘自GB/T 197—2003)

公差精度	公差带位置 G			公差带位置 H		
	S	N	L	S	N	L
精密	—	—	—	4H	5H	6H
中等	(5G)	6G*	(7G)	5H*	[6H]*	7H*
粗糙	—	(7G)	(8G)	—	7H	8H

公差精度	公差带位置 e			公差带位置 f			公差带位置 g			公差带位置 h		
	S	N	L	S	N	L	S	N	L	S	N	L
精密	—	—	—	—	—	—	—	(4g)	(5g4g)	(3h4h)	4h*	(5h4h)
中等	—	6e*	(7e6e)	—	6f*	—	(5g6g)	6g*	(7g6g)	(5h6h)	6h	(7h6h)
粗糙	—	(8e)	(9e8e)	—	—	—	—	8g	(9g8g)	—	—	—

注：其中大量生产的精制紧固螺纹，推荐采用带方框的公差带；带“*”的公差带应优先选用，其次是不带“*”的公差带；括号内的公差带尽量不用。

表 6-7　螺蚊的旋合长度　　（摘自 GB/T 197—2003）　单位：mm

公称直径 D，d		螺距 P	旋合长度			
			S	N		L
＞	≤		≤	＞	≤	＞
5.6	11.2	0.75	2.4	2.4	7.1	7.1
		1	2	2	9	9
		1.25	4	4	12	12
		1.5	5	5	15	15
11.2	22.4	0.75	2.7	2.7	8.1	8.1
		1	3.8	3.8	11	11
		1.25	4.5	4.5	13	13
		1.5	5.6	5.6	16	16
		1.75	6	6	18	18
		2	8	8	24	24
		2.5	10	10	30	30

3）配合的选用

由表 6-6 所示的内、外螺纹的公差带组合可得到多种供选用的螺纹配合，螺纹配合的选用主要根据使用要求来确定。为了保证螺母、螺栓旋合后的同轴度及连接强度，一般选用最小间隙为零的 H/h 配合。为了便于装拆、提高效率及改善螺纹的疲劳强度，可以选用 H/g 或 G/h 配合。对于单件、小批量生产的螺纹，可选用最小间隙为零的 H/h 配合。对于需要涂镀或在高温下工作的螺纹，通常选用 H/g、H/e 等较大间隙的配合。

3. 螺纹标注

1）单个螺纹的标注

普通螺纹的完整标记由螺纹代号、螺纹公差带代号和旋合长度代号组成。标注时，左旋螺纹需在螺纹代号后加注“LH”，细牙螺纹需要标注出螺距。中径和顶径公差带代号两者相同时，可只标一个代号；两者代号不同时，前者表示中径公差带代号，后者表示顶径公差带代号。中等旋合长度 N、右旋螺纹和粗牙螺距可以省略标注。

例 6.1：M30×2－5g6g

表示：公称直径为 30mm，螺距为 2mm，中径和顶径公差带分别为 5g、6g 的短旋合长度的普通细牙外螺纹。

例 6.2：M20×2LH－5H－L

表示：公称直径为 20mm，螺距为 2mm，中径和顶径公差带都为 5H 的长旋合长度的左旋普通细牙内螺纹。

例 6.3：M16×$P_h 3P1.5$

表示：公称直径为 16mm，导程为 3mm，螺距为 1.5mm 的普通细牙螺纹。

2）螺纹配合的标注

标注螺纹配合时，内、外螺纹的公差带代号用斜线分开，左边(分子)为内螺纹公差带代号，右边(分母)为外螺纹公差带代号。

例 6.4：M20×2－5H/5g6g

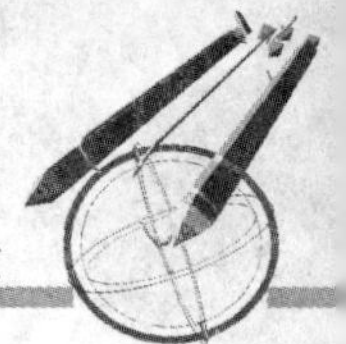

表示：公称直径为 20mm，螺距为 2mm，中径和顶径公差带都为 5H 的内螺纹与中径和顶径公差带分别为 5g、6g 的外螺纹旋合。

3）螺纹在图样上的标注

螺纹在图样上的标注如图 6.7 和图 6.8 所示。

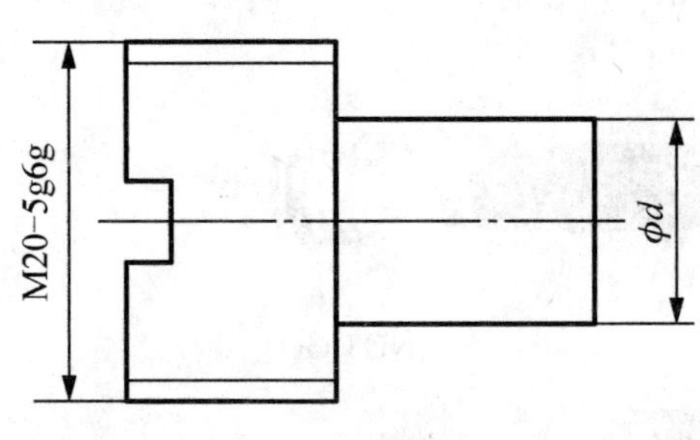

图 6.7　外螺纹标注

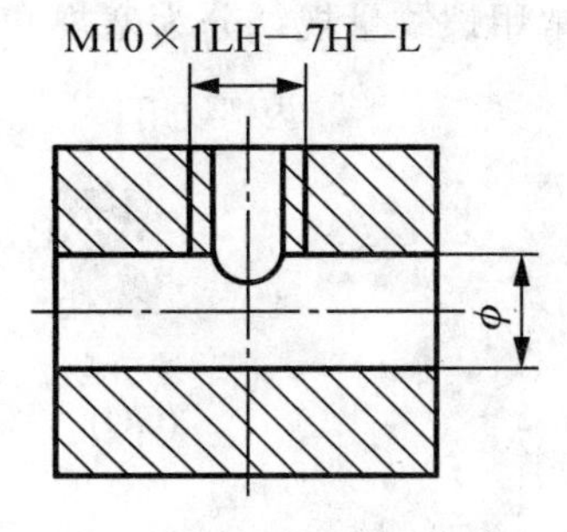

图 6.8　内螺纹标注

例 6.5：有一 M20×1—6g 的外螺纹，试查表求出螺纹的中径、小径和大径的极限偏差，并计算中径、小径和大径的极限尺寸。

解：(1)查表确定中径、小径和大径的基本尺寸和基本偏差。

由表 6-1 得知，小径 $d_1=18.917$mm，中径 $d_2=19.350$mm；由表 6-2 得知大径和中径的基本偏差 $es=-26\mu m$；由表 6-4 得知，大径的公差 $T_d=180\mu m$。由表 6-5 得知中径的公差 $T_{d2}=118\mu m$。根据以上数据由偏差与公差的关系、极限尺寸与极限偏差的关系等相关公式计算得螺纹的中径、小径和大径的极限偏差和极限尺寸，结果见表 6-8。

表 6-8　极限偏差和极限尺寸

基本尺寸名称	外螺纹的基本尺寸数值	
大　径	$d=20$	
中　径	$d_2=19.350$	
小　径	$d_1=18.917$	
极限偏差	es	ei
大　径	−0.026	−0.206
中　径	−0.026	−0.144
小　径	−0.026	按牙底形状
极限尺寸	最大极限尺寸	最小极限尺寸
大　径	19.974	19.794
中　径	19.324	19.206
小　径	18.891	牙底轮廓不超出 $H/8$ 削平线

项目实施

前面介绍了螺纹公差的相关知识，要检测工件的螺纹误差，还要分析选择用什么规格

的计量器具，确定测量部位、测量次数、数据处理办法及判断工件是否合格。

一、测量方法

1. 综合检测

通常用螺纹量规，分为塞规和环规，如图 6.9 所示。

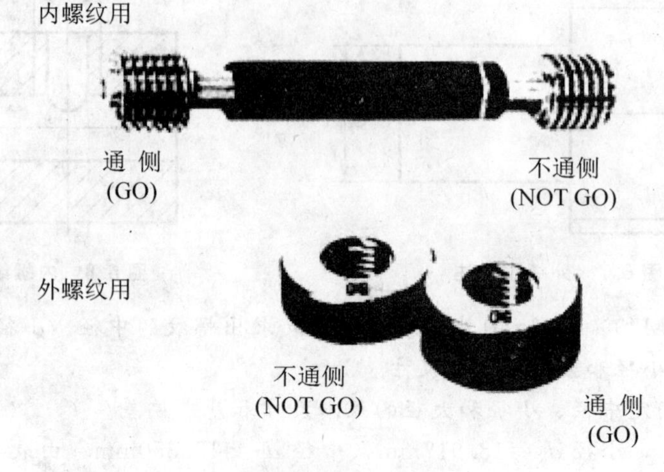

图 6.9 螺纹量规

2. 单项测量

(1) 使用螺纹千分尺测量普通外螺纹中径。

(2) 利用三针测量法测量梯形(普通)螺纹中径。

(3) 使用工具显微镜测量螺距、中径、牙型半角等。

二、单项测量常用量具

1. 用螺纹千分尺测量中径

螺纹千分尺的构造与外径千分尺相似，差别仅在于两个测量头的形状不同。螺纹千分尺的测量头被做成和螺纹牙型相吻合的形状，即一个“V”形的测量头，与螺纹牙型凸起部分相吻合；另一个为圆锥形测量头，与螺纹牙型沟槽相吻合。螺纹千分尺如图 6.10 所示。

螺纹千分尺有一套可换测量头，每对测量头只能用来测量一定螺距范围的螺纹。所以螺纹千分尺的测量范围分为两个方面，一是千分尺的测量范围有 0～25mm、25～50mm、50～75mm、75～100mm、100～125mm、125～150mm、150～175mm、175～200mm；二是每对测头所能测量螺距的范围。

用螺纹千分尺测得的数值是螺纹中径的实际尺寸，不包括螺距误差和牙型半角误差在中径上的当量值。螺纹千分尺的测量头是根据牙型角和螺距的标准尺寸制造的，当被测量的外螺纹存在螺距和牙型半角误差时，测量头与被测量的外螺纹不能很好地吻合，所以测出的螺纹中径的实际尺寸误差比较大，一般误差为 0.05～0.20mm，因此螺纹千分尺只能用于工序间测量或对粗糙级的螺纹工件的测量。

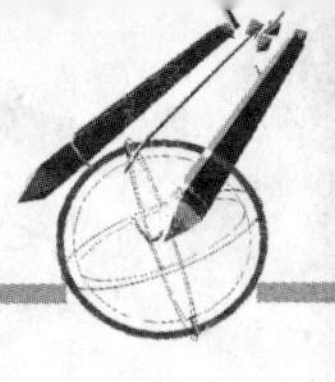

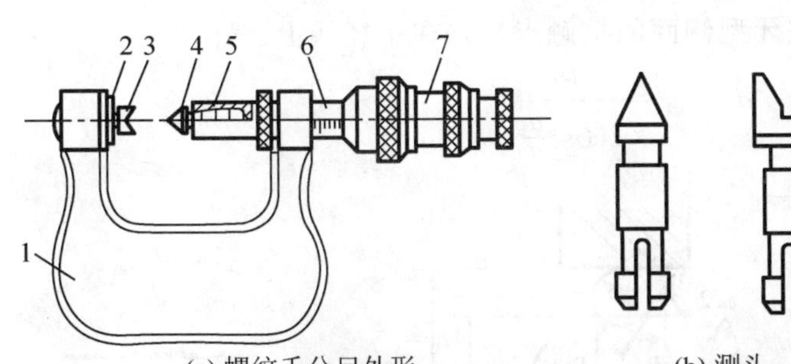

(a) 螺纹千分尺外形

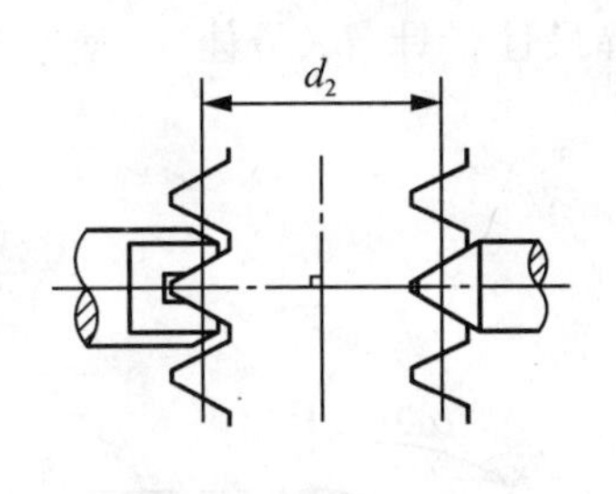

(b) 测头　　(c) 测量示意图

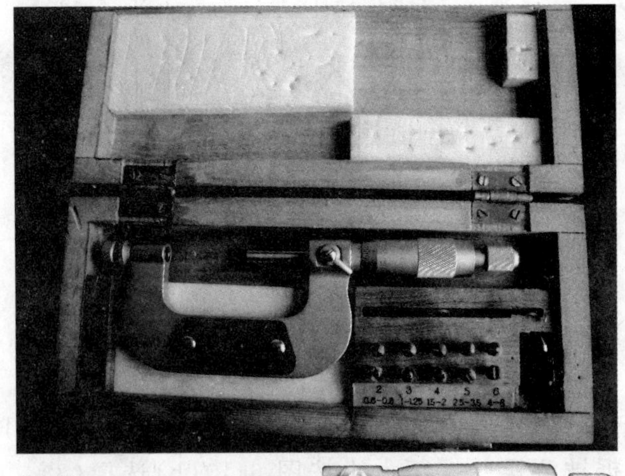

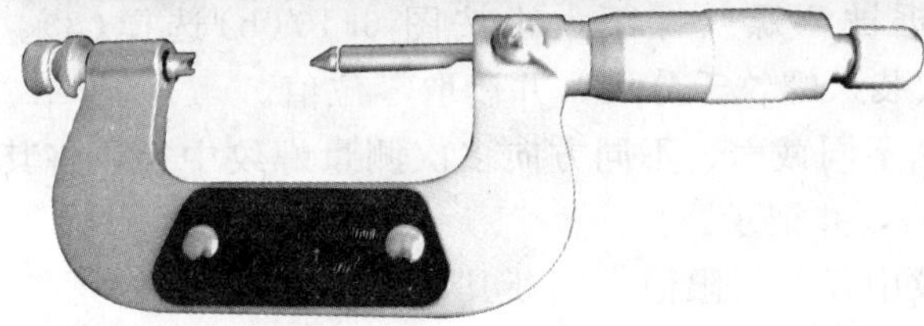

(d) 螺纹千分尺实物外形

图 6.10　螺纹千分尺实物外形

1—弓架；2—架砧；3—V 型测头；4—圆锥形测头；5—测杆；6—内套筒；7—外套筒

2. 用三针法测量梯形螺纹中径

用三针法测量螺纹中径是将 3 根直径相同的量针，按图 6.11 所示那样放在螺纹牙型沟槽中间，用接触式量仪或测微量具(现用公法线千分尺)测出 3 根量针外母线之间的跨距 M，根据公式计算出中径 d_2。

$$d_2=M-d_0\ [1+1/\mathrm{Sin}(\alpha/2)]\ +P/\ [2\mathrm{Tan}(\alpha/2)]$$

式中：d_0——三针直径；

d_2——螺纹单一中径。

对于图中的梯形螺纹　$\alpha=30°$，

则　$M=d_2+4.864d_0-1.866P$

当　$d_0=3.106\text{mm}$ 时，$M=48.912\text{mm}$

三针测量法的测量精度，除与所选量仪的示值误差和量针本身的误差有关外，还与被检螺纹的螺距误差和牙型半角误差有关。为了消除牙型半角误差对测量结果的影响，应选

择最佳量针 d_0(最佳)，使它与螺纹牙型侧面的接触点恰好在中径线上。

$$d_{0(\text{最佳})}=\frac{P}{2\cos\frac{\alpha}{2}}$$

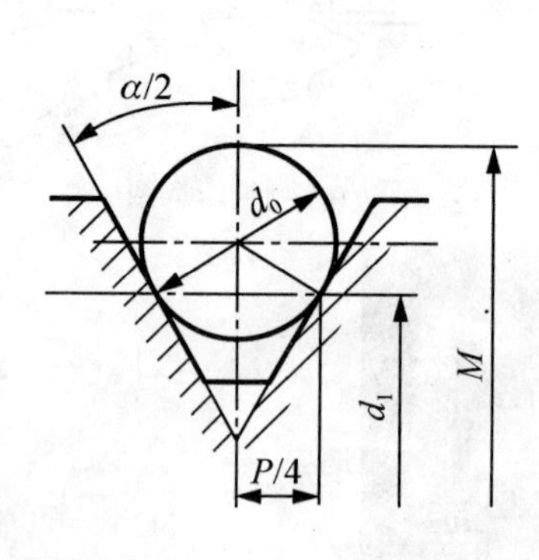

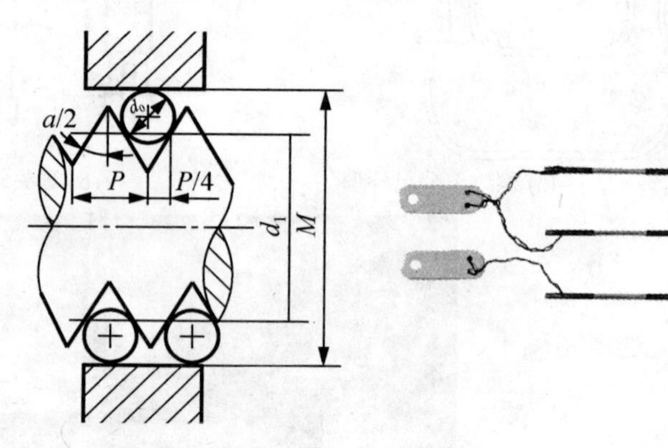

图 6.11　三针测量法

三、测量步骤

1. 使用螺纹千分尺测量普通外螺纹中径的测量步骤

(1) 根据图纸上普通螺纹的基本尺寸，选择合适规格的螺纹千分尺。

(2) 测量时，根据被测螺纹螺距大小按图 6.10(b)选择(3)、(4)的测头型号，依图 6.10(c)所示的方式装入螺纹千分尺，并读取零位值。

(3) 测量时，应从不同截面、不同方向多次测量螺纹中径，将其值从螺纹千分尺中读取后减去零位的代数值，并记录。

(4) 查出被测螺纹中径的极限值，判断其中径的合格性。

2. 利用三针测量法检测梯形螺纹的测量步骤

(1) 根据图纸中梯形螺纹的 M 值选择合适规格的公法线千分尺。

(2) 擦净零件的被测表面和量具的测量面，按图 6.11 将三针放入螺旋槽中，用公法线千分尺测量值记录读数。

(3) 重复步骤(2)，在螺纹的不同截面、不同方向多次测量，逐次记录数据。

(4) 判断零件的合格性。

3. 使用工具显微镜测量螺距、中径、牙型半角等的测量步骤

工具显微镜外形如图 6.12 所示。

1) 安装

(1) 将工件安装在工具显微镜两顶尖之间，同时检查工作台圆周刻度是否对准零位。

(2) 接通电源，调节光源及光栏，直到螺纹影像清晰。

(3) 旋转手轮，按被测螺纹的螺旋升角调整立柱的倾斜度。

(4) 调整目镜上的调节环使米字线、分值刻线清晰，调节仪器的焦距，使被测轮廓影像清晰。

(5) 测量螺纹各参数。

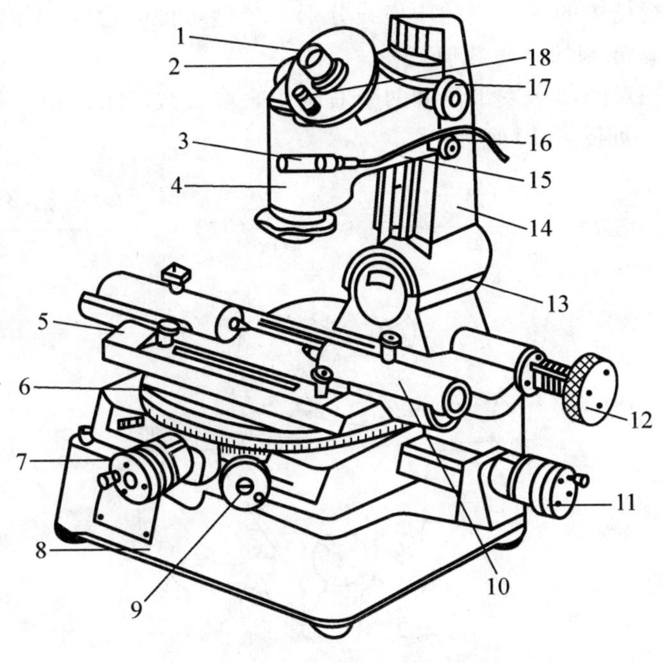

图 6.12 工具显微镜外形

2) 螺纹中径测量

(1) 将立柱顺着螺纹方向倾斜一个螺旋升角 ψ。

(2) 找正米字线交点位于牙型沟槽宽度等于基本螺距一半的位置上，如图 6.13 所示。

(3) 将目镜米字线中两条相交 60°的斜线分别与牙型影像边缘相压，记录下横向千分尺读数，得到第一个横向数值 a_1、a_2。

(4) 将立柱反射旋转到离中心位置一个螺纹升角 ψ，依照上述方法测量另一边的影像，得到第二个横向读数 a_3、a_4。

(5) 两次横向数值之差，即为螺纹单一中径：$d_{2左}=a_4-a_2$，$d_{2右}=a_3-a_1$，最后取两者平均值作为所测螺纹单一中径。

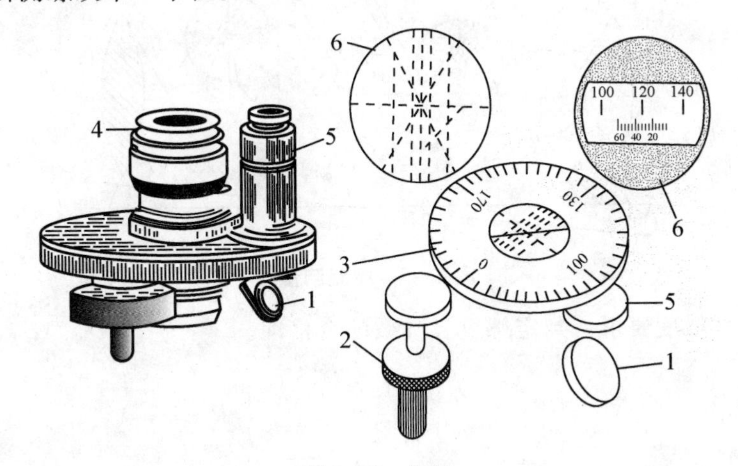

图 6.13 目镜

3）牙型半角测量

(1) 调节目镜视场中的米字线的中虚线分别与牙型影像的边缘相压，此时角度目镜中显示的读数。即为该牙侧的半角数值。

(2) 分别测量相对的两个左半角和两个右半角，取代数和求均值，得出被测螺纹牙型左、右半角的数值，如图 6.14 所示。

$$\frac{\alpha}{2}(\text{左})=\frac{\frac{\alpha}{2}(1)+\frac{\alpha}{2}(4)}{2} \qquad \frac{\alpha}{2}(\text{右})=\frac{\frac{\alpha}{2}(2)+\frac{\alpha}{2}(3)}{2}$$

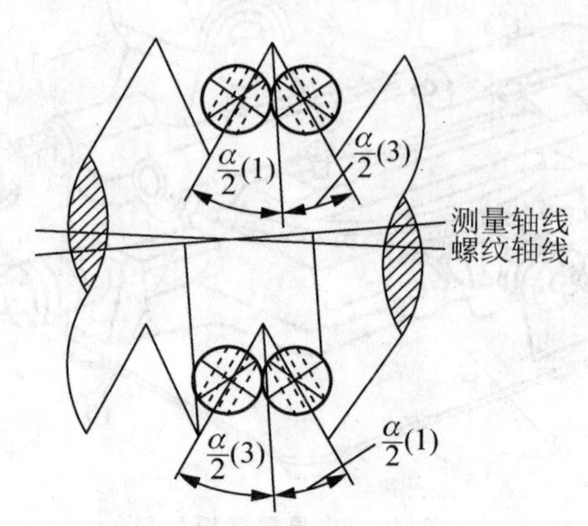

图 6.14　牙型半角测量示意图

4）螺距测量

(1) 使目镜米字线的中心虚线与螺纹牙型的影像一侧相压，如图 6.15 所示。

(2) 记下纵向千分尺的第一次读数，然后移动纵向工作台，使中虚线与相邻牙的同侧牙型相压，记下第二次读数，两次读数之差即为所测螺距的实际值。

(3) 在螺纹牙型左右两侧进行两次测量，取其平均值作为螺距的实测值。

$$P_{\text{实}}=\frac{P_{n(\text{左})}+P_{n(\text{右})}}{2}$$

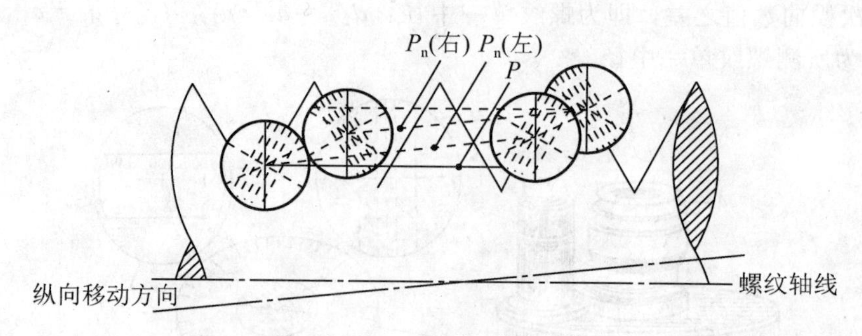

图 6.15　螺距测量

(4) 根据螺纹精度要求，判定螺纹各参数的合格性。

实训报告表6 外螺纹中径的检测

实训项目		Tr40×7(P6)	M24—6g(或 M6)
使用器具规格		公法线千分尺(三针法)	螺纹千分尺
测量部位		中径	中径
测量部位理论尺寸			
实测尺寸	1		
	2		
	3		
	4		
	5		
平均值			
合格性结论			

项目小结

1. 螺纹的种类

螺纹的种类繁多，常用螺纹按用途分为普通螺纹、传动螺纹和紧密螺纹。按牙型可分为三角形螺纹、梯形螺纹和矩形螺纹等。本项目主要介绍了普通螺纹。

2. 螺纹几何参数对互换性的影响

对螺纹互换性影响较大的参数是中径、螺距和牙型半角。由于螺距误差和牙型半角误差对螺纹互换性的影响可以折算为中径当量，因此，可以不单独规定螺距公差和牙型半角公差，而仅规定一项中径公差，以控制中径偏差、螺距误差和牙型半角误差的综合结果。

3. 作用中径

由于螺距误差和牙型半角误差均用中径补偿，对于内螺纹来说相当于螺纹中径变小，对于外螺纹来说相当于螺纹中径变大，发生此变化后的中径称为作用中径，即螺纹配合中实际起作用的中径，即：

$$D_{2作用}=D_{2单一}-f_p-f_{\frac{\alpha}{2}}$$

$$d_{2作用}=d_{2单一}+f_p+f_{\frac{\alpha}{2}}$$

米制普通螺纹仅用中径公差即可综合控制3项误差。

4. 螺纹中径合格性判断原则

螺纹中径的合格性要根据螺纹的极限尺寸判断原则(泰勒原则)来判断，即内螺纹的作用中径应不小于最小极限尺寸；单一中径应不大于最大极限尺寸，即：

$$D_{2作用}\geqslant D_{2\min}$$

$$D_{2单一}\leqslant D_{2\max}$$

外螺纹的作用中径应不大于中径最大极限尺寸，单一中径应不小于中径最小极限尺寸，即：

$$d_{2作用} \leqslant d_{2\max}$$
$$d_{2单一} \geqslant d_{2\min}$$

5. 普通螺纹的公差带

螺纹配合由内、外螺纹公差带组合而成。考虑到旋合长度对螺纹精度的影响，由螺纹公差带与螺纹旋合长度构成螺纹精度。

标准中对内螺纹的中径和小径规定采用G、H两种公差带位置，对外螺纹大径和中径规定了e、f、g、h这4种公差带位置。

6. 螺纹旋合长度

国家标准以螺纹公称直径和螺距为基本尺寸，对螺纹连接规定了3组旋合长度：短旋合长度(S)、中等旋合长度(N)和长旋合长度(L)。一般采用中等旋合长度，其值往往取螺纹公称直径的0.5～1.5倍。普通螺纹的配合精度分为精密级、中等级和粗糙级3个等级。

7. 螺纹标注

1) 单个螺纹的标注

普通螺纹的完整标记由螺纹代号、螺纹公差带代号和旋合长度代号组成。标注时，左旋螺纹需在螺纹代号后加注"LH"，细牙螺纹需要标注出螺距。中径和顶径公差带代号两者相同时，可只标一个代号；两者代号不同时，前者表示中径公差带代号，后者表示顶径公差带代号。中等旋合长度N、右旋螺纹和粗牙螺距可以省略标注。

2) 螺纹配合的标注

标注螺纹配合时，内、外螺纹的公差带代号用斜线分开，左边(分子)为内螺纹公差带代号，右边(分母)为外螺纹公差带代号。

8. 螺纹的检测

通常用螺纹量规完成螺纹的综合检测。使用螺纹千分尺测量普通外螺纹中径；利用三针测量法测量梯形(普通)螺纹中径；使用工具显微镜测量螺距、中径、牙型半角等。

习　　题

6.1　判断题

(1) 螺纹的牙型半角是指相邻两牙侧间夹角的一半。　(　　)

(2) 普通螺纹的中径公差可以同时限制中径、螺距和牙型角3个参数的误差。　(　　)

(3) 螺纹标记为M16×1－6g时，对顶径公差有要求，对中径公差无要求。　(　　)

(4) 外螺纹与内螺纹相比，后者中径公差等级的选择范围较宽。　(　　)

(5) 在普通螺纹公差标准中，除了规定中径的公差和基本偏差外，还规定了螺距和牙型半角的公差。　(　　)

(6) 对于普通螺纹只有单一中径和作用中径合格时才可以断定该螺纹合格。（　　）
(7) 一般来说，螺纹长度长有利于保证装配后的稳定性，故优先选用长旋合长度。
（　　）
(8) 国家标准规定，螺纹在图样上的标注方法为：内外螺纹均标注在大径处。（　　）

6.2　选择题

(1) 内螺纹作用中径与单一中径的关系是(　　)。
A. 前者大于后者　　B. 前者小于后者
C. 二者相等　　D. 二者没关系
(2) 用三针法测量并进行计算得出的螺纹中径是(　　)。
A. 单一中径　　B. 作用中径
C. 中径基本尺寸　　D. 大径与小径的平均尺寸
(3) 螺纹量规止端做成截短的不完整牙型的主要目的是(　　)。
A. 减少牙型半角误差的影响　　B. 减少单一中径误差的影响
C. 减小大径误差的影响　　D. 减小小径误差的影响
(4) 普通螺纹的配合精度取决于(　　)。
A. 基本偏差与旋合长度
B. 作用中径和牙型半角
C. 公差等级、基本偏差和旋合长度
D. 公差等级和旋合长度
(5) 假定螺纹的实际中径在其中径极限尺寸的范围内，则可以判断螺纹是(　　)。
A. 合格品　　B. 不合格品　　C. 无法判断
(6) 螺纹量规的通端用于控制(　　)。
A. 作用中径不超过最大实体尺寸
B. 作用中径不超过最小实体尺寸
C. 实际中径不超过最大实体尺寸
D. 实际中径不超过最小实体尺寸

6.3　解释下列螺纹标记的含义

(1) M12×1－5g6g－S。
(2) M24－6H。
(3) M36×2 左－6H/5h6h。

6.4　以外螺纹为例，试比较螺纹的中径、单一中径、作用中径之间的异同点。如何判断中径的合格性？

6.5　对于同一精度的螺纹，为什么旋合长度不同？中径公差等级也不同？

6.6　丝杠螺纹和普通螺纹的精度要求有何区别？

6.7　螺纹的测量方法有哪些？螺纹中径的测量方法主要有哪些？三针测量法用于测量螺纹的哪个参数？最佳针径如何确定？

项目7

齿轮误差测量

↘ 学习情境设计

序　号	情境(课时)	主 要 内 容
1	任务(0.5)	(1) 提出齿轮公法线长度等4项的测量任务(根据图7.1) (2) 分析齿轮各项公差要求
2	信息(2.7)	(1) 介绍齿轮传动要求和标注 (2) 单个齿轮偏差项目，齿轮副精度知识 (3) 万能测齿仪、齿厚卡尺、齿圈跳动检查仪、周节仪等结构、读数原理、使用方法
3	计划(0.7)	(1) 根据被测要素，确定检测部位和测量次数 (2) 确定测量公法线长度、分度圆齿厚、齿圈径向跳动、齿距偏差的测量方案
4	实施(3.2)	(1) 洁净齿轮和计量器具的测量面 (2) 选择万能测齿仪的测头，调整与校正万能测齿仪 (3) 测量齿距偏差、齿圈跳动误差 (4) 计算弦齿高，调整齿厚卡尺的竖直游标，测量齿厚偏差 (5) 选择齿圈跳动检查仪的测头，并调整与校正，测齿圈跳动误差 (6) 调整周节仪，测量齿距偏差 (7) 记录数据，数据处理
5	检查(0.6)	(1) 任务的完成情况 (2) 复查，交叉互检
6	评估(0.3)	(1) 分析整个工作过程，对出现的问题进行修改并优化 (2) 判断被测要素的合格性 (3) 出具测量报告，资料存档

项 目 描 述

图 7.1 是一齿轮减速箱的一个齿轮零件，图中有公法线长度、精度等级、齿厚和齿圈径向跳动等的要求，本项目将从以下几个方面进行学习。

(1) 分析图纸，搞清楚精度要求。

(2) 查阅和学习相关国家计量标准，理解公法线长度、精度等级等要求含义。

(3) 选择计量器具，确定测量方案。

(4) 使用哪些计量器具测量齿轮精度等级评定参数的误差？

(5) 如何对计量器具进行保养与维护？

(6) 填写检测报告与数据处理。

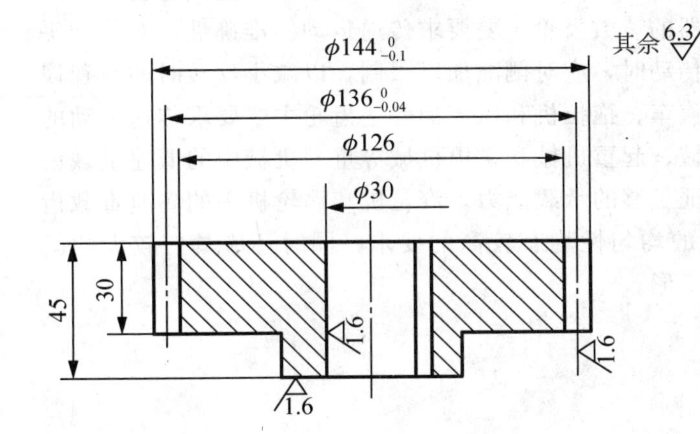

齿数	Z	34
模数	m	4
压力角	°	20°
齿顶高系数	$h^x o$	1
螺旋角	B	0
变位系数	X	0
精度等级	7GJ GB10095-88	
公法线平均长度	Wk	$43.232_{-0.176}^{-0.127}$
跨齿数	n	4

图 7.1　齿轮零件

相 关 知 识

一、圆柱齿轮传动的要求

齿轮传动是一种重要的传动方式，广泛地应用在各种机器和仪表的传动装置中，常用来传递运动和动力。由于机器和仪表的工作性能、使用寿命与齿轮的制造与安装精度密切相关，因此，正确地选择齿轮公差，并进行合理地检测是十分重要的。齿轮传动的用途不同，对齿轮传动的使用要求也不同，归纳起来主要有以下 4 个方面。

1. 传递运动的准确性

传递运动的准确性就是要求从动齿轮在一转范围内的最大转角误差不超过规定的数值，以使齿轮在一转范围内传动比的变化尽量小，满足传递运动的准确性要求。由于齿轮副的制造误差和安装误差，使得动齿轮的实际转角与理论转角产生偏离，导致实际传动比与理论传动比产生差异。

2. 传动平稳性

要求齿轮传动的瞬时传动比的变化尽量小，以减小齿轮传动中的冲击、振动和噪声，

保证传动平稳性要求。

3. 载荷分布的均匀性

齿轮传动中如果齿面的实际接触不均匀会引起应力集中，造成局部磨损，缩短齿轮的使用寿命。因此，必须保证啮合齿面沿齿宽和齿高方向的实际接触面积，以满足承载的均匀性要求。

4. 侧隙的合理性

装配好的齿轮副啮合传动时，非工作齿面间应留有一定的间隙，用以储存润滑油，补偿因温度变化和弹性变形引起的尺寸变化，以及齿轮的制造误差、安装误差等影响，防止齿轮传动时出现卡死或烧伤现象。

但是由于齿轮的用途和工作条件不同，对齿轮上述 4 项使用要求的侧重点也会有所不同。如精密机床、分度齿轮和测量仪器的读数齿轮主要要求传递运动的准确性，对传动平稳性也有一定的要求，当需要可逆转传动时，应对侧隙加以限制，以减小反转时的空程误差，而对载荷分布均匀性要求不高。汽车、拖拉机和机床的变速齿轮主要要求传递运动的平稳性，以减小振动和噪声。轧钢机械、起重机械和矿山机械等重型机械中的低速重载齿轮主要要求载荷分布的均匀性，以保证足够的承载能力。汽轮机和涡轮机中的高速重载齿轮，对运动的准确性、平稳性和承载的均匀性均有较高的要求，同时还应具有较大的间隙，以储存润滑油和补偿受力产生的变形。

二、圆柱齿轮加工误差及评定参数

1. 齿轮加工误差的主要来源及其特性

产生齿轮加工误差的原因很多，其主要来源于加工齿轮的机床、刀具、夹具和齿坯本身的误差及其安装、调整误差。

按误差相对于齿轮的方向特征，齿轮的加工误差可分为切向误差、径向误差和轴向误差；按误差在齿轮一转中出现的次数分为长周期误差和短周期误差。

1）几何偏心

当齿坯孔基准轴线与机床工作台回转轴线不重合时，则产生几何偏心。如滚齿加工时由于齿坯定位孔与机床心轴之间的间隙等原因，会造成滚齿时的回转中心线可能为 O_1-O_1，与齿轮内孔轴心线 $O-O$ 不重合，如图 7.2 所示。由于该偏心的存在，加工完的齿轮齿顶圆到心轴中心的距离不相等，造成齿轮径向误差，引起侧隙和转角的变化，从而影响传动的准确性。

2）运动偏心

运动偏心是由加工时齿轮加工机床传动不正确而引起的，如滚齿加工时机床分度蜗轮与工作台中心线有安装偏心时，就会使工作台回转不均匀，致使被加工齿轮的轮齿在圆周上分布不均匀，也就是轮齿沿圆周分布发生了错位，引起齿轮切向误差。

几何偏心和运动偏心产生的误差在齿轮一转中只出现一次，属于长周期误差，其主要影响齿轮传递运动的准确性。

3）滚刀误差

滚刀误差包括制造误差与安装误差。滚刀本身的齿距、齿形等有制造误差时，会使滚

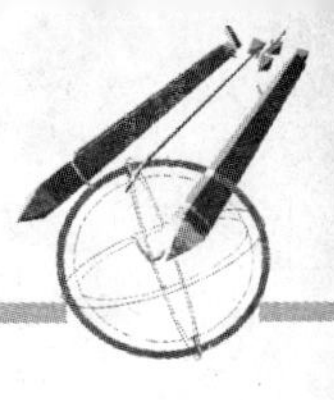

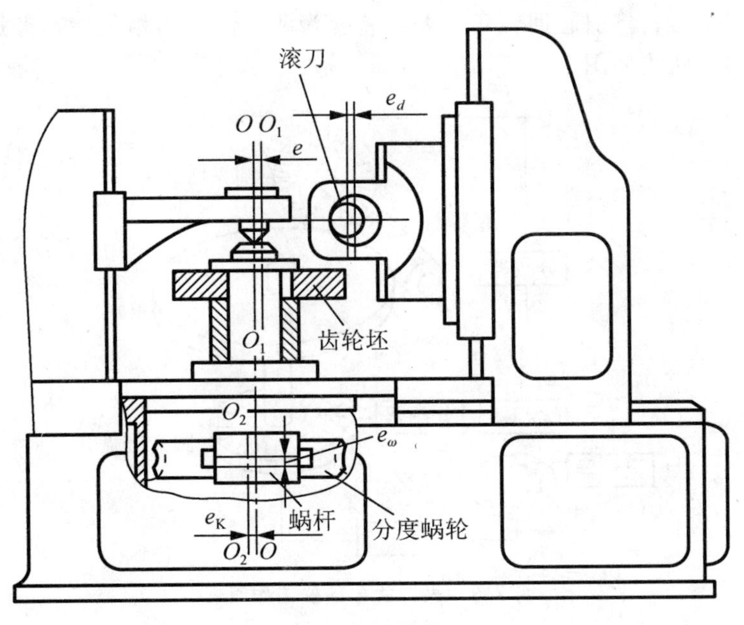

图 7.2　滚齿加工

刀一转中各个刀齿周期性地产生过切或少切现象，造成被切齿轮的齿廓形状变化，引起瞬时传动比的变化。由于滚刀的转速比齿坯的转速高得多，滚刀误差在齿轮一转中重复出现，因此是短周期误差，主要影响齿轮传动的平稳性和载荷分布的均匀性。

4）机床传动链误差

齿轮加工机床传动链中各个传动元件的制造、安装误差及其磨损等，都会影响齿轮的加工精度。当滚齿机床的分度蜗杆存在安装误差和轴向窜动时，蜗轮转速发生周期性的变化，使被加工齿轮出现齿距偏差和齿廓偏差，产生切向误差。机床分度蜗杆造成的误差在齿轮一转中重复出现，是短周期误差。

2. 单个齿轮的评定指标

GB/T 10095.1—2001《轮齿同侧齿面偏差的定义和允许值》，GB/T 10095.2—2001《径向综合偏差和径向跳动的定义和允许值》等国家标准，对齿轮、齿轮副的误差及齿轮副的侧隙规定了一系列的评定指标。根据齿轮各项误差对使用要求的主要影响，将齿轮误差划分为主要影响传递运动准确性的误差，主要影响传动平稳性的误差和主要影响载荷分布均匀性的误差。控制这些误差的公差，相应的分为第Ⅰ、第Ⅱ和第Ⅲ公差组。

1）影响传递运动准确性的指标项目

影响传递运动准确性的误差主要是几何偏心和运动偏心造成的长周期误差，主要有以下误差项目。

(1) 齿轮切向综合误差 $\Delta F_i'$。切向综合误差 $\Delta F_i'$ 指被测齿轮与理想精确的测量齿轮单面啮合时，在被测齿轮一转内，其实际转角与理论转角的最大差值。其量值以分度圆弧长计。

$\Delta F_i'$ 是齿轮的安装偏心、运动偏心和基节偏差、齿形误差等综合影响的结果。

$\Delta F_i'$ 的测量用单啮仪进行，图 7.3 所示为用光栅式单啮仪进行测量。标准蜗杆与被测齿轮啮合，两者各有一个光栅盘和信号发生器，其角位移信号经分频器后变为同频信号。

当被测齿轮有误差时，将引起回转角误差，将变为两路信号的相位差，经过比相计、记录器，记录出的误差曲线如图 7.4 所示。

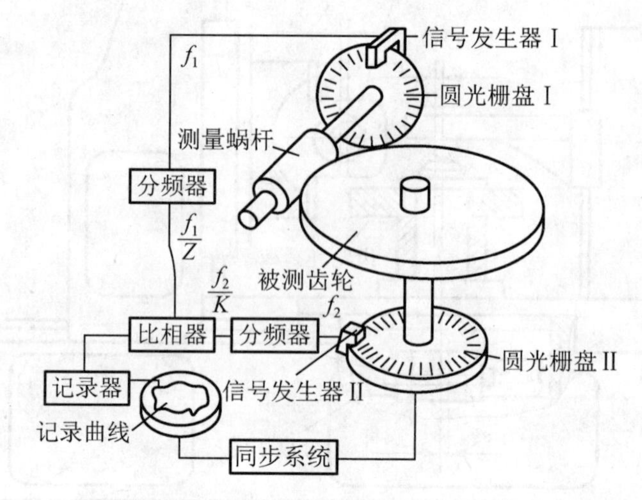

图 7.3　光栅式单啮仪工作原理

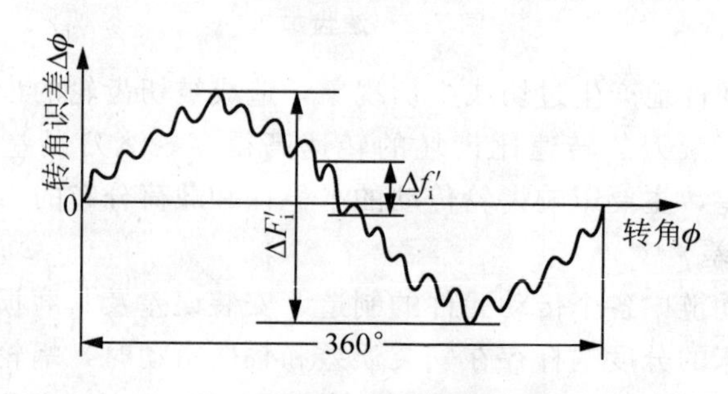

图 7.4　切向综合误差典线

(2) 齿距累积误差 ΔF_p 和 K 个齿的齿距累积误差 ΔF_{pk}。齿距累积误差 ΔF_p 是指在齿轮分度圆上任意两个同侧齿面之间实际弧长与理论弧长的最大差值的绝对值。ΔF_{pk} 是指 k 个齿距间的实际弧长与理论弧长的最大差值，国家标准 GB/T 10095.1—2001 中规定 k 的取值范围一般为 $2\sim z/2$，对特殊应用(高速齿轮)的齿轮可取更小的 k 值。如图 7.5 所示。

齿距累积误差 ΔF_p 是由齿轮安装偏心和运动偏心引起的误差的综合反映。

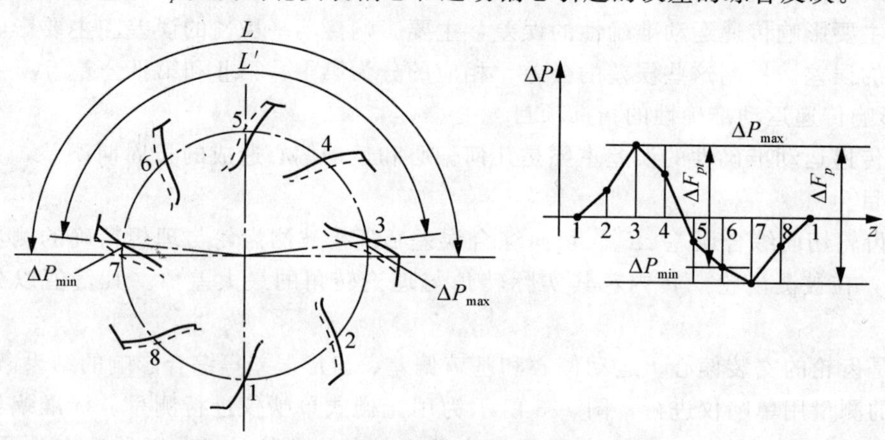

图 7.5　齿距累积误差

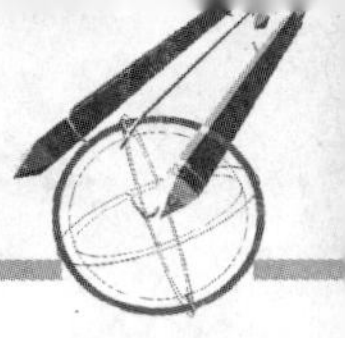

(3) 齿圈径向跳动误差 ΔF_r。ΔF_r 是指在齿轮一转范围内，测头在齿槽内位于齿高中部和齿面双面接触，测头相对于齿轮轴线的最大和最小径向距离之差，如图 7.6 所示。

齿圈的径向跳动主要反映由几何偏心引起的齿轮沿径向分布的不均匀性，该指标仅反映出齿轮的径向误差，是齿轮径向长周期误差，主要影响齿轮传动的准确性。

(4) 径向综合误差 $\Delta F_i''$。ΔF_i 是指被测齿轮与理想精确的测量齿轮双面啮合时，在被测齿轮一转范围内双啮中心距的最大变动量，如图 7.7 所示。

径向综合误差 $\Delta F_i''$主要反映由几何偏心造成的径向长周期误差和齿廓偏差、基节偏差等短周期误差。

(5) 公法线长度变动 ΔF_W。ΔF_W 是指在齿轮一周范围内，实际公法线长度最大值与最小值之差，即 $\Delta F_W = W_{\max} - W_{\min}$，如图 7.8 所示。

ΔF_W 是由机床分度蜗轮偏心，使齿坯转速不均匀，引起齿面左右切削不均所造成的齿轮切向长周期误差。即用 ΔF_W 来揭示运动偏心。

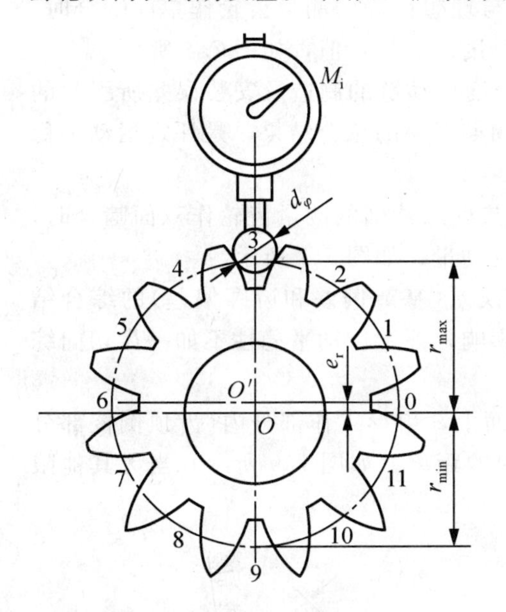

图 7.6　齿圈径向跳动测量

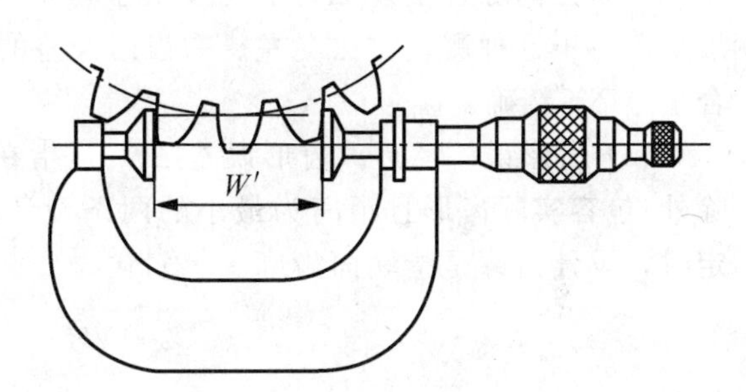

图 7.7　径向综合误差

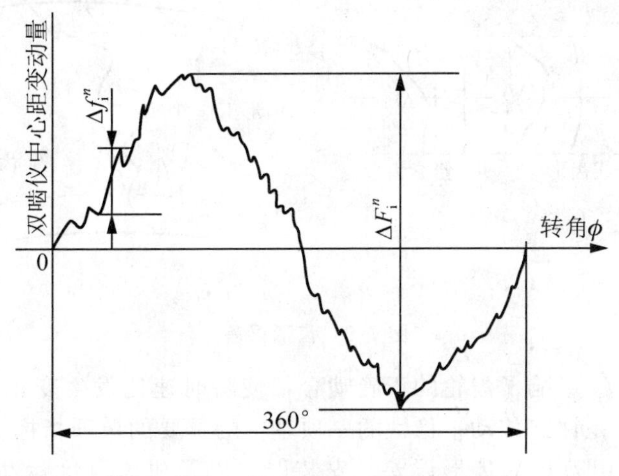

图 7.8　公法线长度测量

根据以上分析可知，评定传递运动的准确性需检验齿轮径向和切向两方面的误差。根据齿轮传动的用途、生产及检验条件，在第Ⅰ公差组中可任选下列方案之一评定齿轮精度。

① 切向综合误差 $\Delta F_i'$。

② 齿距累积误差 ΔF_p。

③ 径向综合误差 $\Delta F_i''$与公法线长度变动 ΔF_W。

④ 齿圈径向跳动 ΔF_r 与公法线长度变动 ΔF_W。

⑤ 齿圈径向跳动 ΔF_r(用于 10～12 级精度齿轮)。

第Ⅰ公差组检验结果只能评定齿轮的本组精度是否合格，而断定整个齿轮的合格性还需检验第Ⅱ、Ⅲ公差组指标的情况。

2) 影响传动平稳性的指标项目

影响传递运动平稳性的误差主要是由刀具误差和机床传动链误差造成的短周期误差，主要有以下指标项目。

(1) 一齿切向综合误差 $\Delta f_i'$。$\Delta f_i'$是指被测齿轮与理想精确的测量齿轮作单面啮合时，在被测齿轮转过一个齿距角内的切向综合偏差，以分度圆弧长计值，如图 7.4 所示。

一齿切向综合误差 $\Delta f_i''$主要反映由滚刀和机床分度传动链的制造及安装误差所引起的齿廓偏差、齿距误差，是切向短周期误差和径向短周期误差的综合结果，是评定运动平稳性较为完善的指标。

(2) 一齿径向综合误差 $\Delta f_i''$。$\Delta f_i''$是指被测齿轮与理想精确的测量齿轮作双面啮合时，在被测齿轮转过一个齿距角内，双啮中心距的最大变动量，如图 7.7 所示。

一齿径向综合偏差 $\Delta f_i''$主要反映了短周期径向误差(基节偏差和齿廓偏差)的综合结果，但由于这种测量方法受左、右齿面误差的共同影响，评定传动平稳性不如一齿切向综合偏差 $\Delta f_i''$精确。

(3) 齿形误差 Δf_f。齿形误差 Δf_f 是指在端截面上，齿形工作部分内(齿顶倒棱部分除外)包容实际齿形且距离为最小的两条设计齿形间的距离。如图 7.9 所示，当无其他限定时，设计齿廓是指端面齿廓。

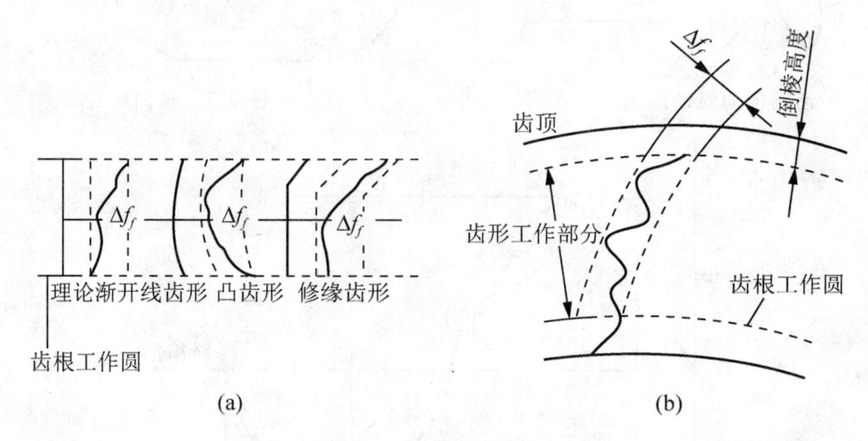

图 7.9　齿形误差

由于齿形误差 Δf_f 影响了齿轮的正确啮合，使瞬时速比发生变化，影响传动平稳性，所以，齿形误差 Δf_f 是评定传动平稳性的一项基本的重要的单项指标。

齿形误差主要是由刀具的齿形误差、安装误差以及机床分度运动的传动链误差造成

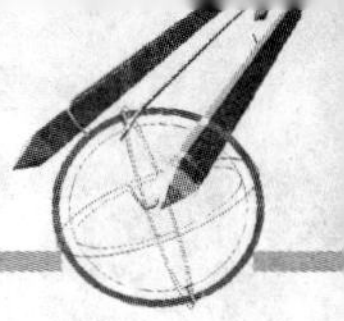

的。存在齿形误差的齿轮啮合时，齿廓的接触点会偏离啮合线，如图 7.10 所示。两啮合齿应在啮合线 a 点接触，由于齿轮有齿廓偏差，使接触点偏离了啮合线，在啮合线外 a' 点啮合，引起瞬时传动比的变化，影响传动平稳性。

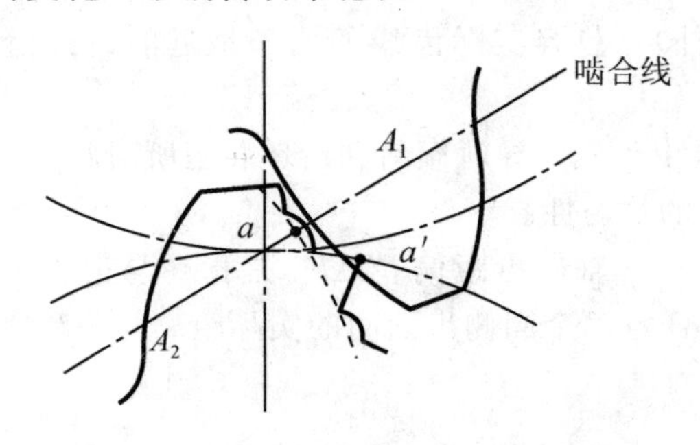

图 7.10 齿廓偏差对传动平稳性的影响

(4) 基节偏差 Δf_{pb}。基节偏差 Δf_{pb} 是实际基节与公称基节之差，如图 7.11 所示。实际基节是指基圆柱切平面所截两相邻同侧齿面的交线之间的法向距离。

Δf_{pb} 主要是由刀具的基节和齿形角误差造成的。如滚齿加工时，齿轮基节两端点是由刀具相邻齿同时切出的，故与机床传动链误差无关。

(5) 齿距偏差(又称周节偏差)Δf_{pt}。齿距偏差 Δf_{pt} 是指在分度圆柱面上，实际齿距与公称齿距之差，如图 7.12 所示。公称齿距是指所有实际齿距的平均值。

滚齿加工时，齿距偏差 Δf_{pt} 主要是由分度蜗杆跳动及轴向窜动，即机床传动链误差造成。所以 Δf_{pt} 可以用来揭示传动链的短周期误差或加工中的分度误差。

测量方法及使用仪器与齿距累积误差 ΔF_p 的测量相同。

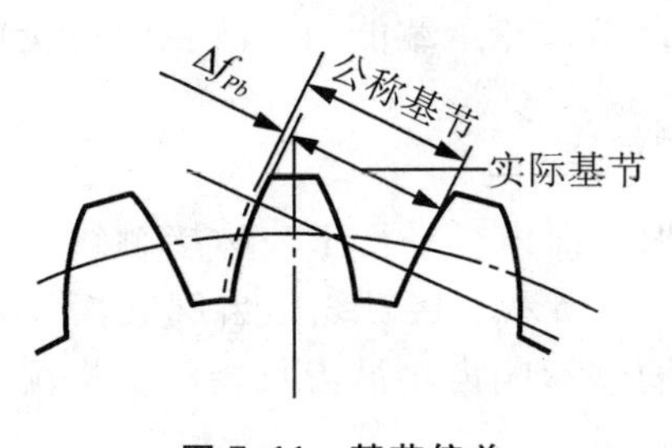

图 7.11 基节偏差

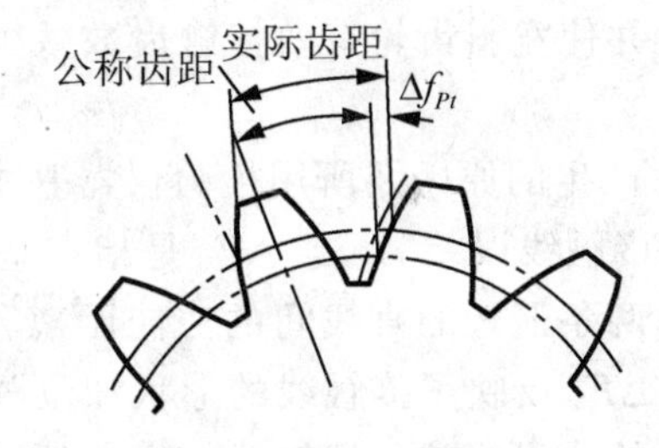

图 7.12 齿距偏差

(6) 螺旋线波度误差 $\Delta f_{f\beta}$。$\Delta f_{f\beta}$ 是指宽度斜齿轮齿高中部实际齿向线波纹的最大波幅，沿齿面法线方向计值。

$\Delta f_{f\beta}$ 主要是由滚齿机分度蜗杆和进给机构的跳动引起的短周期误差。该指标项目用以评定功率大，转速高的 6 级精度以上的宽斜齿轮。

根据不同的要求和加工方式，在第Ⅱ公差组中选用下列各检验组中之一来评定齿轮的传动平稳性精度。

① 一齿切向综合误差 $\Delta f_i'$(需要时，加检齿距偏差 Δf_{pt})。

② 一齿径向综合误差 $\Delta f_i''$(需保证齿形精度)。

③ 齿形误差 Δf_f 与齿距偏差 Δf_{pt}。

④ 齿形误差 Δf_f 与基节偏差 Δf_{pb}。

⑤ 齿距偏差 Δf_{pt} 与基节偏差 Δf_{pb}(用于 9～12 级精度)。

⑥ 螺旋线波度误差 $\Delta f_{f\beta}$(用于 $\varepsilon_{\beta}>1.25$，6 级及以上精度的斜齿轮或人字齿轮)。

3) 影响载荷分布均匀性的指标项目

(1) 齿向误差 ΔF_{β}。ΔF_{β} 是指在分度圆柱面上(允许在齿高中部测量)，齿宽工作部分范围内(齿端倒角部分除外)，包容实际齿线的两条最近的设计齿线之间的端面距离，如图 7.13所示。

齿向误差 ΔF_{β} 主要是由于机床导轨倾斜和齿坯装歪所引起的，它使轮齿的实际接触面积减小，影响了载荷分布的均匀性。

(2) 轴向齿距偏差 ΔF_{px}。轴向齿距偏差 ΔF_{px} 是指在与齿轮基准轴线平行而大约通过齿高中部的一条直线上，任意两个同侧齿面间的实际距离与公称距离之差。沿齿面法线方向计值，如图 7.14 所示。

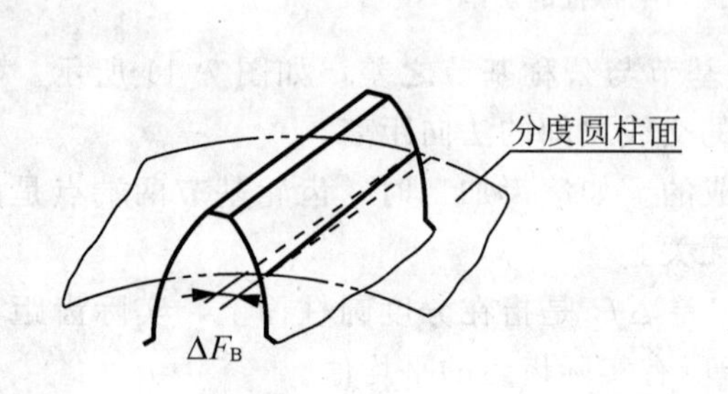

图 7.13　齿向误差

注：图中实线为实际齿线，虚线为设计齿线。

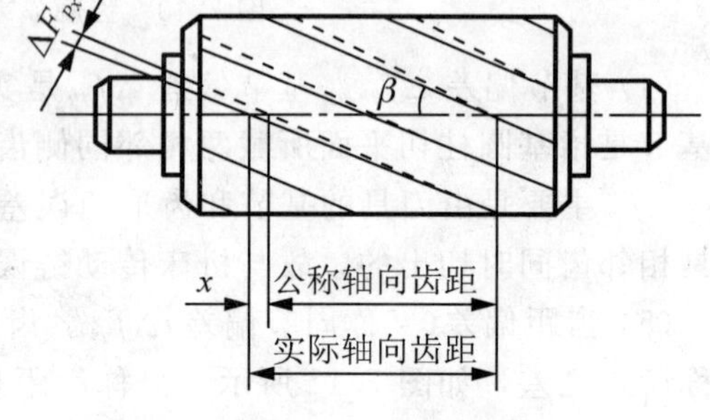

图 7.14　轴向齿距偏差

轴向齿距偏差 ΔF_{px} 主要反映斜齿轮的螺旋角误差。此项误差影响轮齿齿长方向的接触长度，并使宽斜齿轮有效接触齿数减少，从而降低齿轮承载能力，故宽斜齿轮应控制该项误差。

ΔF_{px} 产生的原因及所用检验仪器基本与齿向误差相同。

(3) 接触线误差 ΔF_{b}。ΔF_{b} 是指在基圆柱的切平面内，平行于公称接触线并包容实际接触线的两条最近的直线间的法向距离，如图 7.15 所示。接触线是齿廓表面和啮合平面的交线，ΔF_{b} 反映了接触线的形状和位置误差，直接影响齿轮沿齿长接触的情况。对于直齿圆柱齿轮，齿线就是接触线，两者的误差是相同的。

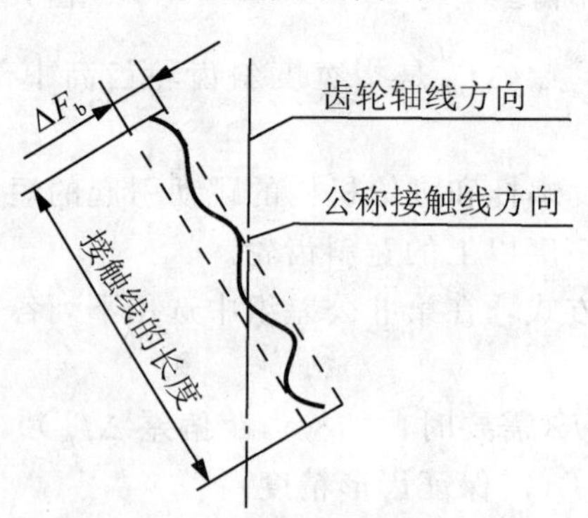

图 7.15　接触线误差

ΔF_{b} 主要用于斜齿轮的接触精度，它是窄斜齿轮接触长度和接触高度的综合项目，是

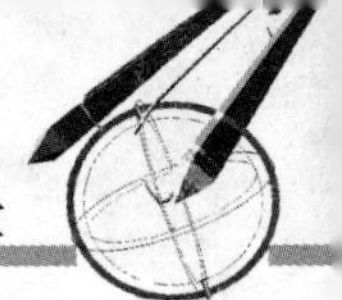

由刀具制造与安装误差、机床进给链误差所造成的齿轮齿向与齿形误差的综合反映。

第Ⅲ公差组选用下列检验组之一来评定齿轮的载荷分布均匀性。

① 齿向误差 ΔF_β 可用于直齿或斜齿轮。

② 接触线误差 ΔF_b 仅用于轴向重合度 ε_β 等于或小于 1.25 齿向线不作修正的斜齿轮。

③ 轴向齿距误差 ΔF_{px} 与接触线误差 ΔF_b 或齿形误差 Δf_f 仅用于轴向重合度 ε_β 大于 1.25，齿线不作修正的斜齿轮。

4）影响齿轮副侧隙的偏差

(1) 齿厚偏差 ΔE_s。ΔE_s 是指在分度圆柱面上，齿厚的实际值与公称值之差。

根据定义，齿厚是以分度圆弧长计值，而实际测量时则以弦长计值。为此要计算与之对应的公称弦齿厚。

(2) 公法线平均长度偏差 ΔE_{W_m}。ΔE_{W_m} 是指在齿轮一周内，公法线长度的平均值与公称值之差。ΔE_{W_m} 不同于公法线长度变动量 ΔF_W。ΔE_{W_m} 是反映齿厚减薄量的另一种方式。

3. 齿轮副的误差项目及评定指标

齿轮副的安装误差会影响齿轮副的啮合精度，必须加以限制。评定齿轮副的精度指标包括齿轮副的切向综合公差，齿轮副的切向一齿综合公差，齿轮副的接触斑点以及侧隙要求等，如果上述齿轮副的 4 个方面要求都能满足，则此齿轮副即认为是合格的。

1）齿轮副的切向综合误差 ΔF_{ic}

ΔF_{ic} 是指在设计中心距下安装好的齿轮副啮合转动足够多的转数内，一个齿轮相对于另一个齿轮的实际转角与理想转角的最大差值，以分度圆弧长计值。

2）齿轮副的切向一齿综合误差 $\Delta f'_{ic}$

$\Delta f'_{ic}$ 是指被测齿轮与理想精确的测量齿轮作单面啮合时，在被测齿轮转过一个齿距角内的切向综合偏差，以分度圆弧长计值。齿轮副的切向综合误差 ΔF_{ic} 及齿轮副的切向一齿综合误差 $\Delta f'_{ic}$ 应在装配后实测，或按单个齿轮的切向综合误差之和及切向一齿综合误差之和分别进行考核。

3）齿轮副接触斑点的检测

装配好的齿轮副，在轻微的制动下，运转后齿面上分布的接触擦亮痕迹，如图 7.16 所示。接触痕迹的大小在齿面展开图上用百分数计算。

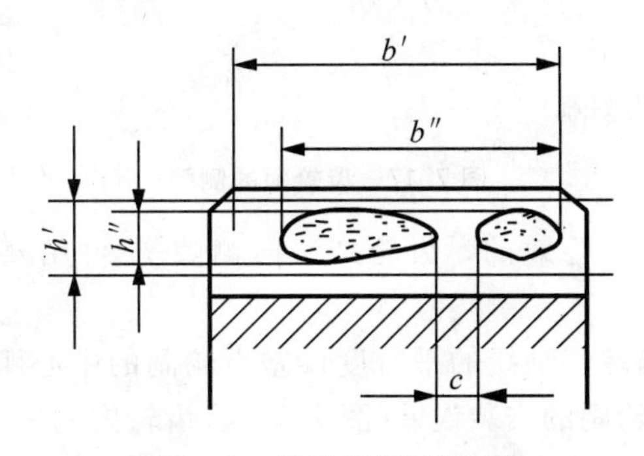

图 7.16　齿轮副的接触斑点

沿齿长方向为接触痕迹的长度 b''(扣除超过模数值的断开部分 c)与工作长度 b' 之比的百分数，即：

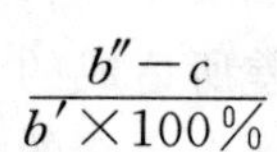

$$\frac{b''-c}{b'}\times 100\%$$

沿齿高方向为接触痕迹的平均高度 h'' 与工作高度 h' 之比的百分数，即：

$$\frac{h''}{h'}\times 100\%$$

接触斑点的分布位置应接近齿面中部，齿顶和两端部棱边处不允许接触。若齿轮副接触斑点的分布位置和大小确有保证时，则此齿轮副中单个齿轮的第Ⅲ公差组项目可不予考虑。

一般齿轮副接触斑点的分布位置及大小按表 7－19 规定。

此项误差主要反映载荷分布的均匀性，检验时可使用滚动检验机。它综合反映了齿轮加工误差和安装误差对载荷分布的影响。因此若接触斑点的分布位置和大小确有保证时，则此齿轮副中单个齿轮的第Ⅲ公差组项目可不予检验。

标准规定检验接触斑点不得用红丹粉。但可以使用国内已经生产的 CT1 或 CT2 等齿轮接触涂料着色法，代替接触擦亮痕迹法。

4）齿轮副圆周侧隙 j_t 和法向侧隙 j_n

(1) 如图 7.17(a)所示，齿轮副圆周侧隙 j_t 是指装配好的齿轮副中一个齿轮固定时，另一个齿轮的圆周晃动量，以分度圆弧长计。

(2) 如图 7.17(b)所示，齿轮副法向侧隙 j_n 是指装配好的齿轮副中两齿轮的工作齿面接触时，非工作齿面之间的最小距离。

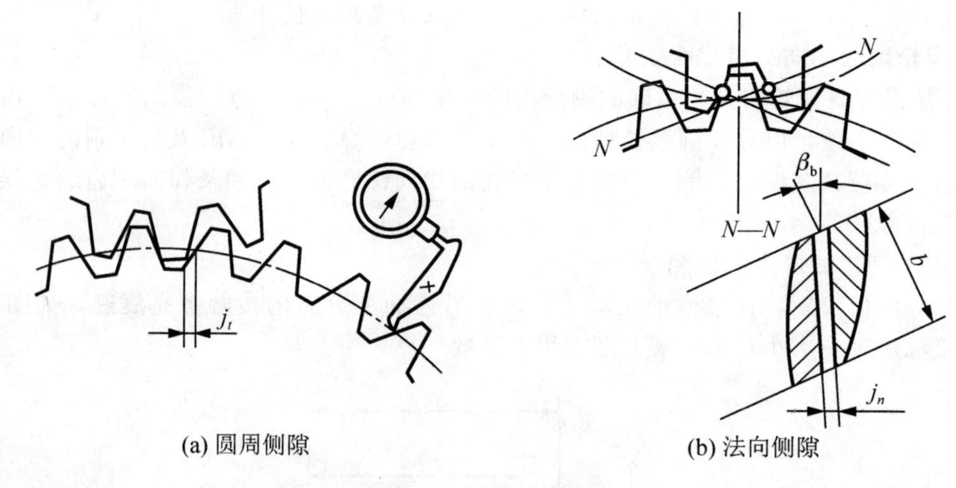

(a) 圆周侧隙　　(b) 法向侧隙

图 7.17　齿轮副的侧隙

测量圆周和法向侧隙是等效的，齿轮副法向侧隙 j_n 可用塞尺或压铅丝后测量其厚度值。

5）齿轮副的中心距偏差和轴线的平行度误差齿轮副的中心距偏差 Δf_a 和轴线的平行度误差 Δf_x、Δf_y 都是齿轮副的安装误差(图 7.18)。齿轮副的中心距偏差是指在齿轮副的齿宽中间平面内实际中心距 a' 与公称中心距 a 之差，如图 7.18(a)所示。它影响齿轮副的侧隙。

图 7.18 中，1 为基准轴线；2 为另一轴线在［H］平面上的投影；3 为基准轴线在［V］平面上的投影；4 为另一轴线在［V］平面上的投影；b 为齿轮宽度。

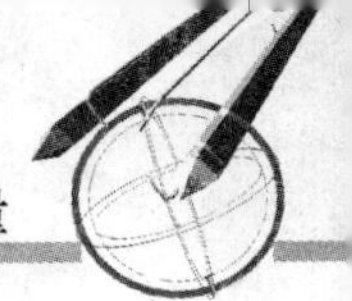

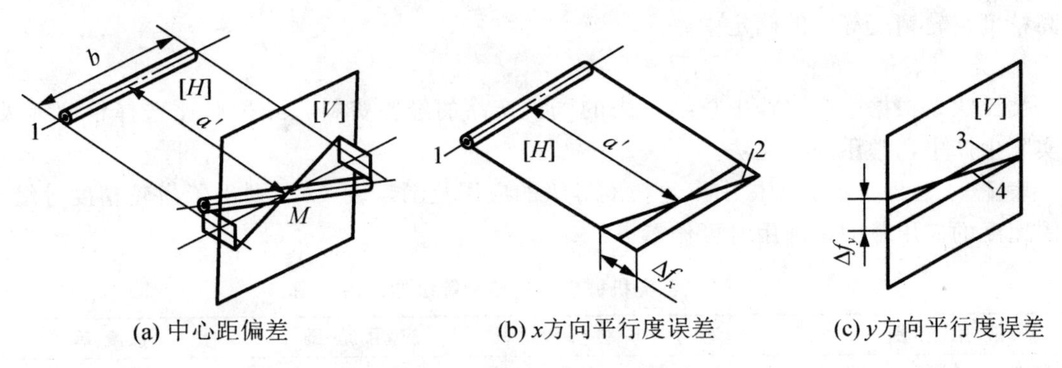

图 7.18 齿轮副的安装误差

齿轮副两条轴线中任何一条轴线都可作为基准轴线来测量另一条轴线的平行度误差。该误差可分成 x 方向和 y 方向的误差。为此，取包含基准轴线并通过由另一轴线与齿宽中间平面相交的点(中点 M)所形成的平面作为基准平面［H］。

图 7.18(b)中，x 方向轴线的平行度误差 Δf_x 是指一对齿轮的轴线在基准平面［H］上的投影 1 和 2 的平行度误差。图 7.18(c)中，y 方向轴线的平行度误差 Δf_y 是指一对齿轮的轴线在垂直于基准平面［H］并且平行于基准轴线的平面［V］上的投影 3 和 4 的平行度误差。它们都在全齿宽的长度上测量，都影响齿轮副的接触斑点和侧隙。

三、渐开线圆柱齿轮精度标准及其应用

我国现行的渐开线圆柱齿轮标准主要有 GB/T 10095.1—2001 和 GB/T 10095.2—2001。此标准适用于平行轴传动的渐开线圆柱齿轮及其齿轮副(即包括内、外啮合的直齿论和斜齿轮和人字齿轮)等，齿轮的法向模数 $m_n \geqslant 1mm$，基本齿廓按 GB/T 1356—2001 的规定。

1. 精度等级

国家标准对渐开线圆柱齿轮除 F_i''和 f_i'(F_i''和 f_i'规定了 4～12 共 9 个精度等级)以外的评定项目规定了 0，1，2，3，…，12 共 13 个精度等级，其中，0 级精度最高，12 级精度最低。在齿轮的 13 个精度等级中，0～2 级是目前的加工方法和检测条件难以达到的，属于未来发展级；其他精度等级可以粗略地分为：3～5 级为高精度级；6～8 级为中等精度级，使用最广；9～12 级为低精度级。由于齿轮误差项目多，对应的限制齿轮误差的公差项目也很多，本书只将常用的几项公差项目列于书中，表 7-4～表 7-14 分别给出了单个各项公差数值。

2. 精度等级的选择

齿轮精度等级的选择的主要依据是齿轮传动的用途、使用要求、工作条件以及其他技术要求。要综合考虑传递运动的精度、齿轮圆周速度的大小、传递功率的高低、润滑条件、持续工作时间的长短、制造成本和使用寿命等因素，在满足使用要求的前提下，应尽量选择较低精度的公差等级。精度等级的选择方法有计算法和类比法。

1) 计算法

计算法是根据工作条件和具体要求，通过对整个传动链的运动误差计算确定齿轮的精度等级；或者根据传动中允许的振动和噪声指标，通过动力学计算确定齿轮的精度等级；也可以根据对齿轮的承载要求，通过强度和寿命计算确定齿轮的精度等级。计算法一般用

于高精度齿轮精度等级的确定中。

2）类比法

类比法是根据生产实践中总结出来的同类产品的经验资料，经过对比选择精度等级。在实际生产中，常用的类比法。

表 7－1 列出了各类机械中齿轮精度等级的应用范围，表 7－2 列出了齿轮精度等级与圆周速度的应用范围，选用时可作参考。

表 7－1　各类机械中齿轮精度等级的应用范围

应用范围	精度等级	应用范围	精度等级
单啮仪、双啮仪等使用的测量齿轮	2～5	载重汽车	6～9
涡轮机减速器	3～6	通用减速器	6～9
精密切削机床	3～7	拖拉机	6～10
一般切削机床	5～8	轧钢机	6～10
航空发动机	4～7	起重机	7～10
轻型汽车	5～8	地质矿用绞车	8～10
内燃或电气机车	6～8	农业机械	8～11

表 7－2　齿轮精度等级与圆周速度的应用范围

精度等级	应用范围	圆周速度/(m/s)	
		直齿	斜齿
4	高精度和极精密分度机构的齿轮；要求极高的平稳性和无噪声的齿轮；检验 7 级精度齿轮的测量齿轮；高速涡轮机齿轮	<35	<70
5	高精度和精密分度机构的齿轮；高速重载，重型机械进给齿轮；要求高的平稳性和无噪声的齿轮；检验 8、9 级精度齿轮的测量齿轮	<20	<40
6	一般分度机构的齿轮，3 级和 3 级以上精度机床中的进给齿轮；高速、重型机械传动中的动力齿轮；高速传动中的高效率、平稳性和无噪声齿轮；读数机构中传动齿轮	<15	<30
7	4 级和 4 级以上精度机床中的进给齿轮；高速动力小而需要反向回转的齿轮；有一定速度的减速器齿轮；有平稳性要求的航空齿轮、船舶和轿车的齿轮	<10	<15
8	一般精度机床齿轮；汽车、拖拉机和减速器中的齿轮；航空器中的不重要的齿轮；农用机械中的重要齿轮	<6	<10
9	精度要求低的齿轮；没有传动要求的手动齿轮	<2	<4

3. 公差组的检验组及其选择

国家标准对 3 个公差组分别规定了一些检验组，见表 7－3。根据齿轮副的工作要求、检测条件和生产规模等，在各公差组中选定适当的检验组来评定和验收齿轮的精度。

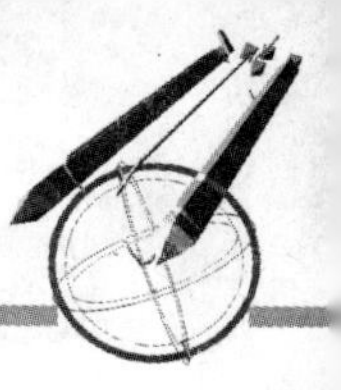

表 7-3 公差组的检验组

公差组	检验组						
Ⅰ	1	2	3	4	5	6	
	$\Delta F_i'$	ΔF_p 与 ΔF_{pk}^{k}	ΔF_p	$\Delta F_i''$与 ΔF_W	ΔF_r 与 ΔF_W	ΔF_r	
Ⅱ	1	2	3	4	5	6	7
	$\Delta f_i'$	Δf_f 与 Δf_{pb}	Δf_f 与 Δf_{pt}	Δf_β③	$\Delta f_i''$④	Δf_{pt} 与 Δf_{pb}⑤	Δf_{pt} 与 Δf_{pb}⑥
Ⅲ	1	2	3	4			
	ΔF_p	ΔF_b⑦	ΔF_{px} 与 Δf_f⑧	Δf_{px} 与 ΔF_b⑧			

注：①当其中有一项超差时，应按 ΔF_p 检定和验收齿轮的精度；②需要时，可加检 Δf_{pb}；③用于轴向重合度，ε_β>1.25 的 6 级及 6 级精度以上的斜齿轮或人字齿轮；④须保证齿形精度；⑤仅用于9～12级；⑥仅用于10～12级；⑦仅用于轴向重合度 $\varepsilon_\beta \leqslant 1.25$，且齿线不作修正的窄斜齿轮；⑧仅用于轴向重合度 ε_β>1.25，且齿线不作修正的宽斜齿轮。

表 7-4 公法线长度变动 F_w (摘自 GB 10095—88)

分度圆直径/mm	法向模数/mm	精度等级/μm				
		5	6	7	8	9
～125	≥1～3.5 ≥3.5～6.3 ≥6.3～10	12	20	28	40	56
>125～400	≥1～3.5 ≥3.5～6.3 ≥6.3～10	16	25	36	50	71
>400～800	≥1～3.5 ≥3.5～6.3 ≥6.3～10	20	32	45	63	90

表 7-5 齿圈径向跳动公差 F_r (选自 GB/T 10095.2—2001)

分度圆直径 d/mm	法向模数 m_n(mm)	精度等级/μm					
		4	5	6	7	8	9
$50<d\leqslant125$	$0.5\leqslant m_n\leqslant2$	10	15	21	29	42	59
	$2<m_n\leqslant3.5$	11	15	21	30	43	61
	$3.5<m_n\leqslant6$	11	16	22	31	44	62
	$6<m_n\leqslant10$	12	16	23	33	46	65
	$10<m_n\leqslant16$	12	18	25	35	50	70
$125<d\leqslant280$	$0.5\leqslant m_n\leqslant2$	14	20	28	39	55	78
	$2<m_n\leqslant3.5$	14	20	29	40	56	80
	$3.5<m_n\leqslant6$	14	20	29	41	58	82
	$6<m_n\leqslant10$	15	21	30	42	60	85
	$10<m_n\leqslant16$	16	22	32	45	63	89

表 7-6　齿距累积公差 F_p　　(选自 GB/T 10095.1—2001)

分度圆直径 d/mm	法向模数 m_n/mm	精度等级/μm				
		5	6	7	8	9
	2<m_n≤3.5	19.0	27.0	38.0	53.0	76.0
	3.5<m_n≤6	19.0	28.0	39.0	55.0	78.0
	6<m_n≤10	20.0	29.0	41.0	58.0	82.0
	10<m_n≤16	22.0	31.0	44.0	62.0	88.0
	16<m_n≤25	24.0	34.0	48.0	68.0	96.0
125<d≤280	2<m_n≤3.5	25.0	35.0	50.0	70.0	100.0
	3.5<m_n≤6	25.0	36.0	51.0	72.0	102.0
	6<m_n≤10	26.0	37.0	53.0	75.0	106.0
	10<m_n≤16	28.0	39.0	56.0	79.0	112.0
	6<m_n≤25	30.0	43.0	60.0	85.0	120.0
	25<m_n≤40	34.0	47.0	67.0	95.0	134.0

表 7-7　径向综合公差 F_i''　　(选自 GB/T 10095.2—2001)

分度圆直径 d/mm	法向模数 m_n/mm	精度等级/μm					
		4	5	6	7	8	9
50<d≤125	1.0<m_n≤1.5	14	19	27	39	55	77
	1.5<m_n≤2.5	15	22	31	43	61	86
	2.5<m_n≤4.0	18	25	36	51	72	102
	4.0<m_n≤6.0	22	31	44	62	88	124
	6.0<m_n≤10	28	40	57	80	114	161
125<d≤280	1.0<m_n≤1.5	17	24	34	48	68	97
	1.5<m_n≤2.5	19	26	37	53	75	106
	2.5<m_n≤4.0	21	30	43	61	86	121
	4.0<m_n≤6.0	25	36	51	72	102	144
	6.0<m_n≤10	32	45	64	90	127	180

表 7-8　齿形公差 f_f　　(摘自 GB 10095—88)

分度圆直径 /mm	法向模数 /mm	精度等级/μm				
		5	6	7	8	9
~125	≥1~3.5	6	8	11	14	22
	≥3.5~6.3	7	10	14	20	32
	≥6.3~10	8	12	17	22	36
>125~400	≥1~3.5	7	9	13	18	28
	≥3.5~6.3	8	11	16	22	36
	≥6.3~10	9	13	19	28	45

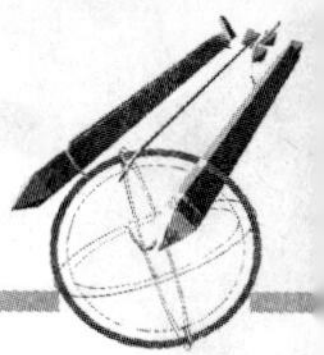

表 7-9　基节极限偏差 $\pm f_{pb}$　　（摘自 GB 10095—88）

分度圆直径/mm	法向模数/mm	精度等级/μm				
		5	6	7	8	9
～125	≥1～3.5	5	7	13	18	25
	≥3.5～6.3	7	11	16	22	32
	≥6.3～10	8	13	18	25	36
>125～400	≥1～3.5	6	10	14	20	30
	≥3.5～6.3	8	13	18	25	36
	≥6.3～10	9	14	20	30	40

表 7-10　齿距极限偏差 $\pm f_{pt}$　　（摘自 GB 10095—88）

分度圆直径/mm	法向模数/mm	精度等级/μm				
		5	6	7	8	9
～125	≥1～3.5	6	10	14	20	28
	≥3.5～6.3	8	13	18	25	36
	≥6.3～10	9	14	20	28	40
>125～400	≥1～3.5	7	11	16	22	32
	≥3.5～6.3	9	14	20	28	40
	≥6.3～10	10	16	22	32	45
>400～800	≥1～3.5	8	13	18	25	36
	≥3.5～6.3	9	14	20	28	40
	≥6.3～10	11	18	25	36	50

表 7-11　齿向公差 F_{β}　　（摘自 GB 10095—88）

齿轮宽度/mm		精度等级/μm				
大于	到	5	6	7	8	9
—	40	7	9	11	18	28
40	100	10	12	16	25	40
100	160	12	16	20	32	50

表 7-12　接触斑点　　（摘自 GB 10095—88）

接触斑点	精度等级			
	6	7	8	9
按高度不小于/%	50(40)	45(35)	40(30)	30
按长度不小于/%	70	60	50	40

注：①接触斑点的分布位置应趋近齿面中部，齿顶和两端部棱边处不允许接触；

② 括号内数值用于轴向重合度大于 0.8 的斜齿轮。

表 7-13 中心距极限偏差 $\pm f_a$ （摘自 GB 10095—88）

第Ⅱ公差组精度等级	5～6	7～8	9～10
f_a	$\frac{1}{2}$IT7	$\frac{1}{2}$IT8	$\frac{1}{2}$IT9

注：按中心距查取 IT 值。

表 7-14 一齿径向综合公差 f_i'' （摘自 GB/T 10095.2—2001）

分度圆直径 d/mm	法向模数 m_n/mm	精度等级/μm					
		4	5	6	7	8	9
$20<d\leqslant50$	$1.5<m_n\leqslant2.5$	4.5	6.5	9.5	13	19	26
	$2.5<m_n\leqslant4.0$	7.0	10	14	20	29	41
	$4.0<m_n\leqslant6.0$	11	15	22	31	43	61
	$6.0<m_n\leqslant10$	17	24	34	48	67	95
$50<d\leqslant125$	$1.5<m_n\leqslant2.5$	4.5	6.5	9.5	13	19	26
	$2.5<m_n\leqslant4.0$	7.0	10	14	20	29	41
	$4.0<m_n\leqslant6.0$	11	15	22	31	44	62
	$6.0<m_n\leqslant10$	17	24	34	48	67	95
$125<d\leqslant280$	$1.5<m_n\leqslant2.5$	4.5	6.5	9.5	13	19	27
	$2.5<m_n\leqslant4.0$	7.5	10	15	21	29	41
	$4.0<m_n\leqslant6.0$	11	15	22	31	44	62
	$6.0<m_n\leqslant10$	17	24	34	48	67	95

4. 齿轮副极限侧隙

齿轮副在装配后应具有一定的侧隙，影响侧隙的主要因素有中心距偏差和齿厚偏差。确定齿轮副的极限侧隙有基中心距制和基齿厚制。考虑到齿轮加工和箱体加工的工艺特点，国家标准规定采用基中心距制，即固定中心距的极限偏差，且中心距的极限偏差相对于零线对称分布，通过改变齿厚的上偏差以得到最小极限侧隙。

1）齿厚极限偏差

齿厚极限偏差的数值已经标准化，国家标准规定了 14 种，并用大写英文字母表示。齿厚偏差 E_s 的数值是以齿距极限偏差 f_{pt} 的倍数来表示，如图 7.19 所示。齿厚公差带用两个极限偏差的字母来表示，前后两个字母分别表示上偏差、下偏差公差带代号。14 种齿厚极限偏差可以任意组合，以满足各种不同的需要。

2）最小极限侧隙的确定

最小极限侧隙 $j_{n\min}$ 应能保证齿轮正常时储存润滑油、补偿受热膨胀、受力变形及制造安装误差等。

（1）补偿热变形所必需的法向侧隙 j_{n1}。

$$j_{n1}=A(\alpha_1\Delta t_1-\alpha_2\Delta t_2)2\sin\alpha$$

式中：A——齿轮副的中心距；

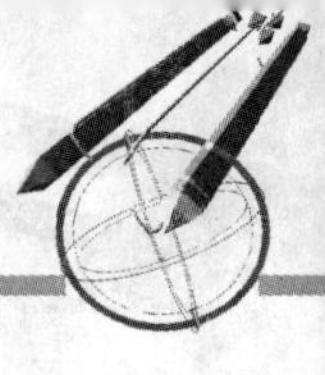

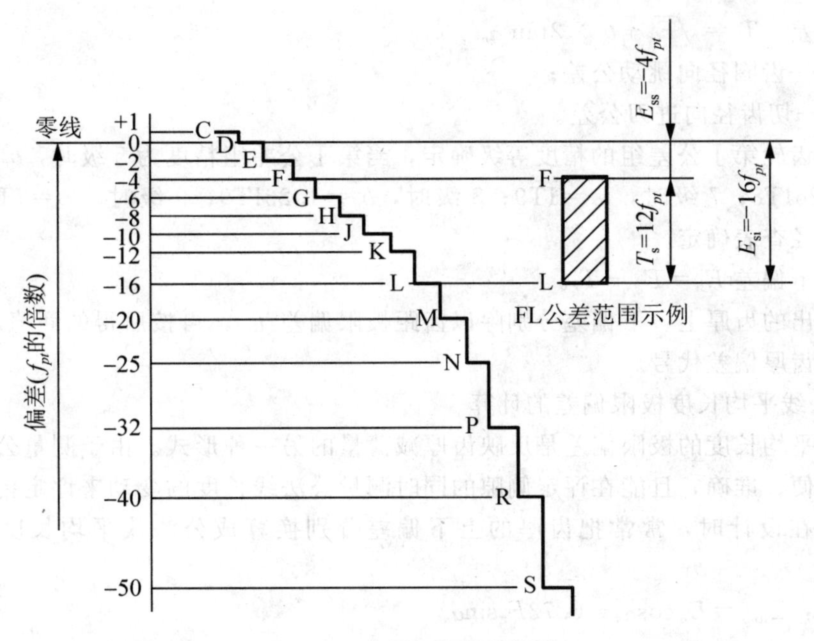

图 7.19 齿厚极限偏差代号

α_1、α_2——齿轮和箱体材料的线膨胀系数；

Δt_1、Δt_2——分别为齿轮、箱体的工作温度与标准温度20℃之差；

α——齿轮的压力角20°。

(2) 保证正常润滑条件所需的法向侧隙 j_{n2}

j_{n2} 取决于润滑方式和齿轮圆周速度，可参考表7-15选取。齿轮副所需的最小保证侧隙为 $j_{n\min}=j_{n1}+j_{n2}$。

表7-15 保证正常润滑条件所需的法向侧隙 j_{n2}

润滑方式	圆周速度 v/(m/s)			
	≤10	>10～25	>25～60	>60
喷油润滑	$0.01m_n$	$0.02m_n$	$0.03m_n$	$0.03m_n$～$0.05m_n$
油池润滑	$(0.005\sim0.1)m_n$			

注：m_n 为法向模数(mm)。

3) 齿厚极限偏差的确定

在上述的14种齿厚极限偏差中选取合适的代号组合。选取时要根据齿轮副工作所要求的最小侧隙 $j_{n\min}$，计算出齿厚的上偏差 E_{ss}，然后根据切齿是的进刀误差和能引起齿厚变化的齿圈径向跳动等，再计算出齿厚的公差，最后计算出齿厚的下偏差 E_{si}。具体计算如下：

$$E_{ss}=-(f_a\tan\alpha_n+\frac{j_{n\min}+k}{2\cos\alpha_n})$$

式中：f_a——齿轮副中心距极限偏差；

α_n——法向齿形角；

k——齿轮加工和安装误差引起的法向侧隙减小量，$k=\sqrt{(f_{pb1})^2+(f_{pb2})^2+2.104F_\beta^2}$。

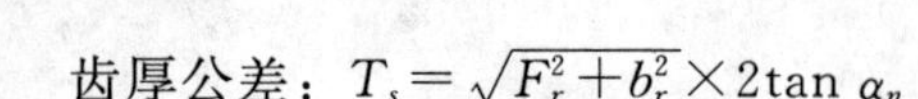

齿厚公差：$T_s=\sqrt{F_r^2+b_r^2}\times 2\tan\alpha_n$

式中：F_r——齿圈径向跳动公差；

b_r——切齿径向进刀公差。

b_r 值按齿轮第Ⅰ公差组的精度等级确定，当第Ⅰ公差组精度为 5 级时，b_r＝IT8；6 级时，b_r＝1.26IT8；7 级时，b_r＝IT9；8 级时，b_r＝1.26IT9；9 级时，b_r＝IT10。b_r 按齿轮分度圆直径查表确定。

齿厚的下偏差 $E_{si}=E_{ss}-T_s$。

将计算出的齿厚上、下偏差分别除以齿距极限偏差 f_{pt}，再按所得的商值从图 7.19 中选取相应的齿厚偏差代号。

4）公法线平均长度极限偏差的计算

公法线平均长度的极限偏差是反映齿厚减薄量的另一种形式。由于测量公法线长度比测量齿厚方便、准确，且能在评定侧隙的同时测量公法线长度的变动来评定传递运动的准确性，所以在设计时，常常把齿厚的上下偏差分别换算成公法线平均长度上、下偏差 E_{ums}、E_{umi}。

外齿轮：$E_{ums}=E_{ss}\cos\alpha_n-0.72F_r\sin\alpha_n$

$E_{umi}=E_{si}\cos\alpha_n+0.72F_r\sin\alpha_n$

内齿轮$E_{umi}=-E_{ss}\cos\alpha_n-0.72F_r\sin\alpha_n$

$E_{umi}=-E_{ss}\cos\alpha_n+0.72F_r\sin\alpha_n$

5）齿坯精度

齿坯的尺寸偏差、形位误差和表面质量对齿轮的加工精度、安装精度及齿轮副的接触条件和运转状况等会产生一定的影响，因此为了保证齿轮的传动质量，就必须控制齿坯精度，如图 7.20 和图 7.21 所示，以使加工的轮齿更易满足使用要求。

齿坯精度包括齿轮内孔、齿顶圆、齿轮轴的定位基准面和安装基准面的精度以及各工作表面的粗糙度要求。齿轮内孔与轴颈常作为加工、测量和安装基准，按齿轮精度对它们的尺寸和位置也提出了一定的精度要求。齿坯精度可参照 GB 100095—88，见表 7－16。

齿轮的形状公差以及基准面的跳动公差在国家标准里有明确规定，可查表 7－17 及表 7－18。

新国家标准没有规定齿轮各基准面的表面粗糙度，设计时齿轮表面粗糙度允许值可按 GB/Z 18620.4—2002 中的规定，见表 7－19 和表 7－20。

表 7－16　齿坯精度　　（摘自 GB 10095—88）

齿轮精度等级		5	6	7	8	9
孔	尺寸、形位公差	IT5	IT6	IT7		IT8
轴		IT5		IT6		IT7
顶圆直径公差		IT7	IT8			IT9

注：当顶圆不作为测量基准时，其尺寸公差按 IT11 给定，但不大于 0.1mm。

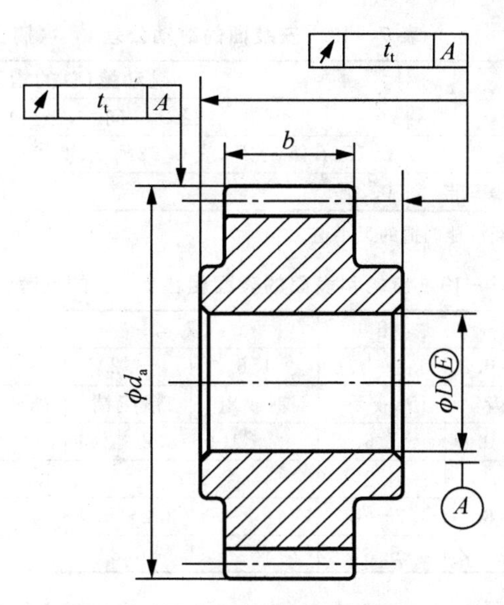

图 7.20 盘形齿轮的齿坯精度要求

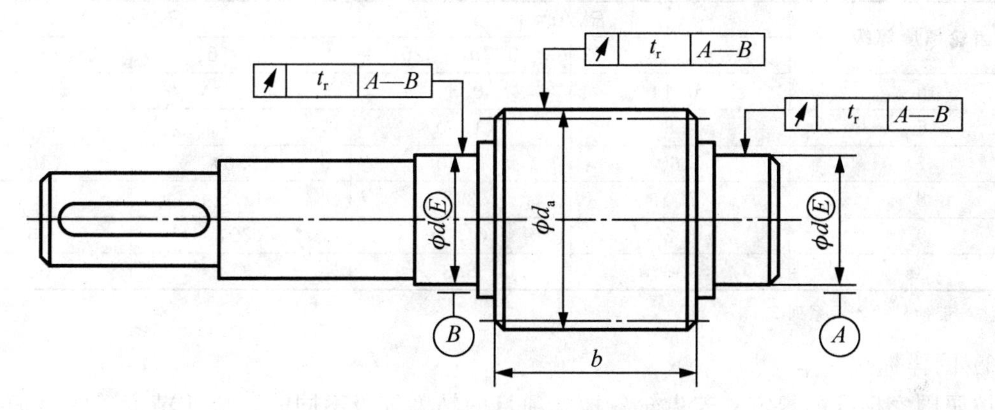

图 7.21 齿轮轴的齿坯精度要求

表 7-17 基准面和安装面的形状误差 （摘自 GB/Z 18620.3—2002）

确定轴线的基准面	公差项目		
	圆度	圆柱度	平面度
两个“短的”圆柱或圆锥形基准面	$0.04(L/b)F_\beta$ 或 $0.1F_P$ 取两者中之小值		
一个“长的”圆柱或圆锥形基准面		$0.04(L/b)F_\beta$ 或 $0.1F_P$ 取两者中之小值	
一个“短的”圆柱面和一个端面	$0.06F_P$		$0.06(D_d/b)F$

注：1. 齿轮坯的公差应减至能经济地制造的最小值；

2. L 为较大的轴承跨距，D_d 为基准面直径，b 为齿宽。

表 7-18 安装面的跳动公差 （摘自 GB/Z 18620.3—2002）

确定轴线的基准面	跳动量(总的指示幅度)	
	径　向	轴　向
仅指圆柱或圆锥形基准面	$0.15(L/b)$ F_β 或 $0.32F_p$ 取两者中之大者	
一个圆柱基准面和一个端面基准	$0.3F_p$	$0.2(D_d/b)F_\beta$

注：齿轮坯的公差应减至能经济地制造的最小值。

表 7-19 齿轮和表面的表面粗糙度 R_a 的推荐值 单位：μm

齿轮精度等级	5	6	7		8	9	
轮齿齿面	0.4～0.8	0.8～1.6	1.6	3.2	6.3	6.3	12.5
齿面加工方法	磨齿	磨或珩	剃或珩	精滚精	插或滚齿	滚齿	铣齿
齿轮基准孔	0.4～0.8	1.6	1.6～3.2			6.3	
齿轮轴基准轴颈	0.4	0.8	1.6		6.3		
齿轮基准端面	3.2～6.3	3.2～6.3	3.2～6.3			6.3	
齿轮顶圆	1.6～3.2	6.3	6.3				

表 7-20 齿轮表面粗糙度 （摘自 GB/Z 18620.4—2002）

齿轮精度等级	R_a/μm		R_z/μm	
	$m_n<6$	$6\leqslant m_n\leqslant 25$	$m_n<6$	$6\leqslant m_n\leqslant 25$
5	0.4	0.80	3.2	(4.0)
6	0.8	(1.00)	6.3	6.3
7	1.60	1.60	(8.0)	(10)
8	(2.0)	3.2	12.5	12.5
9	3.2	(4.0)	(20)	25
10	6.3	6.3	(32)	50

注：带括号的表示系列 2。

6）图样标注

按照国家标准的规定，若齿轮各检验项目的精度等级不同时，应在精度等级后面用括号加注检验项目。例如“6($\triangle f_f$)7($\triangle F_p$、$\triangle F_\beta$)GB/T 10095.1—2001”表示齿形误差$\triangle f_f$为 6 级精度、齿距累积误差$\triangle F_p$和齿向误差$\triangle F_\beta$均为 7 级精度的齿轮；而当齿轮的检验项目具有相同精度等级时，只需标注精度等级和标准号。例如 8GB/T 10095.1—2001 或 8GB/T 10095.2—2001 表示检验项目精度等级同为 8 级的齿轮。

由于齿轮公差项目较多，设计齿轮时，在齿轮的工作图上除了标注齿轮的精度外，还必须标注各公差组的检验组项目及公差(偏差)数值，作为检定和验收齿轮的依据。

5. 综合应用举例

在某普通机床的主轴箱中有一对直齿圆柱齿轮副，采用油池润滑。已知：$Z_1=28$，$Z_2=58$，$m=3\text{mm}$，$B_1=26\text{mm}$，$B_2=22\text{mm}$，$n_1=1800\text{r/min}$。齿轮材料是 45 号钢，其线膨胀系数 $\alpha_1=11.5\times10^{-6}$。箱体为铸铁材料，其线膨胀系数 $\alpha_2=10.5\times10^{-6}$。齿轮工作温度 $t_1=65℃$，箱体温度 $t_2=45℃$。内孔直径为 45mm。对小齿轮进行精度设计，并将设计所确定的各项技术要求标注在齿轮工作图上。

解：(1)确定小齿轮的精度等级。

因为小齿轮的转动速度高，主要要求其传递运动的平稳性，因此，按圆周速度选取小齿轮的精度等级。

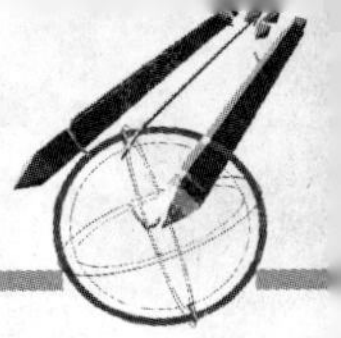

$$v=\frac{\pi dn}{60\times1\ 000}=\frac{\pi mz_1n}{60\ 000}=\frac{3.14\times3\times28\times1\ 800}{1\ 800}=7.9(\text{m/s})$$

查表7—8选取平稳性精度为7级，由于传动准确性要求不高，可以降低一级取8级，而载荷分布均匀性一般不低于平稳性，也取7级，故齿轮的精度等级为8—7—7。

(2) 确定最小极限侧隙。

由式 $j_{n1}=A(\alpha_1\Delta t_1-\alpha_2\Delta t_2)2\sin\alpha$ 计算得补偿热变形所必需的法向侧隙为：

$$j_{n1}=\frac{m(z_1+z_2)}{2}\ [\alpha_1(t_1-20°)-\alpha_2(t_2-20°)]\ \times2\sin\alpha$$

$$=\frac{3\times(28+58)}{2}\ [11.5\times(65-20)\times10^{-6}-10.5\times(45-20)\times10^{-6}]\ \times2\sin20°\approx0.022\ 5(\text{mm})$$

由表7-15查得保证正常润滑条件所需的法向侧隙 $j_{n2}=0.01m_n=0.01\times3=30(\mu\text{m})$。

因此，最小侧隙 $j_{n\min}=j_{n1}+j_{n2}=22.5\mu\text{m}+30\mu\text{m}=52.5\mu\text{m}$。

(3) 确定齿厚极限偏差和公差。

因为第Ⅰ公差组精度等级为8级，所以 $b_r=1.26\text{IT}9=1.26\times87\mu\text{m}\approx109.6\mu\text{m}$

由表7-5查得 $F_r=43\mu\text{m}$；

由表7-9查得 $f_{pb1}=13\mu\text{m}$，　　　　$f_{pb2}=14\mu\text{m}$；

由表7-6查得 $F_p=11\mu\text{m}$；

由表7-13查得 $f_a=\frac{1}{2}\text{IT}8=31.5\mu\text{m}$。

由式 $k=\sqrt{(f_{pb1})^2+(f_{pb2})^2+2.104F_\beta^2}$ 计算出齿轮加工和安装误差引起的法向侧隙减小量 $k\approx24.5\mu\text{m}$。

再由式 $E_{ss}=-(f_a\tan\alpha_n+\frac{j_{n\min}+k}{2Cos\alpha_n})$ 计算出齿厚上偏差 $E_{ss}\approx-52\mu\text{m}$。

由式 $T_s=\sqrt{F_r^2+b_r^2}\times2\tan\alpha_n$ 计算出齿厚公差 $T_s\approx86\mu\text{m}$。

齿厚下偏差 $E_{si}=E_{ss}-T_s=-52\mu\text{m}-86\mu\text{m}=-138\mu\text{m}$。

由图7.19可知，齿厚上偏差代号是F，齿厚下偏差代号是J。

(4) 齿轮公差组的检验组参数的确定。

为提高检测的经济性，应尽量使用同一计量器具测量较多的评定指标。根据齿轮的用途，属于批量生产，一般常用双啮仪测量，参考表选取评定参数为：准确性用 $\Delta F_i''$ 和 ΔF_W，平稳性用 $\Delta f_i''$，接触均匀性用 ΔF_β。由于准确性已经用了 ΔF_W，所以用公法线平均长度的极限偏差 E_{wm} 控制齿厚极限偏差更方便。各项公差值和极限偏差值查表和计算结果如下：

$F_i''=72\mu\text{m}$；　　$F_r=40\mu\text{m}$；　　$f_i''=20\mu\text{m}$；　　$F_\beta=11\mu\text{m}$；

$E_{wms}=E_{ss}\cos\alpha_n-0.72F_r\sin\alpha_n=-52\cos20°-0.72F_r\sin20°\approx-59(\mu\text{m})$；

$E_{wmi}=E_{si}\cos\alpha_n+0.72F_r\sin\alpha_n=-138\cos20°+0.72F_r\sin20°\approx-119(\mu\text{m})$。

跨齿数　　$k=Z_1\frac{\alpha}{180°}+0.5=28\times\frac{20°}{180°}+0.5\approx3.6$。

取k=4，$W=m\ [1.476(2k-1)+0.014z]\ =3\times\ [1.476(2\times4-1)+0.014\times28]\ (\text{mm})\approx32.17\text{mm}$，

则 $W=32.17(^{-0.059}_{-0.119})\text{mm}$。

(5) 确定齿坯精度。

① 内径尺寸精度。经查表，内径尺寸精度选用IT7级，已知内径尺寸为 $\phi45\text{mm}$，则内径尺寸公差带确定为 $\phi45\text{H}7(^{-0.025}_{0})$，采用包容原则Ⓔ。

② 齿顶圆可作为加工找正基准，齿顶圆直径公差为 IT8 级，由于齿顶圆直径 $d_a=mz+2hm=90$mm，所以 IT8=0.054mm，齿顶圆直径的尺寸公差带为 $\phi 90h8(^{0}_{-0.054})$。

③ 基准面和安装面的形状公差。由于小齿轮在轴上是由一个短圆柱面和一个端面定位的，查表 7-17，短圆柱面的圆度公差为 $0.06F_p=0.06\times0.053\approx0.003$(mm)，端面的平面度公差为 $0.06(D_d/b)F_\beta=0.06\times(45/26)\times0.011\approx0.001$(mm)。

④ 安装面的跳动公差。查表得径向跳动公差为 $0.3F_p=0.3\times0.053\approx0.016$(mm)，轴向跳动公差为 $0.2(D_d/b)F_\beta=0.2\times(45/26)\times0.011\approx0.004$(mm)。

(6) 齿轮各个表面粗糙度 R_a 值。查表得齿面 $R_a=3.2\mu$m，顶圆 $R_a=6.3\mu$m，齿轮基准孔 $R_a=1.6\mu$m，齿轮基准端面 $R_a=3.2\mu$m。

(7) 将上述各项要求标注在齿轮零件图上，则得到图 7.22 所示的小齿轮的工作图。

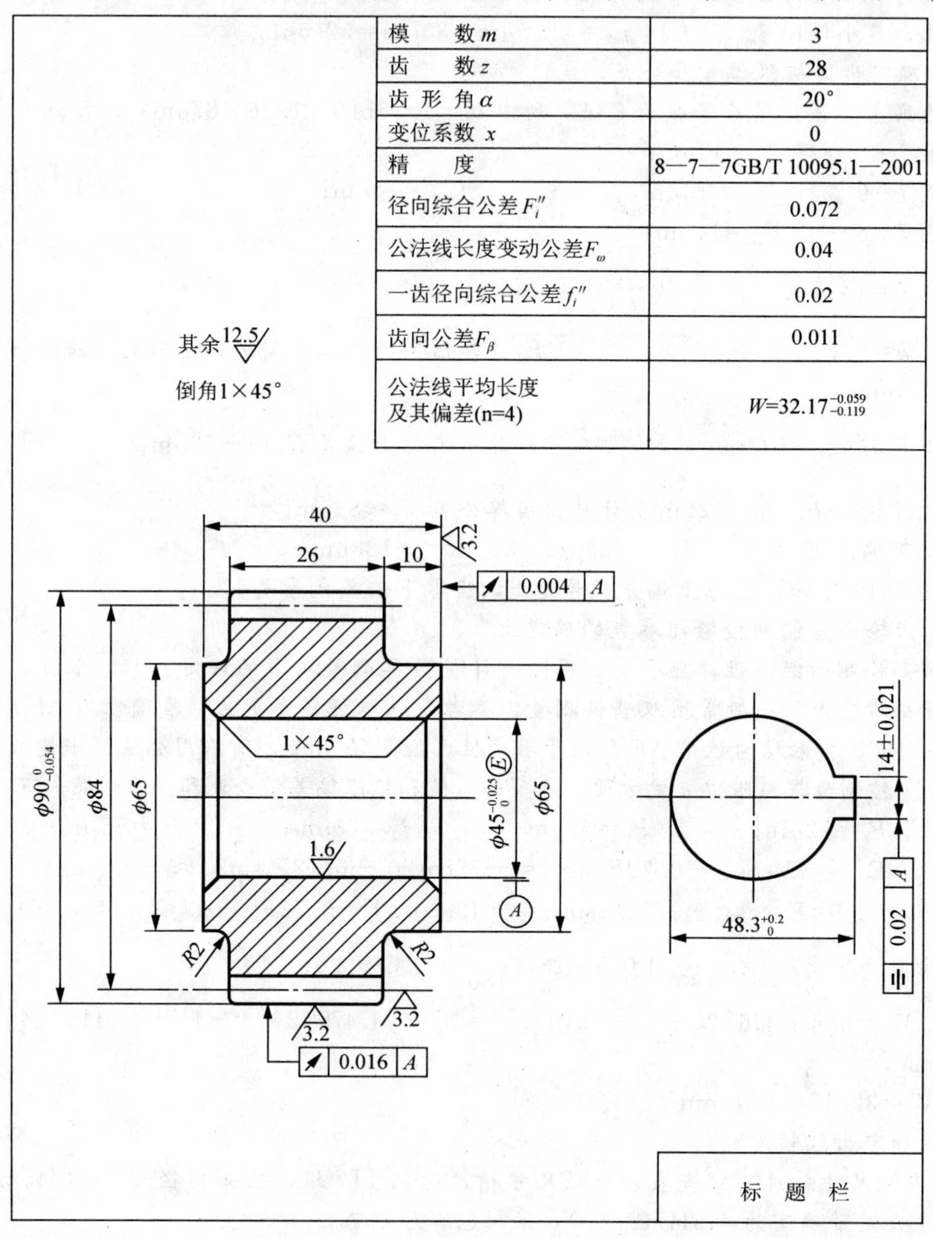

模　　数 m	3
齿　　数 z	28
齿 形 角 α	20°
变位系数 x	0
精　　度	8—7—7GB/T 10095.1—2001
径向综合公差 F_i''	0.072
公法线长度变动公差 F_ω	0.04
一齿径向综合公差 f_i''	0.02
齿向公差 F_β	0.011
公法线平均长度及其偏差(n=4)	$W=32.17^{-0.059}_{-0.119}$

图 7.22　齿轮工作图

项目实施

一、测量仪器

1. 公法线千分尺

公法线千分尺是在普通外径千分尺测头上安装两个大平面测头，其读数方法与普通千分尺相同，如图 7.23 所示。

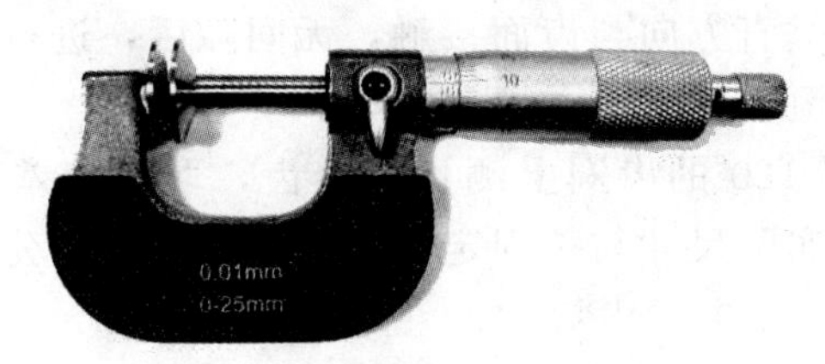

图 7.23　公法线千分尺

2. 齿圈径向跳动检查仪

图 7.24 所示为齿圈径向跳动检查仪外形图。芯轴 11 装入被测齿轮后，安装在左右顶针 5 之间，两顶针架在滑板 1 上。转动手轮 2 可使滑板 1 及其上之承载物一起左右移动。在底座后方螺旋立柱 6 上有一表架，百分表 10 装在表架前弹性夹头中。拨动抬升器 9 可使百分表测量头 13 放入齿槽或退出齿槽。齿圈径向跳动检查仪还附有不同直径的测量头，用于测量各种模数的齿轮。附有各种杠杆，用于测量锥齿轮和内齿轮的齿圈跳动。

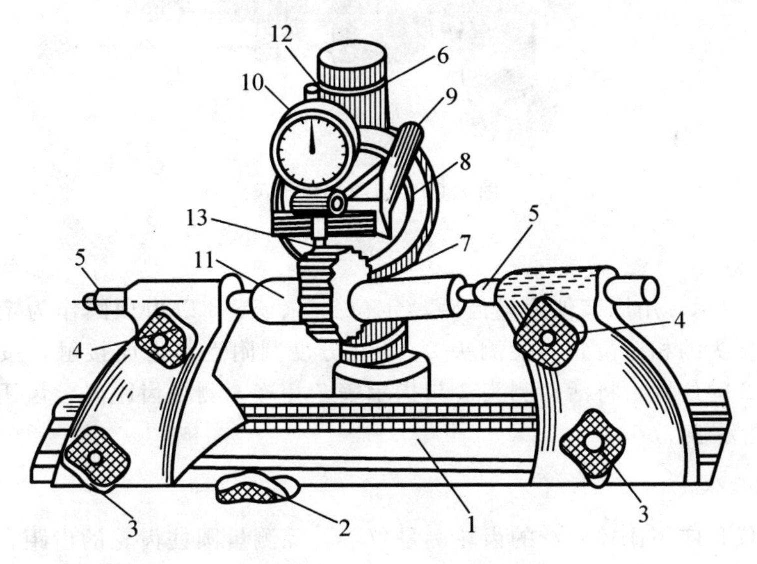

图 7.24　齿圈径向跳动检查仪

3. 齿厚游标卡尺

图 7.25 所示为测量齿厚的游标卡尺。它由两套相互垂直的游标卡尺组成，垂直游标尺用于控制被测齿轮的弦齿高，水平游标尺则用于测量实际弦齿厚。其读数方法和普通游标卡尺的方法一样。

(1) 结构：测量范围一般有 M1～18、M1～26(模数)等，其结构主要由水平主尺、微动螺母、游标、游框、活动量爪、高度尺、固定量爪、紧固螺钉、垂直主尺几部分组成。

(2) 齿厚游标卡尺用于测量直齿和斜齿圆柱齿轮的固定弦齿厚和分度圆弦齿厚。

(3) 齿厚游标卡尺的使用注意事项如下。

① 使用前，先检查零位和各部分的作用是否准确和灵活可靠。

② 使用时，先按固定弦或分度圆弦齿高的公式计算出齿高的理论值，调整垂直主尺的读数，使高度尺的端面按垂直方向轻轻地与齿轮的齿顶圆接触。在测量齿厚时，应注意使活动量爪和固定量爪按垂直方向与齿面接触，无间隙后，进行读数，同时还应注意测量压力不能太大，以免影响测量精度。

③ 测量时，可在每隔 120°的齿圈上测量一个齿，取其偏差最大者作为该齿轮的齿厚实际尺寸，将测得的齿厚实际尺寸与按固定弦或分度圆弦齿厚公式计算出的理论值之差即为齿厚偏差。

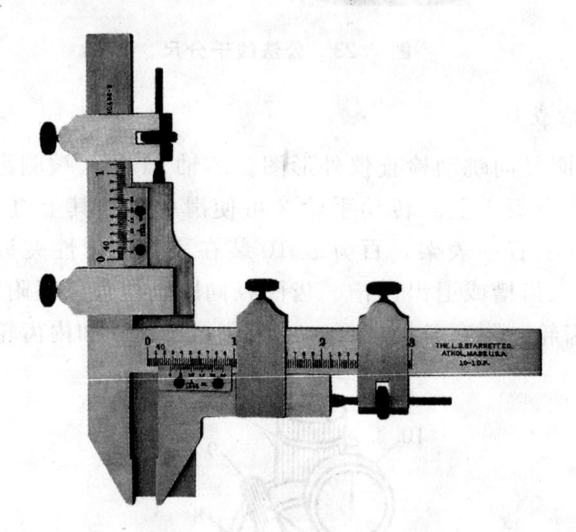

图 7.25 齿厚游标卡尺

4. 周节仪

如图 7.26 所示，用周节仪测量齿距，定位头 4、5、8 以齿顶圆作为定位基准。测量前，调整好定位头的相对位置，使测头 2、3 在分度圆附近与齿面接触，按被测齿轮模数调整固定测头 2 的位置，将活动测头 3 与指示表 7 相连，测量齿距时，齿距误差通过测头 3 的杠杆传给指示表 7。

5. 万能测齿仪

万能测齿仪是应用比较广泛的齿轮测量仪器，除测量圆柱齿轮的齿距、基节、齿圈径向跳动和齿厚外，还可以测量圆锥齿轮和涡轮，其测量基准是齿轮的内孔。

万能测齿仪的外形如图 7.27 所示。仪器的弧形支架 7 可绕基座 1 的垂直轴心线旋转将被测齿轮的芯轴安装在弧形架的顶尖上，支架 2 可以在水平面内作纵向和横向移动，支架 2 上装有工作台，工作台上装有能作径向移动的滑板 4，借锁紧装置 3 可以将滑板 4 固定在任意位置上，当松开锁紧装置 3，在弹簧的作用下，滑板 4 能匀速地移动到测量位置，这样就能进行逐齿测量。测量装置 5 上有指示表 6，其分度值为 0.001mm。在测量时，其

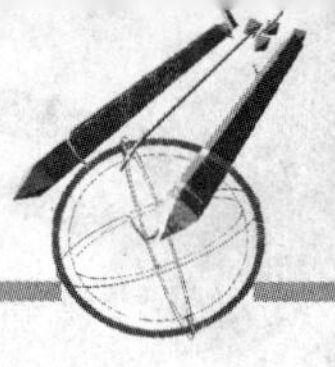

测量力是由安装在齿轮芯轴上的重锤来保证的。如图 7.28 所示。其结构及使用如下。

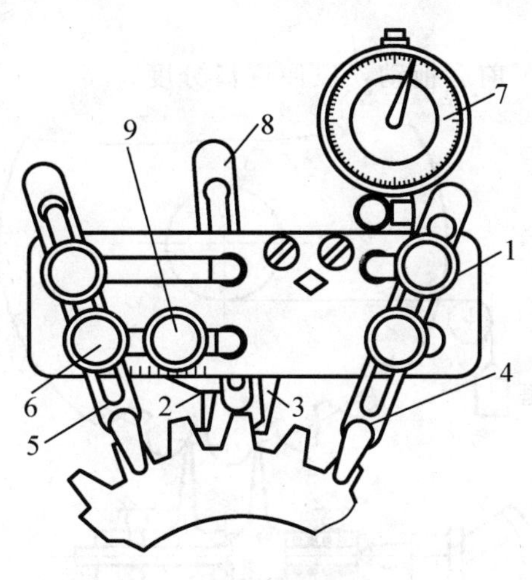

图 7.26　周节仪

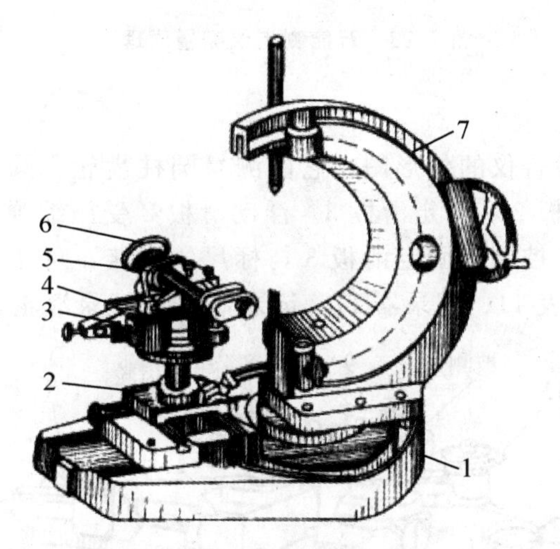

图 7.27　万能测齿仪外形

1—基屋；2—支架；3—锁紧装置；4—滑板；

5—测量装置；6—指示表；7—弧形支架

(1) 带顶尖的弓形架：通过转动手轮以带动内部的圆锥齿轮和蜗轮副，使支架绕水平轴回转，并可与弧形支座一起沿底座的环形 T 形槽回转，且有可用螺钉紧固在任一位置上。

(2) 测量工作台：其上装有特制的单列向心球轴承组成纵横方向导轨，使工作台纵横方向的运动精密而灵活，保证测头能顺利地进入测位。通过液压阻尼器，使测工作台前后方向的运动保持匀速，且快慢可以调整。除齿圈径向跳动外，其他 4 项参数的测量都是在测量工作台上通过更换各种不同的测量头来进行测量的。

(3) 升降立柱：用于支承测量工作台，旋转与其相配合的大螺帽，可使测量工作台上升和下降，并能锁紧于任一位置。整个支承轴和测量台又可通过转动手柄，使其沿着纵横 T 形槽移动，并紧固在任一位置。

(4) 测量齿圈径向跳动的附件：专门用于测量齿圈径向跳动误差，其测量心轴可在向心球轴承所组成的导轨上灵活地移动，测量齿圈径向跳动的可换球形测头就紧固在测量心轴轴端的支臂上。

(5) 定位装置：定位杆可前后拖动，以便逐齿分度。

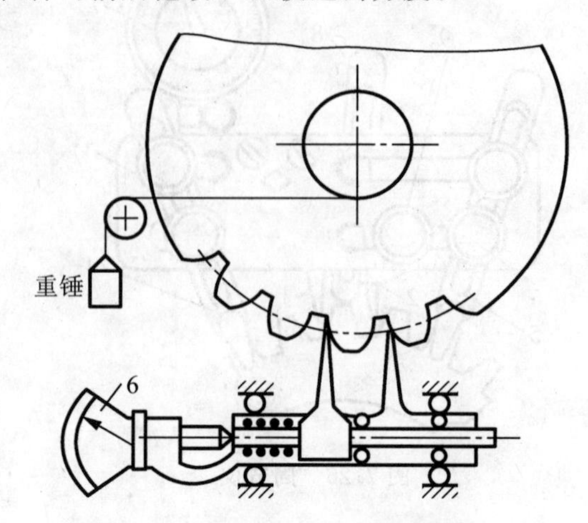

图 7.28　万能测齿仪测量原理

6. 双面啮合检查仪

图 7.29 为双面啮合检查仪的外形图，它能测量圆柱齿轮、圆锥齿轮和蜗轮副。仪器的底座 1 上安放着浮动滑板 2 和固定滑板 3。浮动滑板 2 受压缩弹簧的作用，使两齿轮紧密啮合，其位置由凸轮 10 控制，固定滑板 3 与标尺 4 连接，可用手轮 6 调整位置。仪器的读数与记录装置由指示表 11、记录器 12、记录笔 13、记录滚轮 14 和摩擦盘 15 组成。

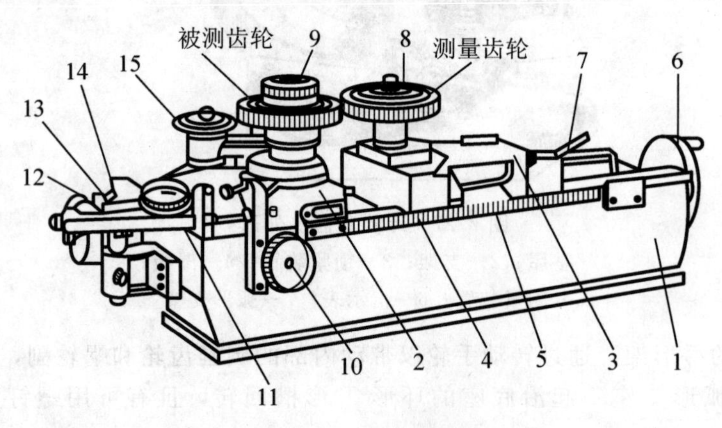

图 7.29　双面啮合检查仪

测量时，径向误差直接由指示表 11 读出。被测齿轮安装在浮动滑板 2 的芯轴 9 上，标准(理想精确)齿轮安装在固定滑板 3 的芯轴 8 上。由于被测齿轮存在各种误差(如基节偏差、周节偏差、齿圈径向跳动误差和齿形误差等)，当两个齿轮啮合转动时，这些误差通过浮动滑板上的一套装置反映在指示表上。

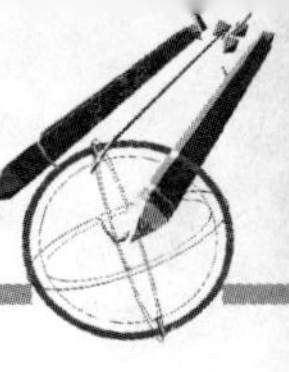

二、测量步骤

1. 齿轮公法线长度测量

（1）根据被测齿轮参数，计算(或查表)公法线公称值 W 和跨齿数 n。

$$W=m\ [1.476\ (2n-1)\ +0.014Z],\ n=0.111Z+0.5$$

（2）校对公法线千分尺零位值。

（3）根据图 7.30 所示的形式，依次测量齿轮公法线长度值(测量全齿圈)，记下读数。

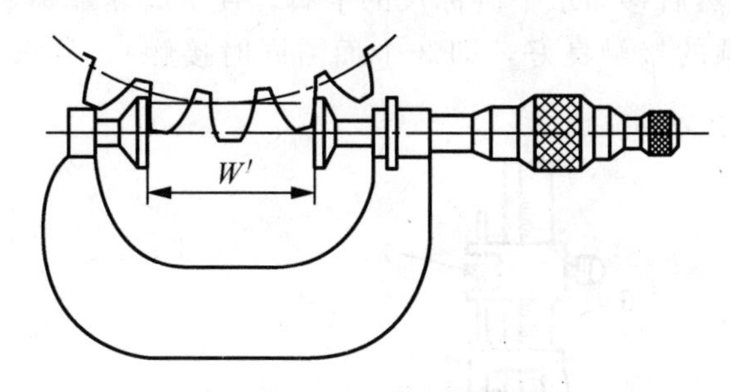

图 7.30　公法线长度测量

（4）求出公法线长度的平均值及平均值与公称值之差，即公法线平均长度偏差 ΔE_{wm}。

（5）根据被测齿轮的图纸要求，查出公法线长度变动公差 F_w，齿圈径向跳动公差 F_r，齿厚上偏差 E_{ss} 和下偏差 E_{si} 值。按实训报告表 7-1 中公式计算公法线平均长度的上、下偏差。

（6）将记录的公法线长度最大值与最小值之差，即为公法线长度的变动值。

（7）判断零件的合格性，作出实训报告表 7-1。

2. 齿圈径向跳动误差 ΔF_r 测量(图 7.24)

（1）根据被测齿轮的模数选取合适的测量头 13，并将测量头 13 安装在百分表测杆的下端。

（2）将被测齿轮 11 套在芯轴上(零间隙)，并装在齿圈跳动检查仪两顶针 5 之间，松紧合适(无轴向窜动，又能转动自如)，锁紧螺钉 4。

（3）转动手轮 2，移动滑板 1，使被测齿轮齿宽中间处于百分表测量头的位置，锁紧螺钉 3。压下抬升器 9，然后转动调节螺母 7，调节表架高度，但勿让表架转位，放下抬升器 9，使测量头与齿槽双面接触，并压表 0.2～0.3mm，然后将表调至零位。

（4）压下抬升器 9，使百分表测量头离开齿槽，然后将被测齿轮转过一齿，放下抬升器 9，读出百分表的数值并记录。

（5）重复步骤(4)，逐齿测量并记录。

（6）将数据中的最大值减去最小值即为齿圈径向跳动误差 ΔF_r。

（7）作出实训报告表 7-2。

3. 齿轮弦齿厚 ΔE_s 的测量

（1）用外径千分尺或游标卡尺测量齿顶圆直径，并记录。

（2）计算分度圆实际弦齿高 $h=\overline{h_a}+\dfrac{\Delta E_d}{2}$。

$\overline{h_a}$——标准弦齿高，可以查机械设计手册或按下式计算：

$$\overline{h_a}=\bar{h}=h_a+\frac{mZ}{2}-\frac{mZ\times\cos\left(\frac{\pi}{2Z}\right)}{2}$$

h_a—— 标准齿顶高。

(3) 按 h 值调整齿厚卡尺的垂直游标。

(4) 按图 7.31 的形式，将齿厚卡尺置于被测齿轮上，使垂直游标尺的定位尺和齿顶接触，如图 7.31 所示。然后移动水平游标尺的卡脚，使卡脚紧靠齿廓(注：游标卡尺测量脚及定位块与齿廓及齿顶的接触良好，即 3 个面需同时接触)，从水平游标尺上读出实际弦齿厚。

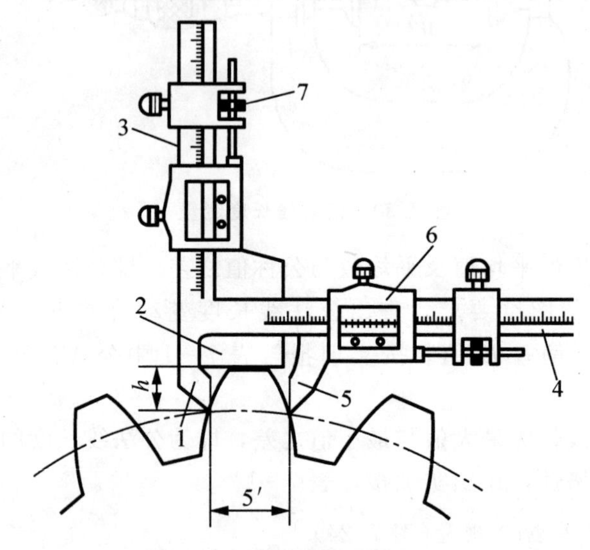

图 7.31 齿厚卡尺测量弦齿厚

(5) 沿齿轮外圆，重复步骤(4)，均匀测量 6～8 个点，记录数据。

(6) 作出实训报告表 7-3。

4. 齿距累积误差 ΔF_p 和齿距偏差 Δf_{pt}

1) 周节仪测量齿距

(1) 如图 7.26 所示，按被测齿轮的模数调节周节仪的测头 3，使其上刻线与被测齿轮的模数值对齐，拧紧螺钉 5。

(2) 调整定位头 4、5、8 与被测齿轮的齿顶接触，并使两测头 2、3 与两相邻同侧齿廓接触，且处于齿高中部的同一圆周上(两个触点到齿顶距离基本相等)，拧紧螺钉 1、6。调节指示表 7 的位置，使指针预转半圈，拧紧指示表 7 的紧定螺钉。

(3) 一手拿着周节仪，另一手拿住齿轮，相互推紧，保持定位头 1 和测头 3、4 与齿轮同时接触，再相互拉开少许又重新接触，如此重复多次，如指示表示值基本一致，说明测量稳定，可以开始读数，此时，将指示表指针调到零。

(4) 逐齿测量各个齿距，记录读数。

2) 万能测齿仪测量齿距

(1) 如图 7.27 和图 7.28 的形式，将被测齿轮套在芯轴上(无间隙)，并一起安装在仪

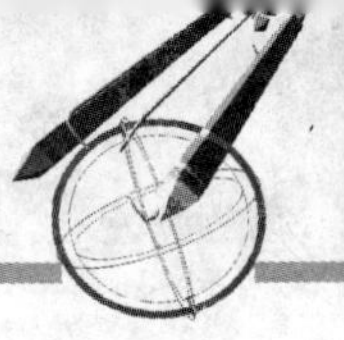

器上的上、下顶针间。调整仪器的工作台和测量装置，使两测头位于齿高中部的同一圆周上，与两相邻同侧齿面接触。在齿轮芯轴上挂一重锤，使产生测力，让齿面紧靠测头。调整指示表6，使指针在刻度尺中部。测第一齿距时，将指针微调至零。

(2) 一手扶住齿轮，另一手拉滑板，退出测头，脱离齿面，再慢放滑板，推进测头，接触齿面，避免撞击后放开双手，读取指示表上的示值。如此重复多次，示值基本一致，说明测量稳定，即可开始记数。

(3) 重复步骤(2)，逐齿测量，记录读数。

3) 数据处理

为计算方便，将测得数据列成表格形式，见表7-21(以12个齿的齿轮为例)，齿距相对偏差$\Delta f_{pt相对}$记入表中第2列，根据$\Delta f_{pt相对}$逐齿累积，记入第3列，成为相对齿距累积误差。按下式计算K(第一齿距对公称齿距的偏差)：

$$K=\frac{\sum\Delta f_{pt相对}}{Z}$$

各齿距相对偏差$\Delta f_{pt相对}$减去K为各齿距偏差，记入第4列。其中最大的绝对值即为被测齿轮的齿距偏差Δf_{pt}，根据各齿距偏差逐齿累积，求得各齿的齿距累积偏差，记在表中第5列，该列中最大值和最小值之差为被测齿轮的齿距累积误差。

$$\Delta f_{pt}=3.5\mu m$$
$$\Delta F_p=+3-(-8.5)\mu m$$

4) 作出实训报告表7-4。

表7-21　数据处理表格

一	二	三	四	五
齿序	齿距相对偏差	相对齿距累积误差	齿距偏差	齿距累积偏差
n	$\Delta f_{pt相对}$	$\sum\Delta f_{pt相对}$	$\Delta f_{pt相对}-k$	ΔF_p
1	0	0	−0.5	−0.5
2	−1	−1	−1.5	−2.0
3	−2	−3	−2.5	−4.5
4	−1	−4	−1.5	−6.0
5	−2	−6	−2.5	−8.5
6	+3	−3	+2.5	−6.0
7	+2	−1	+1.5	−4.5
8	+3	+2	+2.5	−2.0
9	+2	+4	+1.5	−0.5
10	+4	+8	+3.5	+3.0
11	−1	+7	−1.5	+1.5
12	−1	+6	−1.5	0

5. 径向综合误差$\Delta F_i''$测量(图7.29)

(1) 将仪器各工作表面、被测齿轮、理想精确或标准齿轮擦净，待安装。

(2) 把控制浮动滑板2的手柄(即凸轮10上)拨到正上方，装上指示表11，使指针转

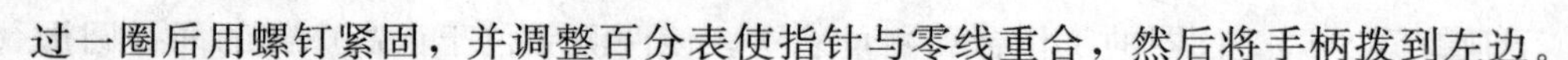

过一圈后用螺钉紧固，并调整百分表使指针与零线重合，然后将手柄拨到左边。

(3) 转动手轮 6 把固定滑板 3 调整到两齿轮的理论中心距(数值按标尺 4 和游标 5 的示值)，再用固定滑板 3 前的手柄锁紧。

(4) 标准齿轮安装在芯轴 8 上，被测齿轮安装在芯轴 9 上，然后将凸轮 10 上的手柄拨到右侧(未装齿轮时凸轮 10 的手柄不能拨到右侧)，使浮动滑板 2 靠向固定滑板 3，保证标准齿轮和被测齿轮紧密啮合。

(5) 用手轻微而均匀地转动被测齿轮，在转动一周或一齿的过程钟观察指示表的示值变化，该变化量就是一转或一齿内中心距变动量，在转动一周中指示表的最大值和最小值之差即为该齿轮的径向综合误差。

(6) 当第一个被测齿轮检测完毕后，将浮动滑板架(凸轮 10 的手柄)前的手柄拨到左边，使标准齿轮和被测齿轮脱开，然后取下被测齿轮。

(7) 作出实训报告表 7-5。

6. 基节偏差 Δf_{pb} 的测量

(1) 根据被测齿轮的参数按公式 $P_b=\pi\times m\times\cos\alpha$ 计算公称基节值。

(2) 按 P_b 值选择合适的量块，将之搭配，按图 7.32(b)所示的方式装入量块夹中(图中 10 为量块)，用螺钉固紧。

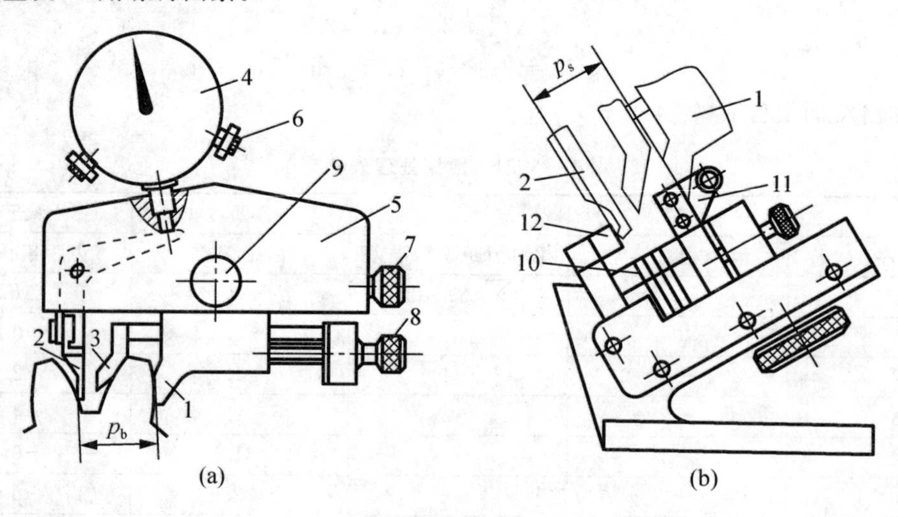

图 7.32　基节仪

(3) 将基节仪的测头 1 插入量块夹上带梢的测头 11 中，使两测头的平面紧贴，转动基节仪的螺杆 7，使测头 2 和量块夹 12 接触，直到指示表 4 上指针转折时，拧紧基节仪背面的螺钉 9，再微动表上小轮 6，使指针对准零位。

(4) 把基节仪从量块夹中轻轻取出，按图 7.32(a)所示的方式，使测头 1 和定位头 3 架在一齿的上部。转动螺杆 8，使测头 1 和 2 与齿面接触点处在重叠区内。微微摆动基节仪，使测头 2 沿齿面上、下滑动，当测头 1 和 2 的间距最小时，从表上读取指针转折点处的读数，即得到基节偏差 Δf_{pb}。

(5) 在齿轮圆周四等分处，重复步骤(3)，测量左、右齿廓的基节偏差，记录数据。根据齿轮的技术参数，查出基节的极限偏差。

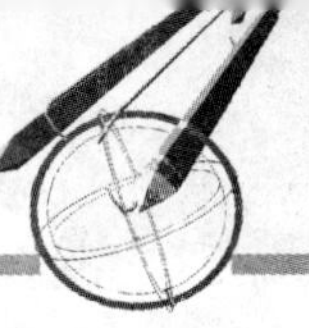

(6)作出实训报告表 7－6。

实训报告表 7－1　圆柱齿轮公法线长度测量

被测齿轮参数：

模数 m	齿数 Z	压力角 α	齿轮精度等级	公法线长度变动公差 F_r
跨齿数				
公法线公称长度				
公法线平均长度上偏差 E_{ws}			$E_{ws}=E_{ss}\times\cos\alpha-0.72F_r\times\sin\alpha=$	
公法线平均长度下偏差 E_{wi}			$E_{wi}=E_{si}\times\cos\alpha+0.72F_r\times\sin\alpha=$	

测量数据及结果：

测 量 序 号	1	2	3	4	5	6	7	8
公法线实际长度								
公法线长度变动 $\Delta F_w=W_{max}-W_{min}$								
公法线平均长度								
公法线平均长度偏差 $\Delta E_{wm}=W_{平均}-W$								
结论								

实训报告表 7－2　齿轮齿圈径向跳动测量

被测齿轮参数：

模数 m	齿数 Z	压力角 α	齿轮精度等级	齿圈径向跳动公差 F_r

测量数据及结果：

序号	读数/mm	序号	读数/mm	序号	读数/mm
1		11		21	
2		12		22	
3		13		23	
4		14		24	
5		15		25	
6		16		26	
7		17		27	
8		18		28	
9		19		29	
10		20		30	
齿圈径向跳动误差 ΔF_r					
结论					

实训报告表 7-3　齿轮分度圆齿厚测量

被测齿轮参数：

模数 m	齿数 Z	压力角 α	齿轮精度等级

齿顶圆实际直径	齿顶圆公称直径	齿顶圆实际偏差

分度圆标准弦齿高 $\bar{h}=h_a+\frac{mZ}{2}-\frac{mZ\times\cos\left(\frac{\pi}{2Z}\right)}{2}=$

分度圆实际弦齿高 $h=\overline{h_a}+\frac{\Delta E_d}{2}=$

分度圆标准弦齿厚	$\bar{S}=mZ\times\sin(\frac{90^\circ}{Z})=$	
齿厚极限偏差	上偏差 E_{ss}	
	下偏差 E_{si}	

测量数据及结果：

序　号	1	2	3	4	5	6
弦齿厚实际值						
弦齿厚实际偏差						
结论						

实训报告表 7-4　齿距累积误差和齿距偏差测量

被测齿轮：

模数 m	齿数 Z	压力角 α	齿轮精度等级

齿距极限偏差 $\pm f_{pt}$		齿距累积公差 F_p	

测量数据及结果：

一	二	三	四	五
齿序	齿距相对偏差(读数)	相对齿距累积误差	齿距偏差	齿距累积误差
n	$\Delta f_{pt相对}$	$\sum\Delta f_{pt相对}$	$\Delta f_{pt相对}-k$	ΔF_p
1				
2				
3				
4				
5				

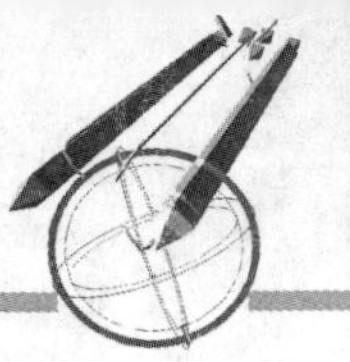

续表

一	二	三	四	五
6				
7				
8				
9				
10				
11				
12				
13				
14				
15				
16				
17				
18				
19				
20				
21				

实训报告表 7-5 径向综合误差测量

被测齿轮参数及测量结果：

模数 m	齿数 Z	压力角 α	齿轮精度等级

径向综合公差 F_i''	
径向综合误差 $\Delta F_i''$	
结论	

实训报告表 7-6 齿轮基节偏差测量

被测齿轮参数：

模数 m	齿数 Z	压力角 α	齿轮精度等级

公称基节 P_b		基节极限偏差 $\pm f_{pb}$	

测量数据及结果：

续表

测量项目		实测值			
		1	2	3	4
基节偏差	Δf_{pb}(左)				
	Δf_{pb}(右)				
结论					

项目小结

1. 圆柱齿轮传动的要求

齿轮传动的用途不同，对齿轮传动的使用要求也不同，归纳起来主要有4个方面：传递运动的准确性、传动平稳性、载荷分布的均匀性以及侧隙的合理性。

2. 齿轮加工误差的主要来源

产生齿轮加工误差的原因很多，其主要来源于加工齿轮的机床、刀具、夹具和齿坯本身的误差及其安装、调整误差。

3. 单个齿轮的评定指标

根据齿轮各项误差对使用要求的主要影响，将齿轮误差划分为主要影响传递运动准确性的误差，主要影响传动平稳性的误差和主要影响载荷分布均匀性的误差。控制这些误差的公差，相应的分为第Ⅰ、第Ⅱ和第Ⅲ公差组。

1）影响传递运动准确性的指标项目

影响传递运动准确性的误差主要是几何偏心和运动偏心造成的长周期误差。评定传递运动的准确性需检验齿轮径向和切向两方面的误差。根据齿轮传动的用途、生产及检验条件，在第Ⅰ公差组中可任选下列方案之一评定齿轮精度。

(1) 切向综合误差 $\Delta F_i'$。

(2) 齿距累积误差 $\Delta F_p'$。

(3) 径向综合误差 $\Delta F_i''$与公法线长度变动 ΔF_w。

(4) 齿圈径向跳动 ΔF_r与公法线长度变动 ΔF_w。

(5) 齿圈径向跳动 ΔF_r(用于10～12级精度齿轮)。

第Ⅰ公差组检验结果只能评定齿轮的本组精度是否合格，而断定整个齿轮的合格性还需检验第Ⅱ、Ⅲ公差组指标的情况。

2）影响传动平稳性的指标项目

影响传递运动平稳性的误差主要是由刀具误差和机床传动链误差造成的短周期误差，根据不同的要求和加工方式，在第Ⅱ公差组中选用下列各检验组中之一来评定齿轮的传动平稳性精度。

(1) 一齿切向综合误差 $\Delta f_i'$(需要时，加检齿距偏差 Δf_{pt})。

(2) 一齿径向综合误差 $\Delta f_i''$(需保证齿形精度)。

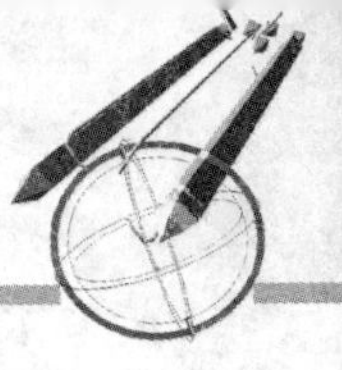

(3) 齿形误差 Δf_f 与齿距偏差 Δf_{pt}。

(4) 齿形误差 Δf_f 与基节偏差 Δf_{pb}。

(5) 齿距偏差 Δf_{pt} 与基节偏差 Δf_{pb}（用于 9—12 级精度）。

(6) 螺旋线波度误差 $\Delta f_{f\beta}$（用于 $\varepsilon_\beta > 1.25$，6 级及以上精度的斜齿轮或人字齿轮）。

3) 影响载荷分布均匀性的指标项目

第Ⅲ公差组选用下列检验组之一来评定齿轮的载荷分布均匀性。

(1) 齿向误差 ΔF_β 可用于直齿或斜齿轮。

(2) 接触线误差 ΔF_b 仅用于轴向重合度 ε_β 等于或小于 1.25 齿向线不作修正的斜齿轮。

(3) 轴向齿距误差 ΔF_{px} 与接触线误差 ΔF_b 或齿形误差 Δf_f 仅用于轴向重合度 ε_β 大于 1.25，齿线不作修正的斜齿轮。

4) 影响齿轮副侧隙的偏差

(1) 齿厚偏差 ΔE_s。

(2) 公法线平均长度偏差 ΔE_W。

4. 齿轮副的误差项目及评定指标

评定齿轮副的精度指标包括齿轮副的切向综合公差，齿轮副的切向一齿综合公差，齿轮副的接触斑点以及侧隙要求等，如果上述齿轮副的 4 个方面要求都能满足，则此齿轮副即认为是合格的。

5. 渐开线圆柱齿轮精度标准

国家标准对渐开线圆柱齿轮除 F_i'' 和 f_i'（F_i'' 和 f_i' 规定了 4～12 共 9 个精度等级）以外的评定项目规定了 0，1，2，3，…，12 共 13 个精度等级，其中，0 级精度最高，12 级精度最低。

6. 精度等级的选择

齿轮精度等级的选择的主要依据是齿轮传动的用途、使用要求、工作条件以及其他技术要求。在满足使用要求的前提下，应尽量选择较低精度的公差等级。精度等级的选择方法有计算法和类比法。

7. 图样标注

按照国家标准的规定，若齿轮各检验项目的精度等级不同时，应在精度等级后面用括号加注检验项目。而当齿轮的检验项目具有相同精度等级时，只需标注精度等级和标准号。

由于齿轮公差项目较多，设计齿轮时，在齿轮的工作图上除了标注齿轮的精度外，还必须标注各公差组的检验组项目及公差(偏差)数值，作为检定和验收齿轮的依据。

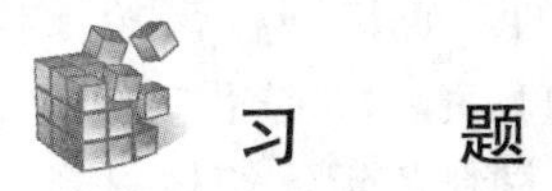

习　　题

7.1　判断题

(1) 加工齿轮时，齿坯安装偏心会引起齿向误差。　　　　(　　)

(2) 齿厚的上偏差为正值，下偏差为负值。 ( )

(3) 高速传力齿轮对传动平稳性和载荷分布均匀性都要求很高。 ( )

(4) 精密仪器中的齿轮对传递运动的准确性很高。 ( )

(5) 齿轮的精度越高，则齿轮副的侧隙越小。 ( )

(6) 齿轮传动的振动和噪声是由齿轮传递运动的不准确性引起的。 ( )

(7) 圆柱齿轮根据不同的传动要求，对 3 个公差组可以选用不同的精度等级。 ( )

(8) 齿轮的单项测量，不能充分评定齿轮的工作质量。 ( )

7.2 选择题

(1) 圆柱齿轮规定了 12 个精度等级，一般机械传动中，齿轮常用的精度等级是( )。

A. 3～5 级　B. 6～8 级　C. 9～11 级　D. 10～12 级

(2) 一般机器中的动力齿轮，如机床、减速器等的变速齿轮，工作时主要应保证( )。

A. 传递运动的准确性

B. 传动的平稳性

C. 传动的平稳性及载荷分布的均匀性

D. 传递运动的准确性及合理的齿侧间隙

(3) 影响齿轮传动平稳性的主要误差是( )。

A. 基节偏差和齿形误差　B. 齿向误差

C. 齿距偏差　D. 运动偏心

(4) 齿轮副侧隙的主要作用是( )。

A. 防止齿轮安装时卡死　B. 防止齿轮受重载时折断

C. 减小冲击和振动　D. 储存润滑油并补偿热变形

(5) 使用齿轮双面啮合仪可以测量( )。

A. 径向综合误差　B. 齿距累积误差

C. 切向综合误差　D. 齿形误差

(6) 滚齿时，齿向误差产生的原因是( )。

A. 机床导轨相对于工作台旋转轴线倾斜

B. 工作台回转不均匀

C. 滚刀齿形误差

D. 齿坯安装偏心

7.3 齿轮标记 6DF GB 10095—88 的含义是什么？

7.4 齿轮传动的使用要求主要有哪几项？各有什么具体要求？

7.5 齿形误差与基圆齿距偏差对齿轮传动平稳性的影响有无区别？仅检测其中一项能否保证传动平稳性？为什么？

7.6 齿坯公差和箱体公差的项目有哪些？规定这些公差项目的作用是什么？

7.7 为什么在测量齿轮副切向综合误差时，要求齿轮副啮合足够多的圈数？

7.8 某卧式车床进给系统中的一直齿圆柱齿轮，传递功率 $P=3\text{kW}$，$n=700\text{r/min}$，模数 $m=2\text{mm}$，齿数 $Z=40$，压力角 $\alpha=20°$，齿宽 $B=15\text{mm}$，齿轮内孔直径 $d=32\text{mm}$，齿轮副中心距 $a=120\text{mm}$。齿轮的材料为钢，箱体材料为铸铁，其工作温度分别为 60℃和 40℃。小批量生产。试确定：

① 齿轮的精度等级和齿厚极限偏差的代号。

② 齿轮精度评定指标和侧隙指标的公差或极限偏差的数值。

③ 齿坯公差和齿轮主要表面的表面粗糙度。

④ 将上述要求标注在齿轮工作图 7.33 上。

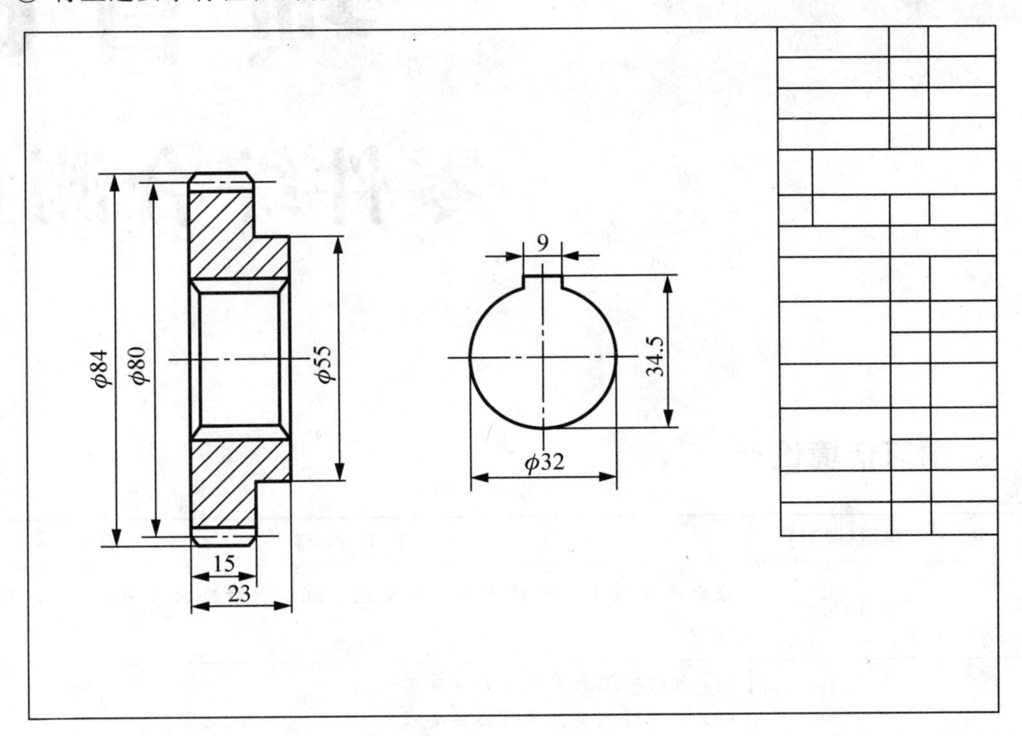

图 7.33 习题 7.8

项目8

零件综合测量

学习情境设计

序号	情境(课时)	主要内容
1	任务(0.2)	提出尺寸误差、形位误差、粗糙度、螺纹、齿轮的测量任务(根据图8.1)
2	信息(0.3)	(1) 分析被测要素尺寸公差要求 (2) 分析被测要素形位公差要求 (3) 分析表面粗糙度要求 (4) 分析被测螺纹要求 (5) 分析被测齿轮部分要求
3	计划(0.2)	(1) 根据信息的5项要求，分项确定测量器具、各要素的检测部位和测量次数 (1) 确定5项要求的测量实施方案
4	实施(3.0)	(1) 洁净被测要素和计量器具的测量面 (2) 按计划检查、调整、校正计量器具 (3) 分项进行测量 (4) 分项进行测量数据的处理和误差评定 (5) 分项判断合格性 (6) 记录数据，进行数据处理
5	检查(0.2)	(1) 任务的完成情况 (2) 复查，交叉互检
6	评估(0.1)	(1) 分析整个工作过程，对出现的问题进行修改并优化 (2) 判断各被测要素的合格性 (3) 出具综合测量报告，将资料存档

项目描述

图 8.1 是减速箱中的一根齿轮轴，现要求对该轴进行综合检测。从图 8.1 中可以看出，要测量的是外圆和长度尺寸、形位误差、粗糙度误差、螺纹误差和齿轮误差。

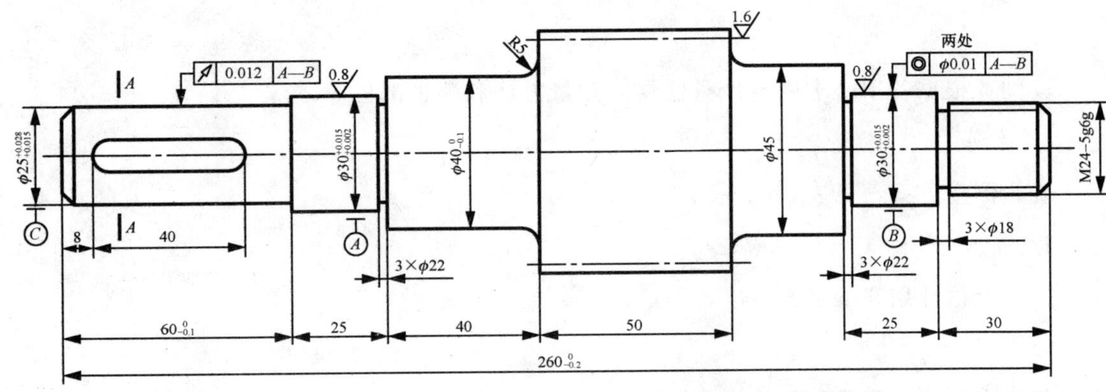

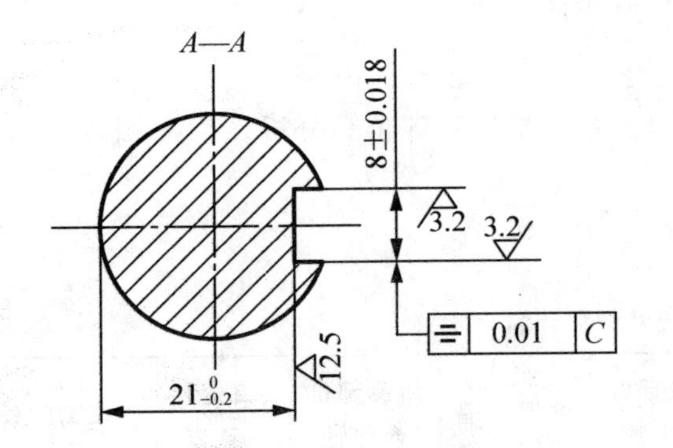

模数	m	2
齿数	Z	30
压力角	α	20°
精度等级	7GHGB 10095-2001	
齿圈径向跳动公差	Fr	0.036
公法线长度变动公差	Fw	0.028
公法线平均长度极限偏差		$42.168^{-0.061}_{-0.105}$
跨齿数	k	4

图 8.1　被测零件

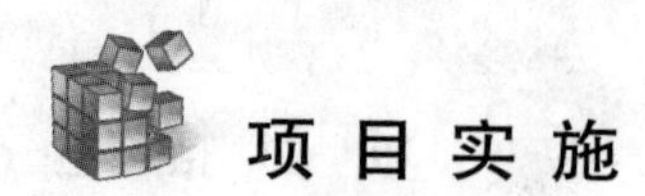

项目实施

1. 任务

分析图纸中的各项要求。

2. 信息

读图，根据各项要求确定计量器具、测量方法和测量部位等。

3. 计划

确定测量方案，见表 8-1～表 8-4。

4. 实施

按照上述计划和测量方案进行测量。

5. 检查

测量完毕后，测量人员互相交换测量，以观察测量结果是否一致。

6. 评估

测量人陈述测量过程及结果，技术人员对测量结果进行评价和分析。

7. 量具养护

对计量器具进行保养与维护。

表 8-1　尺寸测量计划

项目		计量器具规格	量具调整	测量部位及次数	数据处理	所测部位合格性	自查和互查	填写报告
外圆	$\Phi25^{+0.028}_{+0.015}$							
	$\Phi30^{+0.015}_{+0.002}$两处							
	$\Phi40^{0}_{-0.1}$							
	$\Phi45$							
长度	$60^{0}_{-0.1}$							
	$260^{0}_{-0.2}$							
	25							
	40							
	8±0.018							

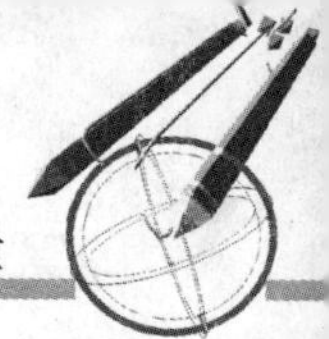

表 8-2　形位误差测量计划

项　　目	计量器具规格	量具调整	测量部位及次数	数据处理	所测部位合格性	自查和互查	填写报告
↗ 0.012 *A*—*B*							
◎ ϕ0.01 *A*—*B*							
⌯ 0.01 *C*							

表 8-3　M24－5g6g 螺纹误差测量计划

项　　目	计量器具规格	量具调整	测量部位及次数	数据处理	所测部位合格性	自查和互查	填写报告
中径							
牙型半角							
螺距							
大径							

表 8-4　齿轮测量计划

项　　目	计量器具规格	量具调整	测量部位及次数	数据处理	所测部位合格性	自查和互查	填写报告
公法线长度							
齿圈径向跳动							
齿厚偏差							
齿距累积误差							

参 考 文 献

[1] 南秀蓉，马素玲．公差配合与测量技术[M]. 北京：北京大学出版社，2007.
[2] 南秀蓉．公差与测量技术[M]. 北京：国防工业出版社，2010.
[3] 周文玲．互换性与技术测量[M]. 北京：机械工业出版社，2006.
[4] 吕永智．公差配合与技术测量[M]. 北京：机械工业出版社，2006.
[5] 马宵．互换性与测量技术基础[M]. 北京：北京理工大学出版社，2008.
[6] 冯丽萍．公差配合与测量技术[M]. 北京：机械工业出版社，2006.
[7] 魏斯亮，李时骏．互换性与技术测量[M]. 北京：北京理工大学出版社，2007.
[8] 方昆凡．公差与配合实用手册[M]. 北京：机械工业出版社，2006.
[9] 徐秀娟．互换性与测量技术[M]. 北京：北京理工大学出版社，2009.

北京大学出版社高职高专机电系列规划教材

序号	书号	书名	编著者	定价	出版日期
1	978-7-301-10371-9	液压传动与气动技术	曹建东	28.00	2006.1
2	978-7-5038-4868-1	AutoCAD 机械绘图基础教程与实训	欧阳全会	28.00	2007.8
3	978-7-5038-4866-7	数控技术应用基础	宋建武	22.00	2007.8
4	978-7-5038-4937-4	数控机床	黄应勇	26.00	2007.8
5	978-7-301-13258-6	塑模设计与制造	晏志华	38.00	2007.8
6	978-7-301-12181-8	自动控制原理与应用	梁南丁	23.00	2007.8
7	978-7-5038-4861-2	公差配合与测量技术	南秀蓉	23.00	2007.9
8	978-7-5038-4865-0	CAD/CAM 数控编程与实训(CAXA 版)	刘玉春	27.00	2007.9
9	978-7-5038-4869-8	设备状态监测与故障诊断技术	林英志	22.00	2007.9
10	978-7-301-13260-9	机械制图	徐　萍	32.00	2008.1
11	978-7-301-13263-0	机械制图习题集	吴景淑	40.00	2008.1
12	978-7-301-13264-7	工程材料与成型工艺	杨红玉	35.00	2008.1
13	978-7-301-13262-3	实用数控编程与操作	钱东东	32.00	2008.1
14	978-7-301-13261-6	微机原理及接口技术(数控专业)	程　艳	32.00	2008.1
15	978-7-301-13383-5	机械专业英语图解教程	朱派龙	22.00	2008.3
16	978-7-301-13574-7	机械制造基础	徐从清	32.00	2008.7
17	978-7-301-13573-0	机械设计基础	朱凤芹	32.00	2008.8
18	978-7-301-13582-2	液压与气压传动技术	袁　广	24.00	2008.8
19	978-7-301-13662-1	机械制造技术	宁广庆	42.00	2008.8
20	978-7-301-13653-9	工程力学	武昭晖	25.00	2008.8
21	978-7-301-13652-2	金工实训	柴增田	22.00	2009.1
22	978-7-301-14470-1	数控编程与操作	刘瑞已	29.00	2009.3
23	978-7-301-13651-5	金属工艺学	柴增田	27.00	2009.6
24	978-7-301-12389-8	电机与拖动	梁南丁	32.00	2009.7
25	978-7-301-13659-1	CAD/CAM 实体造型教程与实训(Pro/ENGINEER 版)	诸小丽	38.00	2009.7
26	978-7-301-13656-0	机械设计基础	时忠明	25.00	2009.8
27	978-7-301-15692-6	机械制图	吴百中	26.00	2009.9
28	978-7-301-15676-6	机械制图习题集	吴百中	26.00	2009.9
29	978-7-301-17122-6	AutoCAD 机械绘图项目教程	张海鹏	36.00	2010.5
30	978-7-301-17148-6	普通机床零件加工	杨雪青	26.00	2010.6
31	978-7-301-17398-5	数控加工技术项目教程	李东君	48.00	2010.8
32	978-7-301-17573-6	AutoCAD 机械绘图基础教程	王长忠	32.00	2010.8
33	978-7-301-17557-6	CAD/CAM 数控编程项目教程(UG 版)	慕　灿	45.00	2010.8
34	978-7-301-17609-2	液压传动	龚肖新	22.00	2010.8
35	978-7-301-17679-5	机械零件数控加工	李　文	38.00	2010.8
36	978-7-301-17608-5	机械加工工艺编制	于爱武	45.00	2010.8
37	978-7-301-17707-5	零件加工信息分析	谢　蕾	46.00	2010.8
38	978-7-301-18357-1	机械制图	徐连孝	27.00	2011.1
39	978-7-301-18143-0	机械制图习题集	徐连孝	20.00	2011.1
40	978-7-301-18470-7	传感器检测技术及应用	王晓敏	35.00	2011.1
41	978-7-301-18471-4	冲压工艺与模具设计	张　芳	39.00	2011.3
42	978-7-301-18852-1	机电专业英语	戴正阳	28.00	2011.5
43	978-7-301-19272-6	电气控制与 PLC 程序设计（松下系列）	姜秀玲	36.00	2011.8
44	978-7-301-19297-9	机械制造工艺及夹具设计	徐　勇	28.00	2011.8
45	978-7-301-19319-8	电力系统自动装置	王　伟	24.00	2011.8
46	978-7-301-19374-7	公差配合与技术测量	庄佃霞	26.00	2011.8
47	978-7-301-19436-2	公差与测量技术	余　键	25.00	2011.9

北京大学出版社高职高专电子信息系列规划教材

序号	书号	书名	编著者	定价	出版日期
1	978-7-301-11566-4	电路分析与仿真教程与实训	刘辉珞	20.00	2007.2
2	978-7-301-12182-5	电工电子技术	李艳新	29.00	2007.8
3	978-7-301-12181-8	自动控制原理与应用	梁南丁	23.00	2007.8
4	978-7-301-12180-1	单片机开发应用技术	李国兴	21.00	2007.8
5	978-7-301-09529-5	电路电工基础与实训	李春彪	31.00	2007.8
6	978-7-301-12392-8	电工与电子技术基础	卢菊洪	28.00	2007.9
7	978-7-301-12386-7	高频电子线路	李福勤	20.00	2008.1
8	978-7-301-12384-3	电路分析基础	徐　锋	22.00	2008.5
9	978-7-301-13572-3	模拟电子技术及应用	刁修睦	28.00	2008.6
10	978-7-301-13575-4	数字电子技术及应用	何首贤	28.00	2008.6
11	978-7-301-14453-4	EDA 技术与 VHDL	宋振辉	28.00	2009.2
12	978-7-301-14469-5	可编程控制器原理及应用(三菱机型)	张玉华	24.00	2009.3
13	978-7-301-12385-0	微机原理及接口技术	王用伦	29.00	2009.4
14	978-7-301-12390-4	电力电子技术	梁南丁	29.00	2009.4
15	978-7-301-12383-6	电气控制与 PLC(西门子系列)	李　伟	26.00	2009.6
16	978-7-301-12391-1	数字电子技术	房永刚	24.00	2009.7
17	978-7-301-12387-4	电子线路 CAD	殷庆纵	28.00	2009.8
18	978-7-301-12382-9	电气控制及 PLC 应用(三菱系列)	华满香	24.00	2009.9
19	978-7-301-16898-1	单片机设计应用与仿真	陆旭明	26.00	2010.2
20	978-7-301-16830-1	维修电工技能与实训	陈学平	37.00	2010.7
21	978-7-301-17324-4	电机控制与应用	魏润仙	34.00	2010.8
22	978-7-301-17569-9	电工电子技术项目教程	杨德明	32.00	2010.8
23	978-7-301-17696-2	模拟电子技术	蒋　然	35.00	2010.8
24	978-7-301-17712-9	电子技术应用项目式教程	王志伟	32.00	2010.8
25	978-7-301-17730-3	电力电子技术	崔　红	23.00	2010.9
26	978-7-301-17877-5	电子信息专业英语	高金玉	26.00	2010.10
27	978-7-301-17958-1	单片机开发入门及应用实例	熊华波	30.00	2011.1
28	978-7-301-18188-1	可编程控制器应用技术项目教程(西门子)	崔维群	38.00	2011.1
29	978-7-301-18322-9	电子 EDA 技术(Multisim)	刘训非	30.00	2011.1
30	978-7-301-18144-7	数字电子技术项目教程	冯泽虎	28.00	2011.1
31	978-7-301-18470-7	传感器检测技术及应用	王晓敏	35.00	2011.1
32	978-7-301-18630-5	电机与电力拖动	孙英伟	33.00	2011.3
33	978-7-301-18519-3	电工技术应用	孙建领	26.00	2011.3
34	978-7-301-18770-8	电机应用技术	郭宝宁	33.00	2011.5
35	978-7-301-18520-9	电子线路分析与应用	梁玉国	34.00	2011.7
36	978-7-301-18622-0	PLC 与变频器控制系统设计与调试	姜永华	34.00	2011.6
37	978-7-301-19310-5	PCB 板的设计与制作	夏淑丽	33.00	2011.8
38	978-7-301-19326-6	综合电子设计与实践	钱卫钧	25.00	2011.8
39	978-7-301-19302-0	基于汇编语言的单片机仿真教程与实训	张秀国	32.00	2011.8